Springer-Lehrbuch

Karlheinz Nasitta · Harald Hagel

Finite Elemente

Mechanik, Physik und nichtlineare Prozesse

Mit 52 Abbildungen

Springer-Verlag
Berlin Heidelberg NewYork
London Paris Tokyo
HongKong Barcelona Budapest

Prof. Dr.-Ing. Karlheinz Nasitta
TU München und
Universität derBundeswehr München
8014 Neubiberg

Dr.-Ing. Harald Hagel
Universität der Bundeswehr München
8014 Neubiberg

ISBN 3-540-55451-3 Springer-Verlag Berlin Heidelberg NewYork

Die Deutsche Bibliothek - CIP Einheitsaufnahme
Nasitta, Karlheinz
Finite Elemente: Mechanik, Physik und nichtlineare Prozesse /
Karlheinz Nasitta; Harald Hagel
Berlin; Heidelberg; NewYork; London; Paris; Tokyo;
HongKong; Barcelona; Budapest:Springer, 1992
(Springer-Lehrbuch)
ISBN 3-540-55451-3 (Berlin...)
ISBN 0-387-55451-3 (NewYork...)

Satz: Reproduktionsfertige Vorlage der Autoren
Druck: Color-Druck Dorfi GmbH, Berlin; Bindearbeiten: Lüderitz & Bauer, Berlin
62/3020 - 5 4 3 2 1 0 - Gedruckt auf säurefreiem Papier

IN MEMORIAM

ISTVÁN SZABÓ

VORWORT

Das vorgelegte Lehrbuch ist aus einer seit 10 Jahren abgehaltenen Vorlesung über lineare und nichtlineare finite Elemente entstanden.

Während die analytischen Lösungen bei Feldproblemen in der Praxis keinen wesentlichen Rang einnehmen, darf gesagt werden, daß die Finite Elemente Methoden zwar kein "Allheilmittel" darstellen, aber ein wesentliches Hilfsmittel sind.

In Büchern über finite Elemente werden verschiedene Schreibweisen benutzt.

Zu Nomenklaturfragen kann man prinzipiell sagen, daß für die Endgleichungen des Verfahrens der finiten Elemente der Matrizen-Kalkül benutzt werden *muß*. In diesen Gleichungen treten nämlich mathematische Objekte auf, wie die "Formfunktionsmatrix", die "Kompatibilitätsmatrix" oder die "Knotenpunktsvektoren". Die eben genannten Begriffe sind nur durch Matrizen darstellbar, einfach deshalb, weil es sich um rechteckige Zahlenschemata handelt, die den Tensoren nicht affin sind; oder aber es geht um "Spaltenvektoren", die aus wesentlich mehr als aus drei Zahlen bestehen, während ja ein Vektor aus der Begriffswelt der Vektor- und Tensoranalysis in drei Dimensionen nicht mehr als drei Komponenten haben kann.

Für die Ausgangsgleichungen aus der Kontinuumstheorie benutzen wir entweder Matrizen, wenn wir mit kartesischen Koordinatensystemen arbeiten, oder die Ganzheits-NABLA-Schreibweise der Tensoren, wenn wir uns mit nichtkartesischen Koordinaten befassen.

Wir haben mit Absicht den Kalkül mit indizierten Komponenten, wie er in der Differentialgeometrie zweckmäßig verwendet wird, nicht benutzt, weil die Bezüge zwischen Tensorrechnung und der Matrizenrechnung inniger sind, wenn man auf die indizierte Komponentenschreibung verzichtet.

Es scheint uns legitim, die Frage aufzugreifen, warum eigentlich mußte dieses Lehrbuch noch geschrieben werden, wo doch schon viele Bücher über die finiten Elemente vorhanden sind?

Wir wollten in unserem Lehrbuch einmal die nichtlineare Mechanik ohne Einschränkungen und Spezialisierungen behandeln und eine systematische

Grundlage für die finiten Elemente in beliebigen Parameterräumen erarbeiten.

Außerdem schien es uns geboten, die Fluidmechanik im Konsensus mit der Festkörpermechanik darzustellen.

Schließlich waren wir bemüht, unsere Algorithmen bis zu programmierbaren Endformeln voranzutreiben.

Nicht alles, was der Leser in unserem Buch findet, kann er auch an anderer Stelle wiederfinden.

Vom Umfang her, so meinen wir, sollte sich unser Lehrbuch nicht in der Darstellung zu vieler Einzelfälle und Spezialitäten verlaufen, sondern immer möglichst stramm am roten Faden des allgemeinsten Falles entlangführen. Es ist sicher richtig, so wie es in vielen Werken zu den finiten Elementen empfohlen wird, ein vorgelegtes Problem in der Praxis durch mehrere Vor- und Versuchsrechnungen sowie Spezialisierungen einzukreisen. Wir meinen jedoch, so unentbehrlich und richtig eine solche Strategie ist, wenn man eine praktische Berechnungsarbeit zu leisten hat, so wenig optimal ist sie, wenn man ein Wissensgebiet einem Lernenden vermitteln will. Deshalb gehen wir, wenn immer möglich, gleich den allgemeinsten Fall an, um die Gesamtheit aller Erscheinungen sich für den Leser entfalten zu lassen.

Weglassen und Nullsetzen, um einen Spezialfall zu behandeln, so denken wir, ist dem Lernenden zuzumuten.

Als Ziel unserer Bemühungen hatten wir stets vor Augen, die Philosophie der finiten Elemente soweit darzulegen, daß wir bis zu codierbaren Formeln (Formalismen) gelangten.

Wichtig ist uns beim Abfassen des Lehrbuches allerdings immer gewesen, die Denkmethoden und Strategien in der Methode der finiten Elemente deutlich herauszuarbeiten und darzustellen.

Die Autoren bedanken sich besonders für die wohlwollende und tatkräftige Hilfe bei Herrn Prof. Dr.-Ing. K.P. Michels, Lehrstuhl für Technische Mechanik und Konstruktionslehre der Universität der Bundeswehr München sowie bei Prof. Dr. rer.nat. A. Sachs, Mathematisches Institut der Ludwig-Maximilians-Universität München. Zum Schluß dieses Vorwortes möchten die Autoren einen lieben Dank ihren Ehefrauen aussprechen, da sie uns viele Stunden entbehren mußten, die wir an diesem Buch verbracht haben.

Wir wünschen dem Lernenden einen guten Erfolg.

Karlheinz Nasitta *Harald Hagel*

INHALTSVERZEICHNIS

TEIL I: LINEARE PROZESSE

TEIL II: NICHTLINEARE PROZESSE

TEIL I
LINEARE PROZESSE

1 EINLEITENDE BEMERKUNGEN UND MATHEMATISCHE HILFSMITTEL

1.1 Geschichtliches und Nomenklatur

Wahrscheinlich hat während des 20. Jahrhunderts keine andere Art von Näherungsverfahren in den Ingenieurwissenschaften eine größere Auswirkung auf Theorie und Praxis der angewandten numerischen Methoden gehabt, als die der Finiten Element Methode-kurz FEM genannt.

Vor gut 30 Jahren waren die ersten leistungsfähigen Programme zur Anwendung der Methode der finiten Elemente verfügbar. Da sind zum Beispiel die Arbeiten am Programmsystem ASKA am Institut für Statik und Dynamik (ISD) in Stuttgart von ARGYRIS zu nennen.

Die treibende Kraft zum Entwickeln von FE-Methoden war es, die Matrixmethoden der Elastostatik für Stäbe und Balken auf mehrdimensionale elastische Kontinua zu übertragen.

In den Arbeiten von TURNER, CLOUGH, MARTIN und TOPP in den fünfziger Jahren tauchte erstmalig der Begriff *finites Element* auf.

Für die diesem Buch zugrundeliegenden Bezeichnungen wählen wir die üblicherweise gebräuchliche Nomenklatur. Demnach ist ein Spaltenvektor, kurz Vektor

$$\underline{a}_n := \begin{bmatrix} a_1 \\ a_2 \\ \cdot \\ \cdot \\ \cdot \\ a_n \end{bmatrix} = \left[a_1, a_2, \ldots, a_n\right]^T$$

Der Index n bedeutet, daß der Vektor n Komponenten hat. In diesem Sinne bezeichnen wir eine Rechteckmatrix mit n-Zeilen und m-Spalten mit

$$\underline{\underline{A}}_{nm} := \begin{bmatrix} a_{11} & \cdots\cdots\cdots & a_{1m} \\ a_{21} & \cdots\cdots\cdots & \\ \cdots & \cdots\cdots\cdots & \\ \cdots & \cdots\cdots\cdots & \\ a_{n1} & \cdots\cdots\cdots & a_{nm} \end{bmatrix}$$

wobei $\underline{\underline{A}}^T$ die Transposition (Stürzen um die Hauptdiagonale) bedeutet. Die Verwendung von Zeilen- und Spaltenindizes hat den Vorteil, daß man beim Verketten von Matrizen oder bei der Multiplikation von Matrizen mit einem Vektor auf einen Blick erkennen kann, ob die Verkettung möglich ist, denn die jeweiligen sich zugewandten Indizes müssen gleich sein. Das heißt zum Beispiel, wenn eine Matrix mit n-Zeilen und m-Spalten von rechts mit einem Vektor multipliziert wird, so muß dieser Vektor m Komponenten haben.

Wenn wir keinen Index und keine Unterstreichung benutzen, handelt es sich um keine Matrix, sondern um ein Skalar, um einen Tensor 2. Stufe oder einen Vektor (vgl. dazu z.B. (1.3)).

$\underline{\underline{A}}^{-1}$ ist die Inversion, so daß für den Fall quadratischer Matrizen gilt

$$\underline{\underline{A}}^{-1}\underline{\underline{A}} \equiv \underline{\underline{E}}$$

Bei nur quadratischen Matrizen können aus Schreibersparnis die Indizes in der ganzen Gleichung weggelassen werden.

Die Matrixschreibweise, wie sie hier verwendet wird, bringt für den praktischen Rechner Vorteile. Doch einige Vorteile der Tensoranalysis gehen dafür verloren (vgl. [ZIE-84] Seite 408).

Allerdings ist bei rechteckigen Zahlenschemata gemäß $\underline{\underline{A}}_{nm}$ mit $n \neq m$ keine Tensorschreibweise möglich.

Spaltenvektoren werden durch *einmalige* Unterstreichung, Matrizen durch *zweimalige* Unterstreichung gekennzeichnet. Bei der multiplikativen Verknüpfung von Matrizen benutzen wir kein Verknüpfungssymbol. In diesem Sinne ist das innere Produkt zwischen zwei Spaltenvektoren gegeben durch $\underline{a}_n^T \underline{b}_n$, während das innere Produkt zwischen zwei Vektoren durch einen Punkt gekennzeichnet wird und das dyadische Produkt durch einen kleinen Nullkreis und das äußere Produkt durch ein Kreuz.

Wir waren stets bemüht, Doppelbezeichnungen zu vermeiden. Es ist aber durchaus möglich, daß es manchmal zweckmäßig sein kann, ein und dasselbe physikalische oder geometrische Objekt, einmal durch einen Vektor und das andere mal durch eine Spaltenmatrix zu bezeichnen. So z.B. sind Z und $\underline{z}_3$ das gleiche geometrische Objekt nämlich der EULERsche Ortsvektor gemäß (11.1), (16.2) oder (11.16). Wir können also notieren Z entspricht $\underline{z}_3$.

1.2 Industrielle Bedeutung von finiten Methoden, insbesondere der FEM

Ohne finite Methoden (Schrittweitenverfahren aller Art, Differenzenmethoden, Galerkin, Ritz etc.), insbesondere FE-Methoden, ist moderne Berechnungstechnik (Flugzeugbau,Triebwerksentwicklung, Waggon- und Karosseriebau, Motorenbau, Hochbaustatik, Talsperren etc.) nicht mehr möglich (siehe auch Abschnitt 16.3.1). Dabei sind Computer unentbehrlich.

Über die Anwendung von FE-Methoden kann kurz gesagt werden:

Ca. 98% aller Festigkeitsnachweise im Triebwerksbau benutzen FEM, ca. 90% der Festigkeitsberechnungen im Zellenbau brauchen FEM, ca. 75% der Berechnungen bei thermischen Kraftanlagen werden mit finiten Elementen durchgeführt, ca. 95% ist der Anteil im modernen Waggon- und Automobilbau. Sonderprobleme im Bauwesen werden mit FEM behandelt (z.B. Olympia-Zeltdach München mit ASKA) und Aufgaben der Hochgeschwindigkeitsdynamik (Durchschlagsprobleme) benutzen die Finite-Element- und Finite-Differenzen-Methode.

Es sei hier darauf hingewiesen, daß bei kettenartigen Strukturen oft auch mit Erfolg die Methode der Übertragungsmatrizen Anwendung findet (siehe [HAH-75] Seite 136).

Manchmal ist es sogar zweckmäßig, einen gewissen Teilbereich einer Gesamtstruktur mit finiten Elementen zu behandeln und den anderen Teil der Gesamtstruktur mit Übertragungsmatrizen zu beschreiben. Allerdings ist die Methode der finiten Elemente der universelle, immer konvergente, uniforme Algorithmus, der für alle Probleme, die in der Praxis auftreten, zum Ziel führt (vgl. hierzu Abschnitt 17.2)!

1.3 Vorbereitungen für die Kontinuumstheorie

Die allgemeinste Aufgabe in der Elastizitätstheorie besteht darin, die Spannungs- und Verzerrungsverteilungen sowie die Verschiebungen in beliebigen Punkten des Körpers bei vorgegebenen Randbedingungen zu bestimmen. Dabei sind im dreidimensionalen

1) sechs Spannungsfunktionen
2) sechs Verzerrungsfunktionen
3) drei Verschiebungsfunktionen

zu ermitteln.

Es gibt somit 15 unbekannte Funktionen abhängig von Ort und Zeit.

Dabei müssen in der Elastomechanik folgende Bedingungen erfüllt werden:

a) Die Gleichgewichtsbedingungen für die Kräfte (Spannungen), inklusive Massenträgheitskräfte (Beschleunigungen). Dies ergibt *drei Gleichungen.*
b) Die Kompatibilitätsbedingungen von Verschiebungen und Verzerrungen. Dies ergibt *sechs Gleichungen.*
c) Das Stoffgesetz (Spannungs-, Verzerrungsbeziehungen). Dies ergibt *sechs Gleichungen.*

Insgesamt ergeben sich also aus Axiomatik, Geometrie und Empirie fünfzehn Lösungsgleichungen.

Bekannte Anwendungsbeispiele hierfür sind entsprechend BILD 1.1 das Weggrößen- (vgl. hierzu [HAH-75] Abschnitt 3.1.2.2 Seite 79) und Kraftgrößenverfahren (vgl. hierzu [HAH-75] Abschnitt 3.1.2.1 Seite 78).

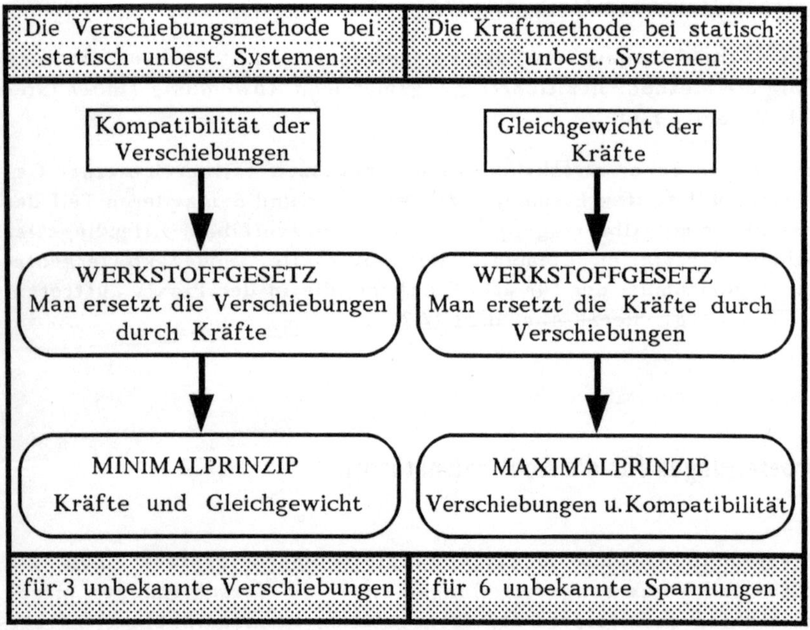

BILD 1.1: Dualität von Weggrößen- und Kraftgrößenverfahren.

Wendet man beide Verfahren aus BILD 1.1 an, so ergeben sich bekanntlich

Näherungslösungen, die die exakte Lösung von unten und oben, entsprechend dem "Grad der Feinheit der Näherung", approximieren. BILD 1.2 zeigt dabei den Sachverhalt, wie das Kraftgrößenverfahren (Matrizen-Kraftmethode) von oben und das Weggrößenverfahren (Matrizen-Verschiebungsverfahren) die Resultate von unten her eingrenzt.

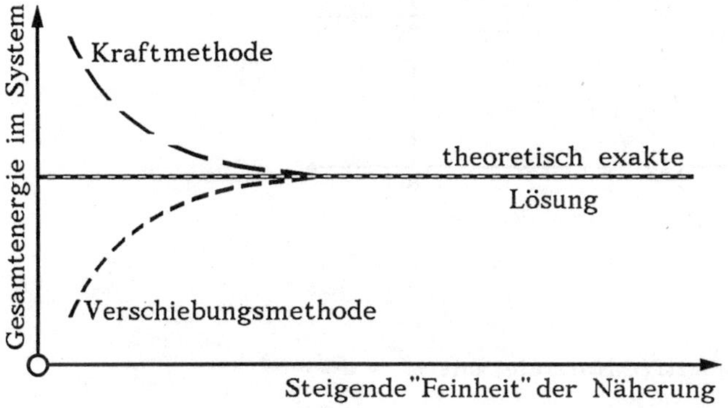

BILD 1.2: Näherungslösungen von unten und von oben bezogen auf die Gesamtenergie im System.

1.4 Der GAUßsche Integralsatz, die NABLA-Matrix und die Normalenmatrix

Der Hauptsatz der Integralrechnung lautet bekanntlich:

$$\int_A^E \frac{df(x)}{dx}\, dx = f(E) - f(A) \tag{1.1}$$

Mit dem NABLA-Vektor (Operator) betrachten wir nun als zweidimensionale Erweiterung von (1.1) gemäß BILD 1.3:

$$\iint_{\text{Fläche}} dxdy\ \nabla\ f(x,y) =: I \tag{1.1a}$$

wobei der NABLA-Operator folgendermaßen definiert ist.

$$\nabla := e_x \frac{\partial}{\partial x} + e_y \frac{\partial}{\partial y} \tag{1.1b}$$

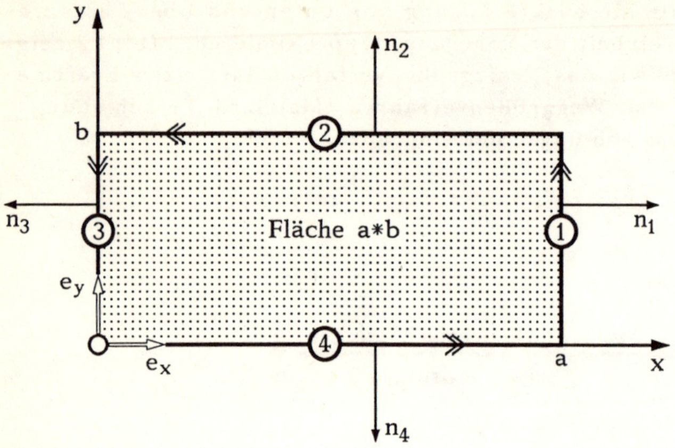

n_i (i=1,2,3,4) äußere, positive Normale, mit $n_i^2 = e_x^2 = e_y^2 \equiv 1$

BILD 1.3: Der GAUßsche Integralsatz.

Entsprechend BILD 1.3 wird folgende Nomenklatur zur Beschreibung der Wegstücke 1 bis 4 vereinbart.

				Bogenlängen
Wegstück (1)	:	$n_1 = e_x$	;	$ds_1 = dy$
Wegstück (2)	:	$n_2 = e_y$	;	$ds_2 = -dx$
Wegstück (3)	:	$n_3 = -e_x$	;	$ds_3 = -dy$
Wegstück (4)	:	$n_4 = -e_y$	;	$ds_4 = dx$

(1.2)

Dann kommt durch Einsetzen von (1.1b) in (1.1a)

$$I = \int_{y=0}^{b} dy \int_{x=0}^{a} dx\, e_x \frac{\partial f(x,y)}{\partial x} + \int_{x=0}^{a} dx \int_{y=0}^{b} dy\, e_y \frac{\partial f(x,y)}{\partial y}$$

mit (1.1) folgt

$$I = \underbrace{\int_0^b dy\; f(a,y)\, e_x}_{\text{auf (1)}} - \underbrace{\int_0^b dy\; f(0,y)\, e_x}_{\text{auf (3)}} + \underbrace{\int_0^a dx\; f(x,b)\, e_y}_{\text{auf (2)}} - \underbrace{\int_0^a dx\; f(x,0)\, e_y}_{\text{auf (4)}}$$

$$I = \int_{y=0}^{b} dy\ f(a,y)\,e_x + \int_{x=a}^{0} (-dx)\,f(x,b)\,e_y + \int_{y=b}^{0} (-dy)\ f(0,y)\,(-e_x) + \int_{x=0}^{a} dx\ f(x,0)\,(-e_y)$$

$$\qquad\quad ① \qquad\qquad\qquad ② \qquad\qquad\qquad ③ \qquad\qquad\qquad ④$$

Unter Berücksichtigung der Definitionen von (1.2) ergibt sich damit

$$I = \int_{①} ds_1\ f(①)\,n_1 + \int_{②} ds_2\ f(②)\,n_2 + \int_{③} ds_3\ f(③)\,n_3 + \int_{④} ds_4\ f(④)\,n_4$$

$$\equiv \oint ds\, n\, f$$

Wenn man die Bezugsfunktion noch wegläßt, erhält man die abstrakte GAUßsche Integralformel im Dreidimensionalen (Operatorenschreibweise) zu:

$$\int_{(V)} \nabla\, dV = \int_{(O)} n\ dF \tag{1.3}$$

Physikalisch als Ergiebigkeitssatz bekannt, vgl. auch [SZA-56] und [HÜT-89] Seite A66 die Gleichungen (22) und (28).

Wenden wir (1.3) auf die symmetrische Spannungsmatrix

$$\underline{\underline{T}}_{22} := \begin{bmatrix} \sigma_x & \tau_{xy} \\ \tau_{xy} & \sigma_y \end{bmatrix} \tag{1.4}$$

mit

$$\underline{\nabla}_2^T := \left(\frac{\partial}{\partial x}, \frac{\partial}{\partial y}\right) \tag{1.5}$$

und

$$\underline{n}_2^T := (n_x, n_y) \tag{1.6}$$

an, so kommt:

$$\int_{(V)} dV\, \underline{\underline{T}}_{22}\, \underline{\nabla}_2 = \int_{(O)} dF\, \underline{\underline{T}}_{22}\, \underline{n}_2 \tag{1.7}$$

(1.7) entsprechend (1.4) mit (1.5) zweidimensional ausgeschrieben liefert

$$\int\limits_{(V)} \begin{pmatrix} \frac{\partial \sigma_x}{\partial x} + \frac{\partial \tau_{xy}}{\partial y} \\ \frac{\partial \tau_{xy}}{\partial x} + \frac{\partial \sigma_y}{\partial y} \end{pmatrix} dV = \int\limits_{(O)} \begin{pmatrix} \sigma_x n_x + \tau_{xy} n_y \\ \tau_{xy} n_x + \sigma_y n_y \end{pmatrix} dF$$

Um den technisch üblichen und praktischen *Spannungsvektor* (zweidimensional)

$$\underline{\sigma}_3^T := \left(\sigma_x , \sigma_y , \tau_{xy}\right) \tag{1.8}$$

in (1.7) einführen zu können, definieren wir folgende Matrizen:

$$\underline{\underline{\nabla}}_{23} := \begin{bmatrix} \frac{\partial}{\partial x} & 0 & \frac{\partial}{\partial y} \\ 0 & \frac{\partial}{\partial y} & \frac{\partial}{\partial x} \end{bmatrix} \tag{1.9}$$

die zweidimensionale NABLA-Matrix, sowie

$$\underline{\underline{N}}_{23} := \begin{bmatrix} n_x & 0 & n_y \\ 0 & n_x & n_y \end{bmatrix} \tag{1.10}$$

die zweidimensionale Normalen-Matrix, wobei $n_x^2 + n_y^2 \equiv 1$ gilt.

Mit (1.4), (1.5) und (1.6) können wir schreiben

$$\underline{\underline{T}}_{22} \underline{\nabla}_2 \equiv \underline{\underline{\nabla}}_{23} \underline{\sigma}_3 \tag{1.11}$$

$$\underline{\underline{T}}_{22} \underline{n}_2 \equiv \underline{\underline{N}}_{23} \underline{\sigma}_3 \tag{1.12}$$

Mit diesen Identitäten wird aus (1.7)

$$\int\limits_{(V)} dV \, \underline{\underline{\nabla}}_{23} \underline{\sigma}_3 = \int\limits_{(O)} dF \, \underline{\underline{N}}_{23} \underline{\sigma}_3 \tag{1.13}$$

Damit ist der GAUßsche Integralsatz für den Spannungsvektor formuliert.

Für den allgemeinen dreidimensionalen Spannungsvektor

$$\underline{\sigma}_6^T := \left[\sigma_x , \sigma_y , \sigma_z , \tau_{xy} , \tau_{yz} , \tau_{zx}\right] \tag{1.14}$$

wird definiert:

$$\underline{\underline{\nabla}}_{36} := \begin{bmatrix} \frac{\partial}{\partial x} & 0 & 0 & \frac{\partial}{\partial y} & 0 & \frac{\partial}{\partial z} \\ 0 & \frac{\partial}{\partial y} & 0 & \frac{\partial}{\partial x} & \frac{\partial}{\partial z} & 0 \\ 0 & 0 & \frac{\partial}{\partial z} & 0 & \frac{\partial}{\partial y} & \frac{\partial}{\partial x} \end{bmatrix} \tag{1.15}$$

und

$$\underline{\underline{N}}_{36} := \begin{bmatrix} n_x & 0 & 0 & n_y & 0 & n_z \\ 0 & n_y & 0 & n_x & n_z & 0 \\ 0 & 0 & n_z & 0 & n_y & n_x \end{bmatrix} \tag{1.16}$$

wobei $n_x^2 + n_y^2 + n_z^2 \equiv 1$ ist.

Mit (1.15) und (1.16) ist die allgemeine, dreidimensionale NABLA-Matrix und Normalen-Matrix definiert und der GAUßsche Integralsatz in Matrizenschreibweise für den in der Rechentechnik üblichen Spannungsvektor gemäß (1.14) lautet analog zu (1.13)

$$\int\limits_{(V)} dV \, \underline{\underline{\nabla}}_{36} \, \underline{\sigma}_6 = \int\limits_{(O)} dF \, \underline{\underline{N}}_{36} \, \underline{\sigma}_6 \tag{1.17}$$

Damit haben wir sehr wirkungsvolle mathematische Hilfsmittel zur Formulierung der Kontinuumstheorie im Matrizenkalkül gewonnen. In Operatorenschreibweise kommt aus (1.13) (vgl. (1.3)):

$$\int\limits_{(V)} dV \, \underline{\underline{\nabla}}_{36} = \int\limits_{(O)} dF \, \underline{\underline{N}}_{36} \tag{1.18}$$

2 DIE KONTINUUMSTHEORIE IN MATRIZENSCHREIBWEISE

2.1 Die Axiome vom Gleichgewicht am unverformten, infinitesimalen Element

Um sich ein Bild über den Spannungszustand oder Deformationszustand in einem beliebigen Punkt eines Mediums machen zu können, muß eine unserer Vorstellungskraft zugängliche Visualisierung geschaffen werden-also ein Modell.

Im Zusammenhang mit der Betrachtung von Spannungen ist dies ein Modell, an dem die Flächen eindeutig beschrieben sind, auf die die gesuchten Spannungen bezogen werden sollen. Man substituiert zu diesem Zweck den diskreten materiellen Punkt durch ein unendlich kleines Volumenelement. Dabei wird je nach Fragestellung eine Quader-, siehe Unterabschnitt 2.1.1 und 2.1.2, oder Tetraederform, siehe Abschnitt 2.2, verwendet.

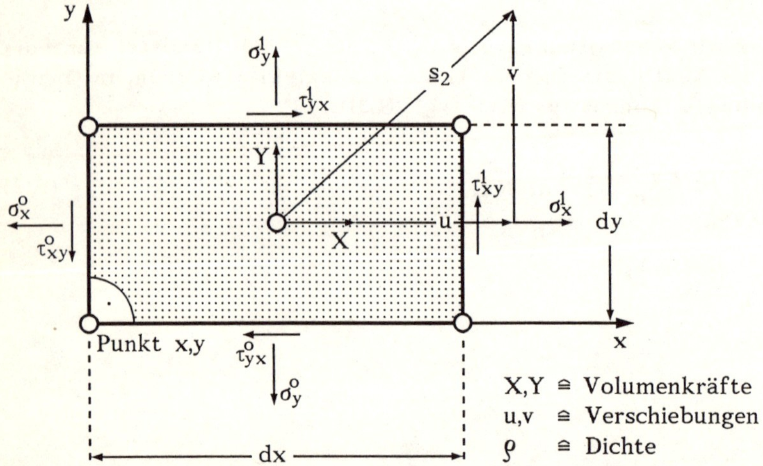

BILD 2.1: Gleichgewicht am unverformten infinitesimalen Element (die PIOLA-KIRCHHOFFschen-Pseudospannungen).

Eine weitere grundlegende Annahme ist, daß die Spannungsfunktionen als konstant über der Schnittfläche des Elementes angenommen werden.

Der Spannungszustand eines Körpers sei nun an einem beliebigen Punkt durch die auf achsenparallele Schnitte bezogenen Spannungskomponenten σ_x, σ_y, τ_{xy}, τ_{yx} bestimmt.

Mit Hilfe der eingangs besprochenen Annahmen stellen sich die *Taylorentwicklungen um den Punkt x,y* von BILD 2.1 zur Ermittlung der Spannungszuwächse folgendermaßen dar.

$$\begin{aligned}
\overset{0}{\sigma}_x &:= \sigma_x(x,y;t) \\
\overset{1}{\sigma}_x &:= \overset{0}{\sigma}_x + \frac{\partial \sigma_x}{\partial x} dx + \frac{1}{2} \frac{\partial^2 \sigma_x}{\partial x^2} dx^2 + \ldots + \frac{1}{n!} \frac{\partial^n \sigma_x}{\partial x^n} dx^n \\
\overset{0}{\sigma}_y &:= \sigma_y(x,y;t) \\
\overset{1}{\sigma}_y &:= \overset{0}{\sigma}_y + \frac{\partial \sigma_y}{\partial y} dy + \frac{1}{2} \frac{\partial^2 \sigma_y}{\partial y^2} dy^2 + \ldots + \frac{1}{n!} \frac{\partial^n \sigma_y}{\partial y^n} dy^n \\
\overset{0}{\tau}_{xy} &:= \tau_{xy}(x,y;t) \\
\overset{1}{\tau}_{xy} &:= \overset{0}{\tau}_{xy} + \frac{\partial \tau_{xy}}{\partial x} dx + \frac{1}{2} \frac{\partial^2 \tau_{xy}}{\partial x^2} dx^2 + \ldots + \frac{1}{n!} \frac{\partial^n \tau_{xy}}{\partial x^n} dx^n \\
\overset{0}{\tau}_{yx} &:= \tau_{yx}(x,y;t) \\
\overset{1}{\tau}_{yx} &:= \overset{0}{\tau}_{yx} + \frac{\partial \tau_{yx}}{\partial y} dy + \frac{1}{2} \frac{\partial^2 \tau_{yx}}{\partial y^2} dy^2 + \ldots + \frac{1}{n!} \frac{\partial^n \tau_{yx}}{\partial y^n} dy^n
\end{aligned} \tag{2.1}$$

2.1.1 Das Axiom vom Momentengleichgewicht am Element

Nach BILD 2.1 folgt aus der Summe aller Momente um den Schwerpunkt:

$$\overset{1}{\tau}_{xy} \frac{dx}{2} dy - \overset{1}{\tau}_{yx} \frac{dy}{2} dx + \overset{0}{\tau}_{xy} \frac{dx}{2} dy - \overset{0}{\tau}_{yx} \frac{dy}{2} dx = 0 \tag{2.2}$$

Mit (2.1) und anschließender Division durch $dx\,dy$ erhält man:

$$2\,\overset{0}{\tau}_{xy} + \frac{\partial \tau_{xy}}{\partial x} dx + \ldots\ldots = 2\,\overset{0}{\tau}_{yx} + \frac{\partial \tau_{yx}}{\partial y} dy + \ldots\ldots \tag{2.3}$$

Aus der Symmetrie folgt Momentengleichgewicht! Aus dem Momentengleichgewicht folgt Symmetrie!

Für dx und dy $\rightarrow$ 0 erhält man unter Beachtung von (2.1):

$$\tau^{o}_{xy} = \tau^{o}_{yx} \qquad \text{oder} \qquad \tau_{xy} \equiv \tau_{yx} \tag{2.4}$$

(Symmetrie der Schubspannungen nach BOLTZMANN!)

2.1.2 Das Axiom vom Kräftegleichgewicht am Element nach Newton (D'Alembert)

Entsprechend BILD 2.1 gilt für das Kräftegleichgewicht in x-Richtung

$$-\sigma^{o}_{x}\,dy + \sigma^{1}_{x}\,dy - \tau^{o}_{yx}\,dx + \tau^{1}_{yx}\,dx + X\,dx\,dy + (-\rho\,dx\,dy\,\ddot{u}) \overset{!}{=} 0$$

Mit (2.1) folgt:

$$\frac{\partial \sigma_x}{\partial x}\,dxdy + \frac{1}{2}\frac{\partial^2 \sigma_x}{\partial x^2}\,dx^2 dy + \ldots + \frac{\partial \tau_{yx}}{\partial y}\,dydx + \frac{1}{2}\frac{\partial^2 \tau_{yx}}{\partial y^2}\,dy^2 dx + \ldots$$
$$+ X\,dxdy + (-\rho\,dxdy\,\ddot{u}) = 0$$

Nach Division durch dxdy erhält man:

$$\frac{\partial \sigma_x}{\partial x} + \frac{1}{2}\frac{\partial^2 \sigma_x}{\partial x^2}\,dx + \ldots + \frac{\partial \tau_{yx}}{\partial y} + \frac{1}{2}\frac{\partial^2 \tau_{yx}}{\partial y^2}\,dy + \ldots + X = \rho\ddot{u}$$

Nun machen wir den Grenzübergang dx $\rightarrow$ 0, dy $\rightarrow$ 0 und nach Beachtung (von 2.4) ergibt sich:

$$\frac{\partial \sigma_x}{\partial x} + \frac{\partial \tau_{xy}}{\partial y} + X = \rho\ddot{u} \tag{2.5}$$

In y-Richtung nach BILD 2.1:

$$-\sigma^{o}_{y}\,dx + \sigma^{1}_{y}\,dx - \tau^{o}_{xy}\,dy + \tau^{1}_{xy}\,dy + Y\,dx\,dy + (-\rho\,dx\,dy\,\ddot{v}) \overset{!}{=} 0$$

Mit (2.1), sowie Division durch dx dy und anschließendem Grenzübergang, sowie unter Beachtung von (2.4) folgt:

$$\frac{\partial \tau_{xy}}{\partial x} + \frac{\partial \sigma_y}{\partial y} + Y = \rho\, \ddot{v} \qquad (2.6)$$

(vgl. [SZA-56] Seite 134 Gl. 12 , dort dreidimensional).

Neben dem Spannungsvektor $\underline{\sigma}_3$ gemäß (1.8) und der Spannungsmatrix aus (1.4) definieren wir nun noch im Zweidimensionalen den Volumenkraftvektor

$$\underline{w}_2^T := \big(X(x,y;t)\ ,\ Y(x,y;t)\big) \qquad (2.7)$$

(welcher im Dreidimensionalen durch die dritte Komponente Z zu ergänzen ist);

den *Verschiebungsvektor*

$$\underline{s}_2^T := (u\ ,\ v) \qquad (2.8)$$

(im Dreidimensionalen zu ergänzen durch die dritte Komponente w) und brauchen wieder den NABLA-Vektor aus (1.5). Damit wird aus (2.5) und (2.6)

$$\underline{\underline{T}}_{22}\underline{\nabla}_2 + \underline{w}_2 = \rho\, \ddot{\underline{s}}_2 \qquad (2.9)$$

Mit (1.11) wird für das zweidimensionale Gleichgewicht daraus endgültig:

$$\underline{\underline{\nabla}}_{23}\underline{\sigma}_3 + \underline{w}_2 = \rho\, \ddot{\underline{s}}_2 \qquad (2.10)$$

Analog (2.10) gilt für das dreidimensionale Gleichgewicht mit (1.14) und (1.15)

$$\underline{\underline{\nabla}}_{36}\underline{\sigma}_6 + \underline{w}_3 = \rho\, \ddot{\underline{s}}_3 \qquad (2.11)$$

2.2 Schnittkräfte am Randelement

$$\underline{n}_2^T\, \underline{n}_2 \equiv 1 \qquad (2.12)$$

$$dx = ds\, \sin\alpha \qquad (2.13)$$

$$dy = ds\, \cos\alpha \qquad (2.14)$$

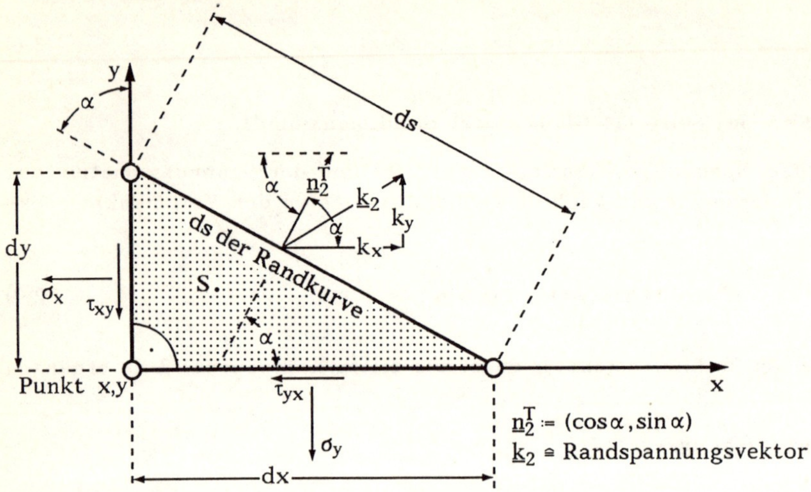

BILD 2.2: Schnittkräfte am Randelement.

Gemäß 2.1.2 erhält man aus BILD 2.2 für das Gleichgewicht in x- und y-Richtung:

$$k_x\ ds = \sigma_x\ dy + \tau_{xy}\ dx + (-\rho \frac{dxdy}{2} \ddot{u}) + X\ dx \frac{dy}{2}$$

$$k_y\ ds = \tau_{xy}\ dy + \sigma_y\ dx + (-\rho \frac{dxdy}{2} \ddot{v}) + Y\ dx \frac{dy}{2}$$

Hierin sind $X dx dy$ bzw. $Y dx dy$ Volumenkräfte und $(-\rho \ddot{u} dx dy)$ bzw. $(-\rho \ddot{v} dx dy)$ Massenträgheitskräfte, siehe BILD 2.1.

Mit (2.13) und (2.14) folgt nach Division durch ds und anschließendem Grenzübergang ds $\rightarrow$ 0:

$$k_x = \sigma_x \cos\alpha + \tau_{xy} \sin\alpha$$

$$k_y = \tau_{xy} \cos\alpha + \sigma_y \sin\alpha \tag{2.15}$$

Mit dem Randspannungsvektor

$$\underline{k}_2^T := (k_x, k_y) \tag{2.16}$$

im dreidimensionalen Fall durch k_z zu ergänzen und wegen (1.4) ergibt sich aus (2.15):

$$\underline{k}_2 = \underline{\underline{T}}_{22} \underline{n}_2 \tag{2.17}$$

Hieraus folgt wegen (1.12)

$$\underline{k}_2 = \underline{\underline{N}}_{23}\,\underline{\sigma}_3 \tag{2.18}$$

Für den allgemeinen dreidimensionalen Fall und den Spannungsvektor (1.14) sowie der Normalenmatrix gemäß (1.16) kommt dann analog:

$$\underline{k}_3 = \underline{\underline{N}}_{36}\,\underline{\sigma}_6 \tag{2.19}$$

Diese Gleichung gilt, ebenso wie (2.4), *für jeden Bewegungszustand inklusive Ruhe.*

2.3 Verzerrungs-, Verschiebungsbeziehungen und die Kompatibilität

Die TAYLOR-Entwicklungen analog zu (2.1) am Element, und der Nomenklatur entsprechend BILD 2.3, lauten nun

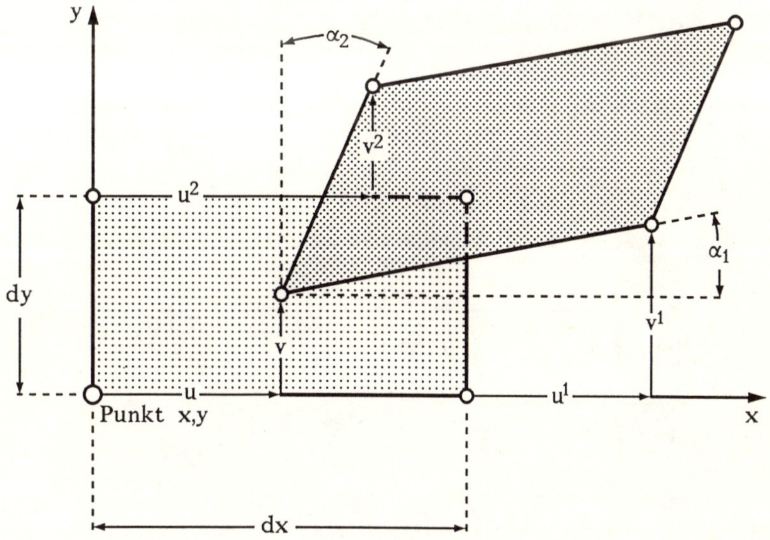

BILD 2.3: Dehnung und Gleitung am infinitesimalen Element.

$$u^1 := u(x+dx,y;t)$$

$$= u(x,y;t) + \frac{\partial u(x,y;t)}{\partial x}\,dx + \frac{1}{2}\,\frac{\partial^2 u(x,y;t)}{\partial x^2}\,dx^2 + \ldots + \frac{1}{n!}\,\frac{\partial^n u(x,y;t)}{\partial x^n}\,dx^n$$

$$u^2 := u(x,y+dy;t)$$
$$= u(x,y;t) + \frac{\partial u(x,y;t)}{\partial y} dy + \frac{1}{2}\frac{\partial^2 u(x,y;t)}{\partial y^2} dy^2 + \ldots + \frac{1}{n!}\frac{\partial^n u(x,y;t)}{\partial y^n} dy^n$$

$$v^1 := v(x+dx,y;t)$$
$$= v(x,y;t) + \frac{\partial v(x,y;t)}{\partial x} dx + \frac{1}{2}\frac{\partial^2 v(x,y;t)}{\partial x^2} dx^2 + \ldots + \frac{1}{n!}\frac{\partial^n v(x,y;t)}{\partial x^n} dx^n$$

$$v^2 := v(x,y+dy;t)$$
$$= v(x,y;t) + \frac{\partial v(x,y;t)}{\partial y} dy + \frac{1}{2}\frac{\partial^2 v(x,y;t)}{\partial y^2} dy^2 + \ldots + \frac{1}{n!}\frac{\partial^n v(x,y;t)}{\partial y^n} dy^n \tag{2.20}$$

Damit ergeben sich gemäß BILD 2.3 die Verzerrungen oder Dehnungen zweidimensional zu:

$$\varepsilon_x := \lim_{dx \to 0} \frac{u^1 - u}{dx} \quad ; \quad \varepsilon_y := \lim_{dy \to 0} \frac{v^2 - v}{dy}$$

genau gilt natürlich (unter Anwendung des Satzes von PYTHAGORAS):

$$(dx + \Delta l)^2 = \left(dx + u^1 - u^2\right)^2 + \left(v^1 - v^2\right)^2$$

daraus folgt:

$$dx^2\left(1 + \frac{\Delta l}{dx}\right)^2 = dx^2\left(1 + \frac{\partial u}{\partial x} + \frac{1}{2}\frac{\partial u}{\partial x^2} dx + \ldots\right)^2 + dx^2\left(\frac{\partial v}{\partial x} + \frac{1}{2}\frac{\partial v}{\partial x^2} + \ldots\right)^2$$

Division durch dx^2 liefert:

$$\lim_{dx \to 0}\left(1 + \frac{\Delta l}{dx}\right) = \lim_{dx \to 0} \sqrt{\left(1 + \frac{\partial u}{\partial x} + \frac{\partial^2 u}{\partial x^2}\frac{dx}{2} + \ldots\right)^2 + \left(\frac{\partial v}{\partial x} + \frac{\partial^2 v}{\partial x^2}\frac{dx}{2} + \ldots\right)^2}$$

$$1 + \varepsilon_x = \sqrt{\left(1 + \frac{\partial u}{\partial x}\right)^2 + \left(\frac{\partial v}{\partial x}\right)^2}$$

$$\varepsilon_x = \sqrt{1 + 2\frac{\partial u}{\partial x} + \left(\frac{\partial u}{\partial x}\right)^2 + \left(\frac{\partial v}{\partial x}\right)^2} - 1$$

(Anmerkung: In der linearen Mechanik sind quadratische Glieder gleich Null)

daraus ergibt sich:

$$\varepsilon_x = \sqrt{1 + 2\frac{\partial u}{\partial x}} - 1$$

nach Binomialreihenentwicklung folgt:

$$\varepsilon_x \approx 1 + \frac{\partial u}{\partial x} - 1$$

Hieraus folgt

$$\varepsilon_x = \frac{\partial u}{\partial x} \tag{2.21}$$

$$\varepsilon_y = \frac{\partial v}{\partial y} \tag{2.22}$$

Weiter wird die Winkelsumme $\alpha_1 + \alpha_2$, die man als Gleitung bezeichnet, definiert:

$$\gamma_{xy} := \alpha_1 + \alpha_2 \approx \tan\alpha_1 + \tan\alpha_2 \tag{2.23}$$

beziehungsweise genauer:

$$\gamma_{xy} = \lim_{\substack{dx \to 0 \\ dy \to 0}} (\alpha_1 + \alpha_2)$$

wobei gemäß BILD 2.3:

$$\tan\alpha_1 = \frac{v^1 - v}{dx + u^1 - u} = \frac{v^1 - v}{dx}\left(1 + \frac{u^1 - u}{dx}\right)^{-1}$$

$$\approx \frac{v^1 - v}{dx}\left(1 - \frac{u^1 - u}{dx}\right) = \frac{v^1 - v}{dx} - \frac{(v^1 - v)\,(u^1 - u)}{dx^2}$$

Mit (2.20) kommt:

$$\alpha_1 \approx \tan\alpha_1 \approx \frac{\partial v}{\partial x} - \frac{\partial v}{\partial x}\frac{\partial u}{\partial x} \approx \frac{\partial v}{\partial x} \tag{2.24}$$

Analog erhält man aus BILD 2.3:

$$\tan\alpha_2 = \frac{u^2 - u}{dy + v^2 - v} = \frac{u^2 - u}{dy}\left(1 + \frac{v^2 - v}{dy}\right)^{-1}$$

Mit (2.20) kommt dann:

$$\alpha_2 \approx \tan\alpha_2 \approx \frac{\partial u}{\partial y} \tag{2.25}$$

Gemäß (2.24) und (2.25) erhält man aus (2.23) für

$$\gamma_{xy} = \frac{\partial u}{\partial y} + \frac{\partial v}{\partial x} \tag{2.26}$$

(vgl. [SZA-56] Seite 14 und15, die Gleichungen (2.6) und (2.7); dort sind die Gleichungen (2.21), (2.22) und (2.26) dreidimensional aufgeschrieben).

Mit dem Verzerrungsvektor

$$\underline{\varepsilon}_3^T := \left(\varepsilon_x, \varepsilon_y, \gamma_{xy}\right) \tag{2.27}$$

dem Verschiebungsvektor (2.8) und der zweidimensionalen NABLA-Matrix (1.9) lassen sich (2.21), (2.22) und (2.26) als Matrizengleichung formulieren

$$\underline{\varepsilon}_3 = \underline{\underline{\nabla}}_{23}^T \underline{s}_2 \tag{2.28}$$

Im Dreidimensionalen definiert man den vollständigen *Verzerrungsvektor*

$$\underline{\varepsilon}_6^T := \left[\varepsilon_x, \varepsilon_y, \varepsilon_z, \gamma_{xy}, \gamma_{yz}, \gamma_{zx}\right] \tag{2.29}$$

und erhält analog zu (2.28) mit dem allgemeinen *Verschiebungsvektor*

$$\underline{s}_3^T := \left(u(x,y,z;t)\ ,\ v(x,y,z;t)\ ,\ w(x,y,z;t)\right) \tag{2.30}$$

und der dreidimensionalen NABLA-Matrix (1.15)

$$\underline{\varepsilon}_6 = \underline{\underline{\nabla}}_{36}^T \underline{s}_3 \tag{2.31}$$

Wenn $\underline{\varepsilon}_6$ ein stetiges Vektorfeld ist, bedeutet (2.31), daß das Verschiebungsfeld (2.30) stetig differenzierbar ist, das heißt, es sind keine Kanten oder Knicke im deformierten Körper.

Deshalb spricht man von Verträglichkeit oder Kompatibilität mit dem Körperzusammenhang.

Über (2.31) sind die sechs Komponenten des Verzerrungsvektors von den nur drei Komponenten des Verschiebungsvektors (2.30) abhängig.

Man kann über geeignete Differentiationen der Verzerrungen die Verschiebungen u, v und w unter Benutzung der SCHWARZschen Vertauschungsregel eliminieren. Z.B. gilt mit (2.21), (2.22) und (2.26):

$$\frac{\partial^2 \varepsilon_x}{\partial y^2} + \frac{\partial^2 \varepsilon_y}{\partial x^2} = \frac{\partial^2 \gamma_{xy}}{\partial x \partial y} \tag{2.32}$$

(vgl. [SZA-56] Seite 142 Gl. (10.22))

(2.32) wird als die Kompatibilität der Verzerrungen bezeichnet, die sich aber immer dann von alleine einstellt, wenn man hinreichend oft differenzierbare Funktionen als Verschiebungsfelder vorgibt.

2.4 Das Werkstoffgesetz

2.4.1 Lösbarkeitsbetrachtungen

Die bis jetzt abgeleiteten Gleichungen (2.11)

$$\rho\, \ddot{\underline{s}}_3 = \underline{\underline{\nabla}}_{36}\, \underline{\sigma}_6 + \underline{w}_3$$

und (2.31)

$$\underline{\varepsilon}_6 = \underline{\underline{\nabla}}_{36}^{T}\, \underline{s}_3$$

ergeben zusammen neun Bestimmungsgleichungen (drei skalare Gleichungen aus dem Gleichgewicht und sechs skalare Gleichungen aus der Kinematik) für fünfzehn unbekannte Funktionen $\underline{\sigma}_6$, $\underline{s}_3$ und $\underline{\varepsilon}_6$. Es fehlen also noch sechs Gleichungen!

Diese werden durch das Werkstoffgesetz erbracht.

2.4.2 Das HOOKEsche Gesetz

Wir beschäftigen uns hier nur mit linearem, also vollelastischem, Werkstoffverhalten nach HOOKE.

Dazu ist meist erforderlich, daß die Verzerrungen (vgl. dazu auch (2.24)) identisch klein bleiben. Das HOOKEsche Gesetz lautet am Zugfeld, siehe BILD 2.4:

$$\mathring{\varepsilon}_x = \frac{\mathring{\sigma}_x}{E} - \nu \frac{\mathring{\sigma}_y}{E}$$

$$\mathring{\varepsilon}_y = \frac{\mathring{\sigma}_y}{E} - \nu \frac{\mathring{\sigma}_x}{E}$$

$$\mathring{\varepsilon}_z = -\frac{\nu}{E}\left(\mathring{\sigma}_x + \mathring{\sigma}_y\right) \tag{2.33}$$

$\mathring{\varepsilon}_x$ und $\mathring{\varepsilon}_y \triangleq$ Dehnung mit Querdehnung

$\mathring{\varepsilon}_z$ ist die Vertikaldehnung beim ebenen Spannungszustand ($\mathring{\sigma}_z \equiv 0$)

$E \triangleq$ Elastizitätsmodul

$\nu \triangleq$ Querdehnungszahl oder POISSONsche Querkontraktionszahl

Wir denken uns zuerst $\mathring{\sigma}_x$ aufgebracht und anschließend $\mathring{\sigma}_y$ (siehe BILD 2.4) und vgl. [SZA-56] Seite 138 Formel 10.3.

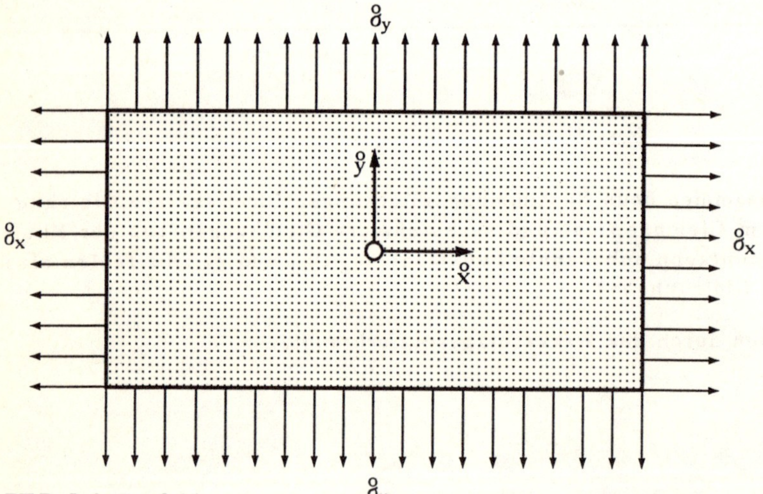

BILD 2.4: Zugfeld

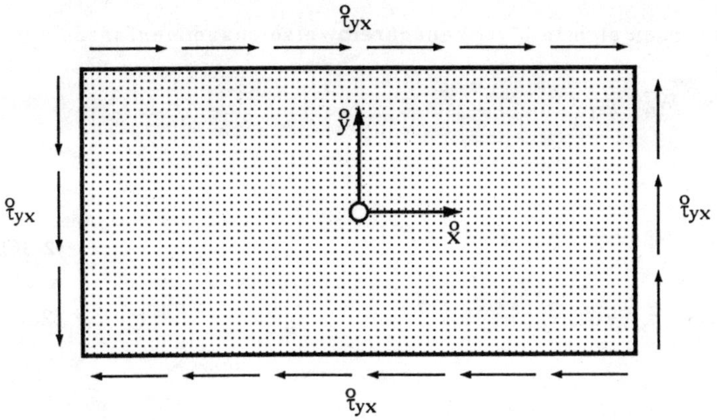

BILD 2.5: Schubfeld

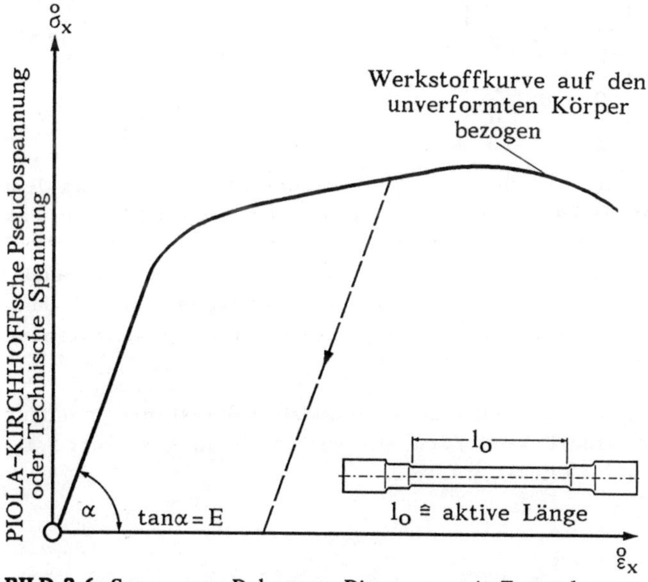

BILD 2.6: Spannungs-Dehnungs-Diagramm mit Zugstab.

Im Falle des mit $\overset{\circ}{\tau}_{xy}$ beaufschlagten Schubfeldes kommt (vgl. BILD 2.5):

$$\overset{\circ}{\gamma}_{xy} = \frac{\overset{\circ}{\tau}_{xy}}{G} \tag{2.34}$$

wobei G als Schubmodul bezeichnet wird.

(2.33) und (2.34) lassen sich in Matrizenschreibweise zusammenfassen zu:

$$\underline{\overset{\circ}{\varepsilon}}_3 = \underline{\underline{W}}_{33}^{-1} \, \underline{\overset{\circ}{\sigma}}_3 \tag{2.35}$$

wenn:

$$\underline{\overset{\circ}{\varepsilon}}_3^T := \left(\overset{\circ}{\varepsilon}_x , \overset{\circ}{\varepsilon}_y , \overset{\circ}{\gamma}_{xy} \right) \tag{2.36}$$

$$\underline{\overset{\circ}{\sigma}}_3^T := \left(\overset{\circ}{\sigma}_x , \overset{\circ}{\sigma}_y , \overset{\circ}{\tau}_{xy} \right) \tag{2.37}$$

und

$$\underline{\underline{W}}_{33}^{-1} := \begin{bmatrix} \frac{1}{E} & \frac{\nu}{E} & 0 \\ \frac{\nu}{E} & \frac{1}{E} & 0 \\ 0 & 0 & \frac{1}{G} \end{bmatrix} \tag{2.38}$$

Die Elastizitätskonstanten E und ν in (2.33) werden zweckmäßig aus dem Zugversuch bestimmt. Dazu nimmt man im Zugfeld $\overset{\circ}{\sigma}_y = 0$ und macht das Feld in y-Richtung sehr schmal, so daß ein konstanter Spannungszustand gesichert ist. Dann führt man den Zugversuch durch, indem man gemäß BILD 2.6 die Spannungs-, Dehnungskurve aufnimmt. Daraus ermittelt man E und aus der Einschnürung ν. Das sind die beiden Elastizitätskonstanten für isotropes homogenes Material.

Der Schubmodul in (2.34) ist keine neue Elastizitätskonstante, sondern kann durch E und ν ausgedrückt werden, wie wir später in Abschnitt 2.4.5 noch zeigen werden (siehe (2.67)).

2.4.3 Drehung von Spannungssystemen

Das auf $\overset{\circ}{x},\overset{\circ}{y}$ bezogene ebene Spannungssystem ist in (2.37) definiert und das um α gedrehte auf x,y bezogene Spannungssystem gemäß (1.8) lautet:

$$\underline{\sigma}_3^T := \left(\sigma_x , \sigma_y , \tau_{xy} \right) \tag{2.39}$$

Legt man nun BILD 2.2 auf BILD 2.7 und bezeichnet die Spannungen von

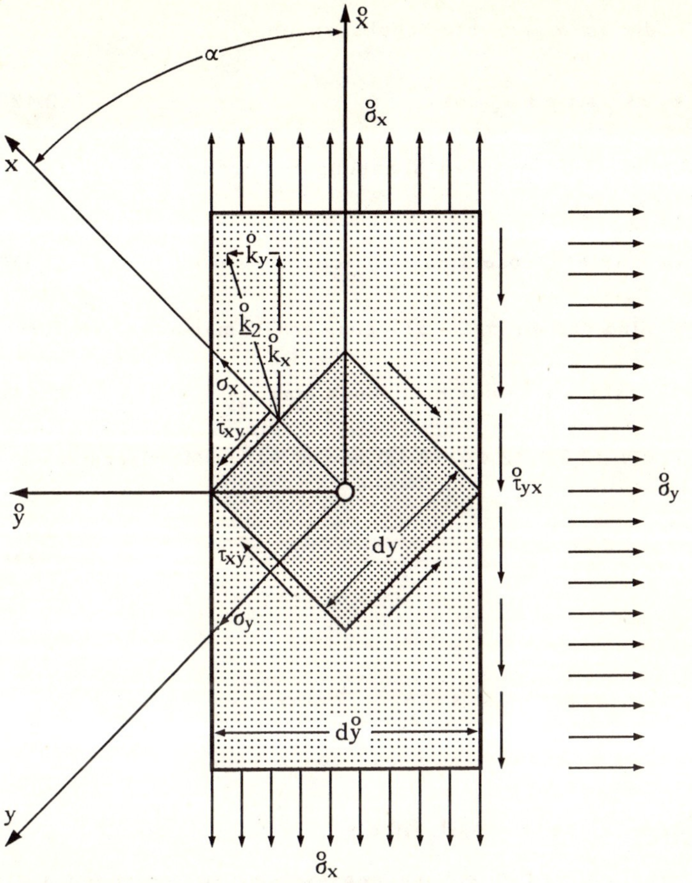

BILD 2.7: Drehung von Spannungssystemen.

BILD 2.2 in diejenigen gemäß (2.37) um und zerlegt den Vektor $\underline{\mathring{k}}_2$ in Spannungskomponenten längs der um α gedrehten Schnittflächen, so kommt (siehe BILD 2.7) für:

$$\sigma_x = \mathring{k}_x \cos\alpha + \mathring{k}_y \sin\alpha \tag{2.40}$$

Setzt man hier (2.15) ein, so kommt mit den Umbezeichnungen gemäß (2.37):

$$\sigma_x = \mathring{\sigma}_x \cos^2\alpha + \mathring{\sigma}_y \sin^2\alpha + 2 \cos\alpha \sin\alpha \, \mathring{\tau}_{xy} \tag{2.41}$$

Analog kommt für die um α gedrehte Schubspannung:

$$\tau_{xy} = -\overset{o}{k}_x \sin\alpha + \overset{o}{k}_y \cos\alpha \tag{2.42}$$

Setzt man hier wieder (2.15) mit den Spannungsbezeichnungen aus (2.37) ein, so erhält man:

$$\tau_{xy} = -\overset{o}{\sigma}_x \cos\alpha \sin\alpha + \overset{o}{\sigma}_y \cos\alpha \sin\alpha + \overset{o}{\tau}_{xy}(\cos^2\alpha - \sin^2\alpha) \tag{2.43}$$

Mit $\cos(\pi/2 + \alpha) = -\sin\alpha$ und $\sin(\pi/2 + \alpha) = \cos\alpha$ erhält man aus (2.41) für:

$$\sigma_y = \overset{o}{\sigma}_x \sin^2\alpha + \overset{o}{\sigma}_y \cos^2\alpha - 2\cos\alpha \sin\alpha\, \overset{o}{\tau}_{xy} \tag{2.44}$$

Nun folgt wegen (2.37), (2.39), (2.41), (2.43) und (2.44) in Matrizenschreibweise:

$$\underline{\sigma}_3 = \underline{\underline{C}}_{33}\, \overset{o}{\underline{\sigma}}_3 \tag{2.45}$$

wobei gilt:

$$\underline{\underline{C}}_{33} := \begin{bmatrix} \cos^2\alpha & \sin^2\alpha & 2\sin\alpha\cos\alpha \\ \sin^2\alpha & \cos^2\alpha & -2\sin\alpha\cos\alpha \\ -\sin\alpha\cos\alpha & \sin\alpha\cos\alpha & \cos^2\alpha - \sin^2\alpha \end{bmatrix} \tag{2.46}$$

(vgl. dazu auch [SZA-56] Seite 139 Gl. (10.8))

Mit (2.45) ist es möglich, gedrehte Spannungssysteme zu berechnen. $\underline{\underline{C}}_{33}$ ist keine orthogonale Matrix!

2.4.4 Drehung von Verzerrungen

Bei der Koordinatendrehung

$$\begin{aligned} x &= \overset{o}{x} \cos\alpha + \overset{o}{y} \sin\alpha \\ y &= -\overset{o}{x} \sin\alpha + \overset{o}{y} \cos\alpha \end{aligned} \tag{2.47}$$

transformiert sich der Verschiebungsvektor (2.8) wie folgt (vgl. BILD 2.8):

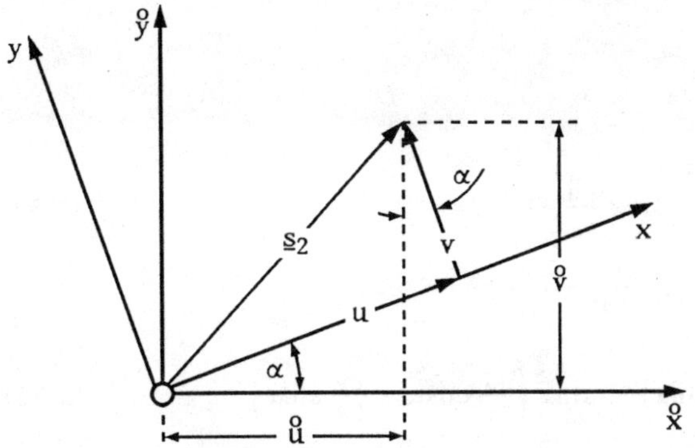

BILD 2.8: Drehung von Verzerrungen.

$$\mathring{u} = u \cos\alpha - v \sin\alpha$$

$$\mathring{v} = u \sin\alpha + v \cos\alpha \qquad (2.48)$$

Die Verschiebungen (2.48) transformieren sich analog zu den Koordinaten (2.47).

Wenn man nun beachtet, daß nach der Kettenregel der Differentialrechnung für eine beliebige Funktion

$$f\left(x(\mathring{x},\mathring{y})\,,\; y(\mathring{x},\mathring{y})\right) \qquad (2.49)$$

gilt:

$$\frac{\partial f}{\partial \mathring{x}} = \frac{\partial f}{\partial x}\frac{\partial x}{\partial \mathring{x}} + \frac{\partial f}{\partial y}\frac{\partial y}{\partial \mathring{x}}$$

$$\frac{\partial f}{\partial \mathring{y}} = \frac{\partial f}{\partial x}\frac{\partial x}{\partial \mathring{y}} + \frac{\partial f}{\partial y}\frac{\partial y}{\partial \mathring{y}} \qquad (2.50)$$

so kommt mit (2.47) allgemein, wenn man identifiziert $x(x,y)$ und $y(x,y)$ aus (2.49) mit x und y aus (2.47) gemäß(2.50):

$$\frac{\partial}{\partial \mathring{x}} = \cos\alpha \frac{\partial}{\partial x} - \sin\alpha \frac{\partial}{\partial y}$$

$$\frac{\partial}{\partial \mathring{y}} = \sin\alpha \frac{\partial}{\partial x} + \cos\alpha \frac{\partial}{\partial y} \qquad (2.51)$$

Damit bildet man gemäß (2.21):

$$\overset{\circ}{\varepsilon}_x := \frac{\partial \overset{\circ}{u}}{\partial \overset{\circ}{x}}$$

Mit (2.51) kommt:

$$\overset{\circ}{\varepsilon}_x = \cos\alpha \frac{\partial \overset{\circ}{u}}{\partial x} - \sin\alpha \frac{\partial \overset{\circ}{u}}{\partial y} \tag{2.52}$$

Setzt man (2.48) ein, so erhält man:

$$\overset{\circ}{\varepsilon}_x = \cos\alpha \left(\frac{\partial u}{\partial x}\cos\alpha - \frac{\partial v}{\partial x}\sin\alpha\right) - \sin\alpha \left(\frac{\partial u}{\partial y}\cos\alpha - \frac{\partial v}{\partial y}\sin\alpha\right) \tag{2.53}$$

Mit den Definitionen (2.21), (2.22) und (2.26) wird hieraus:

$$\overset{\circ}{\varepsilon}_x = \cos^2\alpha\ \varepsilon_x + \sin^2\alpha\ \varepsilon_y - \cos\alpha \sin\alpha\ \gamma_{xy} \tag{2.54}$$

In (2.54) bilden die Vorzahlen der Verzerrungen die erste Spalte von $\underline{\underline{C}}_{33}$ aus (2.46). Mit (2.22), (2.48) und (2.51) erhält man auf die gleiche Weise ε_y. Letztlich kommt aus (2.26) mit (2.51)

$$\overset{\circ}{\gamma}_{xy} = \frac{\partial \overset{\circ}{u}}{\partial \overset{\circ}{y}} + \frac{\partial \overset{\circ}{v}}{\partial \overset{\circ}{x}} = \sin\alpha \frac{\partial \overset{\circ}{u}}{\partial x} + \cos\alpha \frac{\partial \overset{\circ}{u}}{\partial y} + \cos\alpha \frac{\partial \overset{\circ}{v}}{\partial x} - \sin\alpha \frac{\partial \overset{\circ}{v}}{\partial y}$$

Mit (2.48) wird hieraus:

$$\overset{\circ}{\gamma}_{xy} = \sin\alpha \left(\frac{\partial u}{\partial x}\cos\alpha - \frac{\partial v}{\partial x}\sin\alpha\right) + \cos\alpha \left(\frac{\partial u}{\partial y}\cos\alpha - \frac{\partial v}{\partial y}\sin\alpha\right)$$

$$+ \cos\alpha \left(\frac{\partial u}{\partial x}\sin\alpha + \frac{\partial v}{\partial x}\cos\alpha - \sin\alpha \frac{\partial u}{\partial y}\sin\alpha + \frac{\partial v}{\partial y}\cos\alpha\right)$$

Also gilt mit (2.21),(2.22) und (2.26):

$$\overset{\circ}{\gamma}_{xy} = 2\cos\alpha \sin\alpha\ \varepsilon_x - 2\cos\alpha \sin\alpha\ \varepsilon_y + (\cos^2\alpha - \sin^2\alpha)\ \gamma_{xy} \tag{2.55}$$

Damit ergibt sich insgesamt in Matrizenschreibweise, wenn man (2.46) und (2.47) beachtet:

$$\overset{\circ}{\underline{\varepsilon}}_3 := \begin{bmatrix} \overset{\circ}{\varepsilon}_x \\ \overset{\circ}{\varepsilon}_y \\ \overset{\circ}{\gamma}_{xy} \end{bmatrix} = \underline{\underline{C}}^T_{33} \underline{\varepsilon}_3 \quad \rightarrow \quad \underline{\varepsilon}_3 = \left(\underline{\underline{C}}^T_{33}\right)^{-1} \overset{\circ}{\underline{\varepsilon}}_3 \tag{2.56}$$

Im Vergleich zur Transformation (2.45) erkennt man, daß sich Spannungen und Verzerrungen kontragredient transformieren.

2.4.5 Die Drehinvarianz

Das Materialgesetz (2.35) ist für einen isotropen Werkstoff dann und nur dann sinnvoll anwendbar, wenn es sich bei Drehungen der Spannungs- und Verformungssysteme nicht verändert. Diese Eigenschaft nennt man Drehinvarianz.

Wir prüfen im folgenden diese geforderte Drehinvarianz. Dazu setzen wir in (2.35) mit (2.45) und (2.56) das um α gedrehte Spannungs- und Verzerrungssytem ein. Dann kommt:

$$\underline{\underline{C}}_{33}^{T}\,\underline{\varepsilon}_{3} = \underline{\underline{W}}_{33}^{-1}\,\underline{\underline{C}}_{33}^{-1}\,\underline{\sigma}_{3} \tag{2.57}$$

Hieraus folgt:

$$\underline{\underline{C}}_{33}\,\underline{\underline{W}}_{33}\,\underline{\underline{C}}_{33}^{T}\,\underline{\varepsilon}_{3} = \underline{\sigma}_{3} \tag{2.58}$$

Wenn Drehinvarianz herrschen soll, muß analog zu (2.35) gelten:

$$\underline{\sigma}_{3} = \underline{\underline{C}}_{33}\,\underline{\underline{W}}_{33}\,\underline{\underline{C}}_{33}^{T}\,\underline{\varepsilon}_{3} \overset{!}{=} \underline{\underline{W}}_{33}\,\underline{\varepsilon}_{3} \tag{2.59}$$

Wir definieren nun eine Größe

$$\lambda := \frac{2G}{E}(1 + \nu) \tag{2.60}$$

Bildet man jetzt aus (2.38) mit (2.60) die Inverse von $\underline{\underline{W}}_{33}^{-1}$, so entsteht:

$$\underline{\underline{W}}_{33} = \frac{E}{1-\nu^2}\begin{bmatrix} 1 & \nu & 0 \\ \nu & 1 & 0 \\ 0 & 0 & \lambda\,\dfrac{1-\nu}{2} \end{bmatrix} \tag{2.61}$$

Mit (2.46) und (2.61) kann man (2.59) durch einfache Matrizenmultiplikation prüfen.

Bezeichnen wir nun vorübergehend das Matrizenprodukt aus (2.59) mit:

$$\underline{\underline{A}}_{33} := \underline{\underline{C}}_{33}\,\underline{\underline{W}}_{33}\,\underline{\underline{C}}_{33}^{T} \qquad (2.62)$$

dabei soll nach (2.59) gelten:

$$\underline{\underline{A}}_{33} \equiv \underline{\underline{W}}_{33} \qquad (2.63)$$

Die Elemente der Matrix $\underline{\underline{A}}_{33}$ nennen wir a_{ik} und jene von $\underline{\underline{W}}_{33}$ bezeichnen wir mit w_{ik} (i,k = 1,2,3).

Aus (2.62) ergibt sich:

$$\underline{\underline{C}}_{33}\,\underline{\underline{W}}_{33} = \frac{E}{1-\nu^2}\begin{bmatrix} \cos^2\alpha+\nu\sin^2\alpha & \nu\cos^2\alpha+\sin^2\alpha & \lambda(1-\nu)\sin\alpha\cos\alpha \\ \sin^2\alpha+\nu\cos^2\alpha & \nu\sin^2\alpha+\cos^2\alpha & -\lambda(1-\nu)\sin\alpha\cos\alpha \\ -(1-\nu)\cos\alpha\sin\alpha & (1-\nu)\cos\alpha\sin\alpha & \frac{\lambda(1-\nu)}{2}\left(\cos^2\alpha-\sin^2\alpha\right) \end{bmatrix}$$

$$(2.64)$$

Für das Matrizenelement a_{13} erhält man nun zum Beispiel:

$$a_{13} = (1-\lambda)\,(1-\nu)\,\cos\alpha\,\sin\alpha\,(\sin^2\alpha-\cos^2\alpha) \qquad (2.65)$$

Gemäß (2.63), (2.61) muß gelten $a_{13} \equiv 0$ wegen $w_{13} \equiv 0$. Damit folgt aus (2.65):

$$\lambda \equiv 1 \qquad (2.66)$$

Dieses bedeutet wegen (2.60):

$$G = \frac{E}{2\,(1+\nu)} \qquad (2.67)$$

Ansonsten zeigt sich, daß (2.63) richtig ist, denn es gilt zum Beispiel:

$$a_{11} = \frac{E}{1-\nu^2} \quad ; \qquad a_{12} = \frac{E}{1-\nu^2}\,\nu$$

In der Tat ist also (2.61) drehinvariant.

Aus (2.59) folgt also für jedes beliebige Spannungs- und Verzerrungssystem im Punkt (zweidimensional):

$$\underline{\sigma}_3 = \underline{\underline{W}}_{33}\,\underline{\varepsilon}_3 \qquad (2.68)$$

$\underline{\underline{W}}_{33}$ ist also, wie wir gezeigt haben, vom Drehwinkel α unabhänig und wird durch zwei Elastizitätskonstanten determiniert. Siehe auch [SZA-56] Seite 138 Gl. (10.3) und [ZIE-84] Seite 63 Gl. (4.18).

Dreidimensional erhält man mit (1.14) und (2.29) auf dem gleichen Wege:

$$\underline{\sigma}_6 = \underline{\underline{W}}_{66}\, \underline{\varepsilon}_6 \tag{2.69}$$

wobei

$$\underline{\underline{W}}_{66} := \frac{E}{(1+\nu)(1-2\nu)} \begin{bmatrix} 1-\nu & \nu & \nu & 0 & 0 & 0 \\ \nu & 1-\nu & \nu & 0 & 0 & 0 \\ \nu & \nu & 1-\nu & 0 & 0 & 0 \\ 0 & 0 & 0 & (1-2\nu)/2 & 0 & 0 \\ 0 & 0 & 0 & 0 & (1-2\nu)/2 & 0 \\ 0 & 0 & 0 & 0 & 0 & (1-2\nu)/2 \end{bmatrix} \tag{2.70}$$

bedeutet. Der Schubmodul ist mit Hilfe von (2.67) eliminiert worden (vgl. [HAH-75] Seite 42 Gl. (2.60)).

Damit ist das *verallgemeinerte HOOKEsche Werkstoffgesetz* formuliert. Es müssen allerdings im letzten Schritt noch Temperaturfelder einbezogen werden.

2.4.6 Berücksichtigung von Temperaturfeldern

Bei Berücksichtigung eines Skalarfeldes, wie der Temperatur, muß (2.35) im Falle des ebenen Spannungszustandes (siehe [SZA-56] Seite 135 Gl. (9.14)) wie folgt ergänzt werden (im Falle des ebenen Verzerrungszustandes ist α_ϑ durch $(1+\nu)\alpha_\vartheta$ zu ersetzen).

$$\underline{\varepsilon}_3 = \underline{\underline{W}}_{33}^{-1}\, \underline{\sigma}_3 + \alpha_\vartheta\, \vartheta \begin{pmatrix} 1 \\ 1 \\ 0 \end{pmatrix} \tag{2.71}$$

Dabei entspricht α_ϑ dem Wärmeausdehnungskoeffizient und $\vartheta = \vartheta(x,y;t)$ einer Temperaturänderung gegenüber einem spannungslosen Zustand.

Aus (2.71) folgt:

$$\underline{\sigma}_3 = \underline{\underline{W}}_{33}\, \underline{\varepsilon}_3 - \alpha_\vartheta\, \vartheta\, \underline{q}_3 \tag{2.72}$$

wobei der Vektor $\underline{q}_3$ wie folgt definiert ist:

$$\underline{q}_3 := \underline{\underline{W}}_{33} \begin{pmatrix} 1 \\ 1 \\ 0 \end{pmatrix} \qquad (2.73)$$

Analog gilt im Dreidimensionalen wegen (2.69):

$$\underline{\sigma}_6 = \underline{\underline{W}}_{66} \, \underline{\varepsilon}_6 - \alpha_\vartheta \, \vartheta \, \underline{q}_6 \qquad (2.74)$$

wobei

$$\underline{q}_6 := \underline{\underline{W}}_{66} \begin{bmatrix} 1 \\ 1 \\ 1 \\ 0 \\ 0 \\ 0 \end{bmatrix} \qquad (2.75)$$

Damit ist das Werkstoffgesetz für lineare, isotrope Werkstoffe in Matrizen formuliert.

2.5 Die Lösungsgleichungen der Kontinuumstheorie

Nun ist die gesamte lineare Kontinuumstheorie in Matrizen formuliert. Wir haben also folgende Gleichungen bisher erzeugt.

Das Axiom vom Gleichgewicht in (2.11)

$$\underline{\underline{\nabla}}_{36} \underline{\sigma}_6 + \underline{w}_3 = \rho \, \underline{\ddot{s}}_3$$

die Kompatibilität in der Form (2.31)

$$\underline{\varepsilon}_6 = \underline{\underline{\nabla}}_{36}^{T} \, \underline{s}_3$$

und das Werkstoffgesetz gemäß (2.74)

$$\underline{\sigma}_6 = \underline{\underline{W}}_{66} \, \underline{\varepsilon}_6 - \alpha_\vartheta \, \vartheta \, \underline{q}_6$$

Setzt man jetzt $\underline{\varepsilon}_6$ aus der zweiten Gleichung in das Werkstoffgesetz ein und dann $\underline{\sigma}_6$ aus der dritten Gleichung in die erste, so erhält man die LAME-NAVIERschen Gleichungen für das Verschiebungsfeld $\underline{s}_3$:

$$\underline{\underline{\nabla}}_{36}\underline{\underline{W}}_{66}\underline{\underline{\nabla}}_{36}^{T}\underline{s}_3 + \underline{w}_3 = \rho\,\ddot{\underline{s}}_3 + \underline{\underline{\nabla}}_{36}\underline{q}_6\,\alpha_\vartheta\,\vartheta \tag{2.76}$$

Es handelt sich um ein Rand-, Anfangswertproblem zweiter Ordnung für das gesuchte Vektorfeld $\underline{s}_3$.

Für den praktisch tätigen Ingenieur ist die Lösung dieses Problems in der Regel analytisch nicht möglich.

2.6 Die Philosophie der FE-Methoden und die virtuellen Arbeiten

Die meisten FE-Methoden sind als *Verschiebungsmethoden* abgeleitet und programmiert (vgl. BILD 1.1).

Bei den Verschiebungsmethoden werden Ansätze für das Verschiebungsfeld $\underline{s}_3$ (siehe(2.30)) im finiten Element gemacht, die dann im allgemeinen keine Lösung der LAME-NAVIERschen Gleichung (2.76) sind.

Das heißt, die sich aus dem angesetzten Verschiebungsfeld $\underline{s}_3$ über (2.31) und (2.74) ergebenden Spannungen $\underline{\sigma}_6$ befriedigen nicht die Gleichgewichtsbedingungen (2.11)!

Bei den Verschiebungsmethoden kann $\underline{s}_3$ meist so gewählt werden, daß sich jeweils gleiche Verschiebungen an den Grenzen von Element zu Element ergeben. Dadurch ergibt sich gegenüber (2.31) eine eingeschränkte Kompatibilität, die bedeutet, daß keine Risse oder Löcher in der Gesamtstruktur auftreten können. Wir wollen diese eingeschränkte Kompatibilität kurz auch als Kompatibilität bezeichnen.

Die FE-Methoden sind in der Mehrzahl solche Methoden, bei denen die Kompatibilität erhalten ist, jedoch nicht das Gleichgewicht der Spannungen. Man sorgt dafür, daß das Gleichgewicht im Mittel herrscht.

Die Balken-, Platten- und Schalentheorie sind genau inverse Theorien, bei denen nämlich das Gleichgewicht zwar fast überall befriedigt wird, aber nicht die Kompatibilität.

Um ein mathematisches Instrument zur näherungsweisen Erfüllung der Gleichgewichtsbedingungen in der Hand zu haben, leiten wir die

Gleichgewichtsbedingungen im Gewande der virtuellen Arbeiten

ab. Damit erhalten wir dann später die Grundgleichungen für die Näherungslösungen nach der Finiten Element Theorie.

$\delta \underline{v}_3$ sei ein unendlich kleiner, sonst beliebiger, hinreichend oft differenzierbarer virtueller Verschiebungsvektor.

$$\delta \underline{v}_3^T := \left(\delta v_x(x,y,z;t)\ ,\ \delta v_y(x,y,z;t)\ ,\ \delta v_z(x,y,z;t)\right) \tag{2.77}$$

Wir multiplizieren nun die Gleichgewichtsbedingung (2.11) von links mit dem virtuellen Verschiebungsfeld (2.77):

$$\delta \underline{v}_3^T\ \overset{\curvearrowright}{\underline{\underline{\nabla}}_{36}\ \underline{\sigma}_6} + \delta \underline{v}_3^T\ \underline{w}_3 = \rho\ \delta \underline{v}_3^T\ \ddot{\underline{s}}_3 \tag{2.78}$$

(der Pfeil über $\underline{\sigma}_6$ bedeutet, daß die Differentiationen von $\underline{\underline{\nabla}}_{36}$ nur auf $\underline{\sigma}_6$ angewendet werden sollen).

Umgeformt ergibt sich:

$$\left(\underline{\underline{\nabla}}_{36}^T\ \delta \underline{v}_3\right)^T \underline{\sigma}_6 + \delta \underline{v}_3^T\ \underline{w}_3 = \rho\ \delta \underline{v}_3^T\ \ddot{\underline{s}}_3 + \left(\overset{\curvearrowright}{\underline{\underline{\nabla}}_{36}^T\ \delta \underline{v}_3}\right)^T \underline{\sigma}_6 \tag{2.79}$$

Wir integrieren nun (2.79) über ein Volumenelement V (finites Element) und wenden dann den GAUßschen Integralsatz gemäß (1.18) auf den ersten Term an:

$$\int_{(O)} \left(\underline{\underline{N}}_{36}^T\ \delta \underline{v}_3\right)^T \underline{\sigma}_6\, dF + \int_{(V)} \delta \underline{v}_3^T\, \underline{w}_3\, dV - \int_{(V)} \rho\, \delta \underline{v}_3^T\ \ddot{\underline{s}}_3\ dV = \int_{(V)} \left(\overset{\curvearrowright}{\underline{\underline{\nabla}}_{36}^T\ \delta \underline{v}_3}\right)^T \underline{\sigma}_6\, dV \tag{2.80}$$

Mit (2.19) und (2.31) erhält man endgültig:

$$\underbrace{\int_{(O)} \delta \underline{v}_3^T\ \underline{k}_3\ dF}_{\delta A_A} + \underbrace{\int_{(V)} \delta \underline{v}_3^T\ \underline{w}_3\ dV}_{\delta A_V} + \underbrace{\left(-\int_{(V)} \delta \underline{v}_3^T\ \ddot{\underline{s}}_3\ \rho\ dV\right)}_{\delta A_T} = \underbrace{\int_{(V)} \varepsilon \underline{v}_6^T\ \underline{\sigma}_6\ dV}_{\delta A_I} \tag{2.81}$$

wobei die virtuellen Verzerrungen $\varepsilon \underline{v}_6$ nach (2.31) durch

$$\varepsilon \underline{v}_6 := \underline{\underline{\nabla}}_{36}^T\ \delta \underline{v}_3 \tag{2.82}$$

eingeführt worden sind.

In (2.81) bedeuten:

δA_A ≙ virtuelle Arbeit der äußeren Kräfte

δA_V ≙ virtuelle Arbeit der Volumenkräfte

δA_T ≙ virtuelle Arbeit der Trägheitskräfte

δA_I ≙ virtuelle Arbeit der inneren Kräfte

Dann kann man (2.81) auch als Bilanzgleichung (Minimalprinzip) schreiben:

$$\delta A_A + \delta A_V + \delta A_T = \delta A_I \tag{2.83}$$

(vgl. [HAH-75] Seite 69 Gl. (2.118), allerdings nur statisch).

Da $\delta \underline{v}_3$ beliebig ist, ist (2.83) eine *notwendige und hinreichende* Bedingung dafür, daß sich ein Körper im Gleichgewicht befindet, denn aus (2.83) läßt sich (2.11) rückwärts ableiten.

3 DIE GLEICHUNGEN AM FINITEN ELEMENT

3.1 Die Gesamtstruktur, die Knotenpunkte und das Element

Ausgangspunkt unserer Betrachtungen in diesem Kapitel ist ein aus der klassischen Mechanik her bekannter, beliebig durch Einzelkräfte belasteter, Biegebalken. Dieser Balken ist, wie BILD 3.1a zeigt, mittels noch näher zu spezifizierender finiter Elemente diskretisiert.

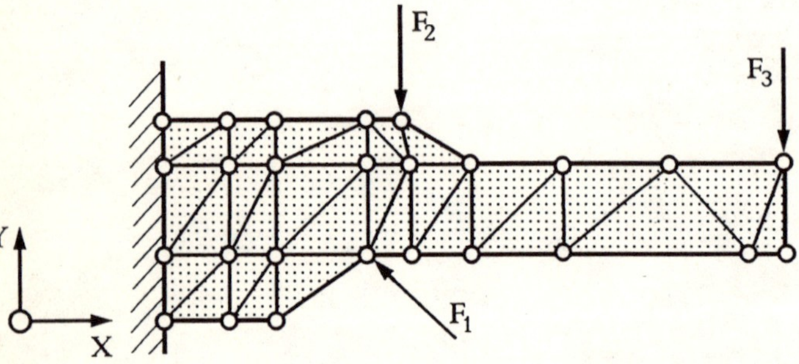

BILD 3.1a: Abgesetzter, durch Einzelkräfte belasteter Balken, vgl. [HAH-75] Seite 201.

Somit liegen in bezug auf BILD 3.1a (zweidimensional) folgende Verhältnisse vor:

1.) Die Gesamtstruktur ist aufgeteilt in l=30 Dreieckselemente, siehe BILD 3.1b, allgemein

$l \triangleq$ *Anzahl der Elemente*

2.) Jedes Element hat drei Knotenpunkte mit je zwei Freiheitsgraden; hier speziell hat also jedes Dreieckselement $3 \cdot 2 = 6$ Freiheitsgrade. Allgemein bezeichnen wir die Freiheitsgrade eines Elementes mit

$n \triangleq$ *Anzahl der Elementfreiheitsgrade*

3.) Damit ergeben sich für den diskretisierten Balken 180 *lokale* Freiheitsgrade, oder allgemein formuliert

$N := l \cdot n \;\hat{=}\;$ *Gesamtzahl der Freiheitsgrade*

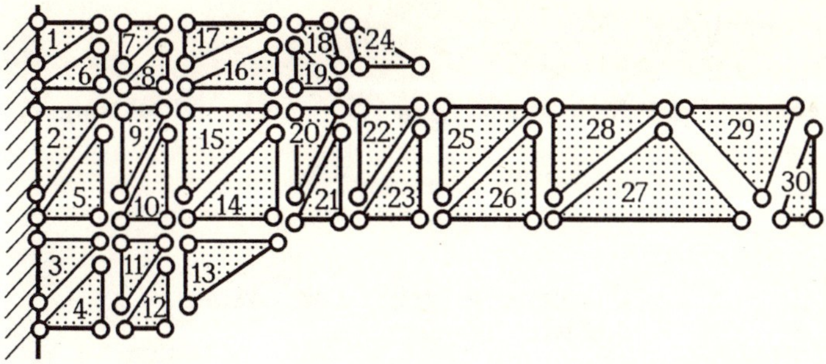

BILD 3.1b: Elementkonfiguration des diskretisierten Balkens.

4.) Als Gesamtstruktur hat der Balken 26 Strukturknotenpunkte, siehe BILD 3.1c, mit je zwei Freiheitsgraden; insgesamt also $m = 2 \cdot 26 = 52$ Gesamtstrukturfreiheitsgrade, (*globale* Freiheitsgrade);

$m \;\hat{=}\;$ *Anzahl der Gesamtstrukturfreiheitsgrade*

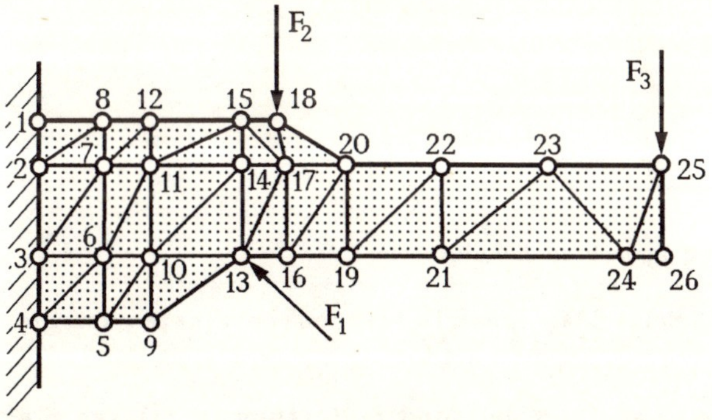

BILD 3.1c: Strukturknotenpunktsverteilung des diskretisierten Balkens.

3.2 Verschiebungsansätze im Element

Aus dem Elementverband gemäß BILD 3.1a lösen wir nun ein lokales Dreieckselement heraus.

Die drei Knotenpunkte gemäß BILD 3.2

(1) : $\xi = 0 \; ; \quad \eta = 0$

② : $\xi = 1$; $\eta = 0$

③ : $\xi = 0$; $\eta = 1$

haben die Verschiebungen in ξ-Richtung $\overset{(i)}{r}_1$, $\overset{(i)}{r}_2$, $\overset{(i)}{r}_3$ und in η-Richtung $\overset{(i)}{r}_4$, $\overset{(i)}{r}_5$, $\overset{(i)}{r}_6$.

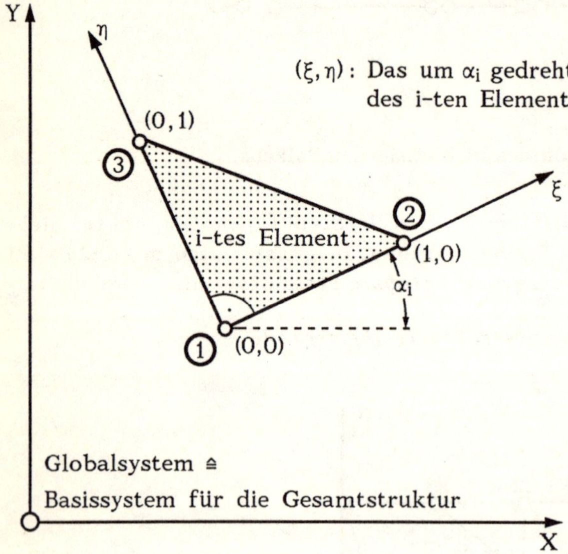

BILD 3.2: Dreieckselement im gedrehten Lokalsystem ξ,η.

Vgl. hierzu auch [ZIE-84] Seite 124; speziell Flächenkoordinaten im Element.

Die Verschiebungsfunktionen aus (2.8) in ξ und η Richtung im (i)-ten Element bezeichnen wir mit:

$$u_i\left(\xi,\eta;t\right) \qquad v_i\left(\xi,\eta;t\right) \tag{3.1}$$

Ein Ansatz für die Verschiebungsfunktionen im Lokalsystem des (i)-ten Elementes gemäß BILD 3.2 sei zum Beispiel:

$$u_i\left(\xi,\eta;t\right) := a_{11}(t)\ \xi + a_{22}(t)\ \eta + a_o(t) \tag{3.2}$$

per definitionem ergibt sich hieraus für die Knotenpunktsverschiebungen ①, ②, ③

$$\overset{(i)}{r}_1 = a_0 \,;\; \overset{(i)}{r}_2 = a_{11} + a_0 \,;\; \overset{(i)}{r}_3 = a_{22} + a_0$$

Damit kommt aus (3.2)

$$u_i\left(\xi,\eta;t\right) = \left(1-\xi-\eta\right)\overset{(i)}{r}_1(t) + \xi\,\overset{(i)}{r}_2(t) + \eta\,\overset{(i)}{r}_3(t) \tag{3.3}$$

dabei stellen die Vorfaktoren der Knotenpunktsverschiebungen $\overset{(i)}{r}_1$, $\overset{(i)}{r}_2$ und $\overset{(i)}{r}_3$ von (3.3) die sogenannten *Formfunktionen* dar. Wir wollen diese nachfolgend mit

$$\begin{aligned} \Phi_1 &:= 1-\xi-\eta \\ \Phi_2 &:= \xi \\ \Phi_3 &:= \eta \end{aligned} \tag{3.3a}$$

bezeichnen.

Analog erhält man für die η-Richtung:

$$v_i\left(\xi,\eta;t\right) = \left(1-\xi-\eta\right)\overset{(i)}{r}_4(t) + \xi\,\overset{(i)}{r}_5(t) + \eta\,\overset{(i)}{r}_6(t) \tag{3.4}$$

Durch (3.3) und (3.4) sind die Verschiebungen im (i)-ten Element durch die Knotenpunktsverschiebungen $\overset{(i)}{r}_k$ (k = 1,2,...,6) des (i)-ten Elementes ausgedrückt, (vgl. [HAH-75] Seite 273 ff; Seite 263 Gl. (5.1); Seite 174 Gl. (4.29); Seite 177 Gl. (4.35) und [ZIE-84] Seite 32 ff.)

Man beachte, daß wegen (3.3) und (3.4) allgemein für die Formfunktionen gilt:

$$\Phi_i\left[\textcircled{k}\right] = \delta_{ik} \quad \text{(Kronecker Symbol)} \tag{3.5}$$

Wir definieren gemäß (3.1) einen Vektor

$$\overset{(i)}{\underline{s}}{}_2^T = \left(u_i(\xi,\eta;t)\,,\; v_i(\xi,\eta;t)\right) \tag{3.6}$$

und können dann (3.3) und (3.4) in Matrizen wie folgt schreiben:

$$\overset{(i)}{\underline{s}}_2(\xi,\eta;t) = \overset{(i)}{\underline{\underline{\Phi}}}_{2n}(\xi,\eta)\,\overset{(i)}{\underline{r}}_n(t) \tag{3.7}$$

wobei 6 = n $\hat{=}$ Elementfreiheitsgrade gesetzt wurde und weiterhin gilt:

$$\overset{(i)}{\underline{r}}{}_n^T := \left[\overset{(i)}{r}_1(t)\,,\overset{(i)}{r}_2(t)\,,\overset{(i)}{r}_3(t)\,,\overset{(i)}{r}_4(t)\,,\overset{(i)}{r}_5(t)\,,\overset{(i)}{r}_6(t)\right] \tag{3.8}$$

dabei entspricht $\overset{(i)}{\underline{r}}_n$ dem *Knotenpunktsverschiebungsvektor des (i)-ten Elementes bezogen auf das Lokalsystem.*

$$\overset{(i)}{\underline{\underline{\Phi}}}_{2n} := \begin{bmatrix} 1-\xi-\eta & \xi & \eta & 0 & 0 & 0 \\ 0 & 0 & 0 & 1-\xi-\eta & \xi & \eta \end{bmatrix} \equiv \begin{bmatrix} \Phi_1 & \Phi_2 & \Phi_3 & 0 & 0 & 0 \\ 0 & 0 & 0 & \Phi_1 & \Phi_2 & \Phi_3 \end{bmatrix} \tag{3.9}$$

Somit kann $\overset{(i)}{\underline{\underline{\Phi}}}_{2n}$ als eine *Verschiebungsfunktionsmatrix mit den Formfunktionen als Elemente* charakterisiert werden. Aufgrund dieser Tatsache ist auch der in der Literatur oft verwendete Begriff *Formfunktionsmatrix* besser zu deuten.

(3.9) ist immer unabhänig von der Zeit.

Allgemein siehe auch [HAH-75] Seite 178 Gl. (4.38).

In der Praxis wird die Formfunktionsmatrix von Dreieckselementen oft in Flächenkoordinaten aufgeschrieben (wenn Ansatz linear ist, gilt $\Phi_i = \xi_i$).

Die Koordinaten- und Darstellungsfragen eingehender zu besprechen ist in einer grundsätzlichen Betrachtung nicht geboten, weil diese Fragen in jedem Programmsystem speziell und jeweils besonders gelöst werden. Wichtig ist hier die Existenz der Darstellung (3.7).

Nun bezeichnen wir mit

$$\overset{(i)}{\underline{\rho}}{}_n^T := \left[\overset{(i)}{\rho}_1(t)\,,\overset{(i)}{\rho}_2(t)\,,\overset{(i)}{\rho}_3(t)\,,\overset{(i)}{\rho}_4(t)\,,\overset{(i)}{\rho}_5(t)\,,\overset{(i)}{\rho}_6(t)\right] \tag{3.10}$$

den Knotenpunktsverschiebungsvektor bezogen auf das Globalsystem gemäß BILD 3.2.

Dann sind die beiden Knotenpunktsverschiebungsvektoren (3.8) und (3.10) miteinander durch eine Drehmatrix um den Drehwinkel α_i(siehe BILD 3.2) gemäß (2.48) verbunden, und es gilt:

$$\overset{(i)}{\underline{r}}_n = \overset{(i)}{\underline{\underline{D}}}_{nn}\,\overset{(i)}{\underline{\rho}}_n \tag{3.11}$$

wobei es immer so eingerichtet werden kann, daß die Drehwinkel α_i, der nachfolgend explizit aufgeführten Drehmatrix $\overset{(i)}{\underline{\underline{D}}}_{nn}$ keine Funktion der Zeit sind.

$$\overset{(i)}{\underline{\underline{D}}}_{nn} := \begin{bmatrix} \cos\alpha_i & 0 & 0 & \sin\alpha_i & 0 & 0 \\ 0 & \cos\alpha_i & 0 & 0 & \sin\alpha_i & 0 \\ 0 & 0 & \cos\alpha_i & 0 & 0 & \sin\alpha_i \\ -\sin\alpha_i & 0 & 0 & \cos\alpha_i & 0 & 0 \\ 0 & -\sin\alpha_i & 0 & 0 & \cos\alpha_i & 0 \\ 0 & 0 & -\sin\alpha_i & 0 & 0 & \cos\alpha_i \end{bmatrix} \tag{3.12}$$

Wir bezeichnen weiterhin die NABLA-Matrix (1.9) für ξ und η geschrieben, also auf das Lokalsystem gemäß BILD 3.2 bezogen, mit $\underline{\underline{\overset{i}{\nabla}}}_{23}$.

Dann ergeben sich die Verzerrungen im (i)-ten Element nach (2.28) mit (3.7) zu

$$\overset{(i)}{\underline{\varepsilon}}_3 = \underline{\underline{\overset{i}{\nabla}}}_{23}^T \overset{(i)}{\underline{\underline{\Phi}}}_{2n} \overset{(i)}{\underline{r}}_n \tag{3.13}$$

wobei

$$\overset{(i)}{\underline{\underline{B}}}_{3n} := \underline{\underline{\overset{i}{\nabla}}}_{23}^T \overset{(i)}{\underline{\underline{\Phi}}}_{2n} \tag{3.13a}$$

die *Kompatibilitätsmatrix* bedeutet.

Aus (2.72) kommt dann für die Spannungen im (i)-ten Element

$$\overset{(i)}{\underline{\sigma}}_3 = \overset{(i)}{\underline{\underline{W}}}_{33} \underline{\underline{\overset{i}{\nabla}}}_{23}^T \overset{(i)}{\underline{\underline{\Phi}}}_{2n} \overset{(i)}{\underline{r}}_n - \overset{(i)}{\alpha}_\vartheta \, \vartheta_i \, \overset{(i)}{\underline{q}}_3 \tag{3.14}$$

Mit (3.11) und (2.45) erhält man hieraus die Spannungen im Globalsystem gemäß BILD 3.2 im Bereich des (i)-ten Elementes, wenn man in der Spannungsdrehmatrix (2.46) α durch α_i ersetzt zu:

$$\underline{\sigma}_3 = \overset{(i)}{\underline{\underline{C}}}{}_{33}^{-1} \overset{(i)}{\underline{\underline{W}}}_{33} \underline{\underline{\overset{i}{\nabla}}}_{23}^T \overset{(i)}{\underline{\underline{\Phi}}}_{2n} \overset{(i)}{\underline{\underline{D}}}_{nn} \overset{(i)}{\underline{\rho}}_n - \overset{(i)}{\underline{\underline{C}}}{}_{33}^{-1} \overset{(i)}{\alpha}_\vartheta \, \vartheta \overset{(i)}{\underline{q}}_3 \tag{3.15}$$

wobei

$$\overset{(i)}{\underline{\underline{C}}}{}_{33}^{-1} \overset{(i)}{\underline{\underline{W}}}_{33} \underline{\underline{\overset{i}{\nabla}}}_{23}^T \overset{(i)}{\underline{\underline{\Phi}}}_{2n} \overset{(i)}{\underline{\underline{D}}}_{nn} =: \overset{(i)}{\underline{\underline{T}}}_{3n}$$

der Spannungsmatrix entspricht.

In (3.15) stellen die globalen Knotenpunktsverschiebungen eines Elementes, die im Knotenpunktsverschiebungsvektor $\overset{(i)}{\underline{\rho}}_n$ entsprechend (3.10) zusammengefaßt sind, die einzigen Unbekannten dar.

Falls also die Knotenpunktsverschiebungen im Globalsystem $\underline{\rho}_n$ nach BILD

3.2 bekannt sind, können mit Formel (3.15) an jedem Punkt der Gesamtstruktur elementweise Spannungen im Globalsystem berechnet werden.

3.3 Die natürlichen Koordinaten im Element

Die Koordinaten der Knotenpunkte im x-y-System seien (vgl. BILD 3.3):

$$(X_i, Y_i) \quad (i = 1, 2, \dots 8) \tag{3.16}$$

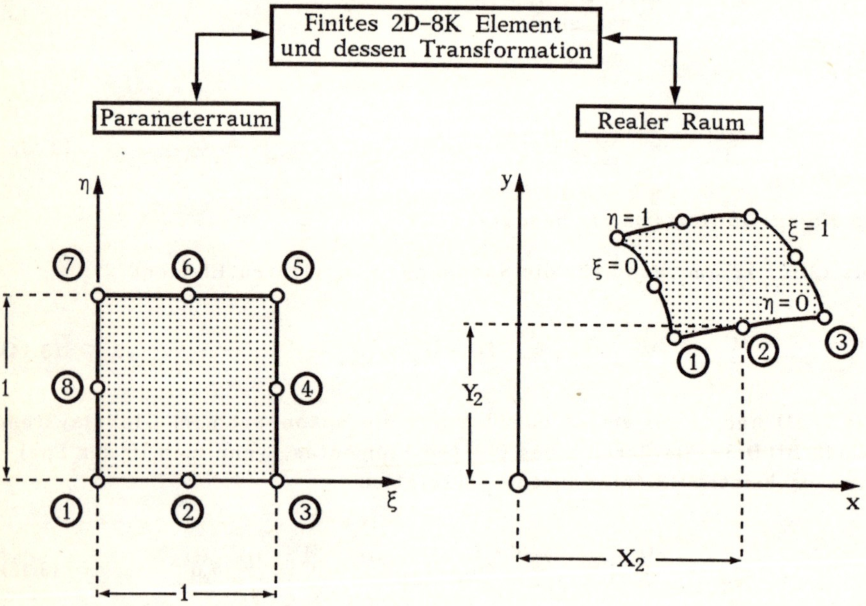

BILD 3.3: Isoparametrische Darstellung eines krummlinigen Elementes mit 8 Knotenpunkten.

Wir betrachten nun die Abbildung vom ξ-η-Raum in den x-y-Raum wie folgt:

$$x := \sum_{i=1}^{8} \Phi_i^*(\xi,\eta) X_i$$

$$y := \sum_{i=1}^{8} \Phi_i^*(\xi,\eta) Y_i \tag{3.17}$$

Hierin bedeuten die $\Phi_i^*(\xi,\eta)$ Formfunktionen, die nicht notwendig mit den aus (3.9) identisch sein müssen. Es handelt sich nur insofern um Formfunktionen, als die Φ_i^* wegen (3.17) auch die Bedingung (3.5) befriedigen müssen. Es gilt also

$$\Phi_i^*\left[\textcircled{K} \right] = \delta_{ik} \qquad (i,k = 1, 2, \dots, 8) \tag{3.18}$$

Wählt man speziell $\Phi_i^* = \Phi_i$ aus (3.3), so spricht man von einem *"isoparametrischen Element"* (vgl. [BAT-86] S.217).

Für die $\Phi_i^*(\xi.\eta)$ setzen wir allgemein an

$$\begin{aligned}\Phi_i^*(\xi,\eta) &:= \overset{(i)}{a}_1 + \overset{(i)}{a}_2\xi + \overset{(i)}{a}_3\eta + \overset{(i)}{a}_4\xi\eta + \overset{(i)}{a}_5\xi^2 + \overset{(i)}{a}_6\eta^2 + \overset{(i)}{a}_7\xi^2\eta + \overset{(i)}{a}_8\xi\eta^2 \\ &\equiv \underline{\xi}_8^T \, \overset{(i)}{\underline{a}}_8\end{aligned} \tag{3.19}$$

wobei

$$\overset{(i)}{\underline{a}}{}_8^T := \left[\overset{(i)}{a}_1, \overset{(i)}{a}_2, \overset{(i)}{a}_3, \overset{(i)}{a}_4, \overset{(i)}{a}_5, \overset{(i)}{a}_6, \overset{(i)}{a}_7, \overset{(i)}{a}_8 \right] \tag{3.20}$$

und

$$\underline{\xi}_8^T := \left[1, \xi, \eta, \xi\eta, \xi^2, \eta^2, \xi^2\eta, \xi\eta^2 \right] \tag{3.21}$$

gilt.

Definieren wir nun noch die speziellen Spaltenvektoren

$$\overset{(i)}{\underline{e}}{}_8^T := \left[0, 0, \dots, 1, \dots, 0\right] \quad \text{("1" an der i-ten Stelle),} \tag{3.22}$$

so können wir zur Bestimmung der Vektoren $\overset{(i)}{\underline{a}}_8$ wegen (3.18) folgende Gleichungen aufstellen, wenn wir beachten, daß gemäß BILD 3.3 links die Knotenpunktskoordinaten

$$\left(\xi_K, \eta_K\right) \qquad (K = 1, 2, \dots, 8) \tag{3.23}$$

bekannt sind. Aus (3.19) mit (3.18) folgt nämlich

$$\underline{\xi}_8^T\left(\xi_K, \eta_K\right)\overset{(i)}{\underline{a}}_8 = \delta_{iK} \qquad \begin{matrix}(K = 1, 2, \dots, 8)\\(i = 1, 2, \dots, 8)\end{matrix} \tag{3.24}$$

Durch diese 8 skalaren Gleichungen wird gesagt, daß Φ_i^* an allen Knotenpunkten (ξ_K, η_K) Null ist, außer wenn K = i wird. Diese Aussage entspricht Gleichung (3.18).

Man beachte nun unter Bezug auf BILD 3.3, daß an jedem krummlinigen Rand des finiten Elementes im x-y-System jeweils einer der Parameter ξ oder η konstant ist. Z.B. längs des Randes 1-2-3 ist per constructionem $\eta = 0$ oder $\eta_1 = \eta_2 = \eta_3 = 0$ in (3.23). Der Vektor $\overset{(i)}{\underline{a}}_8$ aus (3.24) wird jeweils *genauso* bestimmt, daß längs eines Elementrandes ein Parameter konstant ist. Darum bezeichnen wir ξ, η als die "natürlichen Koordinaten des krummlinigen Elementes".

Die Gleichungen (3.24) kann man nun mit Hilfe der VANDERMONDschen Matrix

$$\underline{\underline{C}}_{88} := \begin{bmatrix} \underline{\xi}_8^T(\xi_1, \eta_1) \\ \underline{\xi}_8^T(\xi_2, \eta_2) \\ \vdots \\ \underline{\xi}_8^T(\xi_8, \eta_8) \end{bmatrix}_{88} \tag{3.25}$$

wie folgt schreiben:

$$\underline{\underline{C}}_{88}\overset{(i)}{\underline{a}}_8 = \overset{(i)}{\underline{e}}_8 \qquad (i = 1, 2, \dots, 8)$$

Hieraus folgt für die Koeffizienten der Formfunktionen $\Phi_i^*(\xi,\eta)$

$$\overset{(i)}{\underline{a}}_8 = \underline{\underline{C}}_{88}^{-1}\overset{(i)}{\underline{e}}_8 \qquad (i = 1, 2, \dots, 8) \tag{3.26}$$

Für die Integration von (2.81) ist es besonders vorteilhaft, daß die Ränder des finiten Elementes durch ξ=const. und η=const. beschrieben werden.

Es soll abschließend in diesem Abschnitt noch darüber gesprochen werden, daß es im allgemeinen zweckmäßig sein dürfte, die Formfunktionen für die Verschiebungen entsprechend (3.3) bzw. (3.9) in den natürlichen Parametern ξ, η, ζ des Elementes zu formulieren, während es ratsam erscheint, das Verzerrungs-, Spannungs- und Verschiebungsfeld in (2.80), (2.81) und (3.3) auf ein globales kartesisches Koordinatensystem x, y, z (siehe BILD 3.3 rechts) zu beziehen. Aus diesem Grunde müssen dann die Differentiationen in $\underline{\underline{\nabla}}_{36}$ aus (2.80) wegen (1.15) überführt werden in Differentiationen nach den Parametern ξ, η, ζ, in denen ja die Verschiebungen im finiten Element formuliert sind.

Dazu muß man beachten, daß nach den Regeln der Differentialrechnung gilt:

$$\frac{\partial}{\partial\xi} = \frac{\partial x}{\partial\xi}\frac{\partial}{\partial x} + \frac{\partial y}{\partial\xi}\frac{\partial}{\partial y} + \frac{\partial z}{\partial\xi}\frac{\partial}{\partial z}$$

$$\frac{\partial}{\partial\eta} = \frac{\partial x}{\partial\eta}\frac{\partial}{\partial x} + \frac{\partial y}{\partial\eta}\frac{\partial}{\partial y} + \frac{\partial z}{\partial\eta}\frac{\partial}{\partial z}$$

$$\frac{\partial}{\partial\zeta} = \frac{\partial x}{\partial\zeta}\frac{\partial}{\partial x} + \frac{\partial y}{\partial\zeta}\frac{\partial}{\partial y} + \frac{\partial z}{\partial\zeta}\frac{\partial}{\partial z} \qquad (3.27)$$

Die Matrix (dreidimensional geschrieben)

$$\begin{bmatrix} \frac{\partial x}{\partial\xi} & \frac{\partial y}{\partial\xi} & \frac{\partial z}{\partial\xi} \\ \frac{\partial x}{\partial\eta} & \frac{\partial y}{\partial\eta} & \frac{\partial z}{\partial\eta} \\ \frac{\partial x}{\partial\zeta} & \frac{\partial y}{\partial\zeta} & \frac{\partial z}{\partial\zeta} \end{bmatrix} =: \underline{\underline{J}}_{33} \qquad (3.28)$$

heißt die JACOBI-Matrix der Abbildung (3.17) und ihre Determinante ist als Funktionaldeterminante der Abbildung (3.17) bekannt.

Es ist dann klar, daß man durch Inversion von (3.28) die in $\underline{\underline{\nabla}}_{36}$ auftretenden Differentiationen $\frac{\partial}{\partial x}$, $\frac{\partial}{\partial y}$, $\frac{\partial}{\partial z}$ durch solche nach ξ, η, ζ ausdrükken kann.

Die Inversion von (3.27) kann man nämlich wie folgt schreiben mit $|\underline{\underline{J}}_{33}|$ als Determinante

$$\frac{\partial}{\partial x} = \frac{1}{|\underline{\underline{J}}_{33}|}\left[j_{11}^{-1}\frac{\partial}{\partial\xi} + j_{12}^{-1}\frac{\partial}{\partial\eta} + j_{13}^{-1}\frac{\partial}{\partial\zeta}\right]$$

$$\frac{\partial}{\partial y} = \frac{1}{|\underline{\underline{J}}_{33}|}\left[j_{21}^{-1}\frac{\partial}{\partial\xi} + j_{22}^{-1}\frac{\partial}{\partial\eta} + j_{23}^{-1}\frac{\partial}{\partial\zeta}\right]$$

$$\frac{\partial}{\partial z} = \frac{1}{|\underline{\underline{J}}_{33}|}\left[j_{31}^{-1}\frac{\partial}{\partial\xi} + j_{32}^{-1}\frac{\partial}{\partial\eta} + j_{33}^{-1}\frac{\partial}{\partial\zeta}\right] \qquad (3.29)$$

Hiermit erhält man für $\underline{\underline{\nabla}}_{36}^{T}$ aus (1.15) zur Berechnung der Kompatibilitätsmatrix gemäß (3.13)

$$\underline{\underline{\nabla}}^{T}_{36} = \frac{1}{|\underline{\underline{J}}_{33}|} \left[\underline{\underline{\nabla}}^{\xi\,T}_{36} + \underline{\underline{\nabla}}^{\eta\,T}_{36} + \underline{\underline{\nabla}}^{\zeta\,T}_{36} \right] \tag{3.30}$$

wobei mit (3.29) gilt:

$$\underline{\underline{\nabla}}^{\xi\,T}_{36} = \begin{bmatrix} j_{11}^{-1}\frac{\partial}{\partial\xi} & 0 & 0 \\ 0 & j_{22}^{-1}\frac{\partial}{\partial\eta} & 0 \\ 0 & 0 & j_{33}^{-1}\frac{\partial}{\partial\zeta} \\ j_{22}^{-1}\frac{\partial}{\partial\eta} & j_{11}^{-1}\frac{\partial}{\partial\xi} & 0 \\ 0 & j_{33}^{-1}\frac{\partial}{\partial\zeta} & j_{22}^{-1}\frac{\partial}{\partial\eta} \\ j_{33}^{-1}\frac{\partial}{\partial\zeta} & 0 & j_{11}^{-1}\frac{\partial}{\partial\xi} \end{bmatrix} \tag{3.31}$$

$$\underline{\underline{\nabla}}^{\eta\,T}_{36} = \begin{bmatrix} j_{12}^{-1}\frac{\partial}{\partial\eta} & 0 & 0 \\ 0 & j_{23}^{-1}\frac{\partial}{\partial\zeta} & 0 \\ 0 & 0 & j_{31}^{-1}\frac{\partial}{\partial\xi} \\ j_{23}^{-1}\frac{\partial}{\partial\zeta} & j_{12}^{-1}\frac{\partial}{\partial\eta} & 0 \\ 0 & j_{31}^{-1}\frac{\partial}{\partial\xi} & j_{12}^{-1}\frac{\partial}{\partial\eta} \\ j_{31}^{-1}\frac{\partial}{\partial\xi} & 0 & j_{12}^{-1}\frac{\partial}{\partial\eta} \end{bmatrix} \tag{3.32}$$

$$\underline{\underline{\nabla}}^{\zeta\,T}_{36} = \begin{bmatrix} j_{13}^{-1}\frac{\partial}{\partial\zeta} & 0 & 0 \\ 0 & j_{21}^{-1}\frac{\partial}{\partial\xi} & 0 \\ 0 & 0 & j_{32}^{-1}\frac{\partial}{\partial\eta} \\ j_{21}^{-1}\frac{\partial}{\partial\xi} & j_{13}^{-1}\frac{\partial}{\partial\zeta} & 0 \\ 0 & j_{23}^{-1}\frac{\partial}{\partial\eta} & j_{21}^{-1}\frac{\partial}{\partial\xi} \\ j_{32}^{-1}\frac{\partial}{\partial\eta} & 0 & j_{13}^{-1}\frac{\partial}{\partial\zeta} \end{bmatrix} \tag{3.33}$$

Um diese mathematische Prozedur zu vermeiden, wurden im 2. Abschnitt dieses Kapitels die Spannungen gemäß (3.14) in einem orthonormierten

Lokalsystem berechnet und in (3.15) ins Globalsystem zurückgedreht, entsprechend (2.45).

Damit kann zusammenfassend zu Koordinatenfragen bemerkt werden: Die Formfunktionen (3.9) $\Phi_i(\xi,\eta,\zeta)$ sollten im allgemeinen in den natürlichen Koordinaten (vgl. BILD 3.3) formuliert werden und die Integrationen in (2.81) über diese Koordinaten laufen. Hingegen sollten die physikalischen Feldgrößen, Verzerrungen, Spannungen und Verschiebungen auf das Globalsystem (vgl. BILD 3.2) bezogen werden.

Die in (3.31), (3.32) und (3.33) definierten NABLA-Matrizen enthalten nur noch Differentiationen nach ξ, η, ζ und können darum direkt auf die Formfunktionsmatrix $\underline{\underline{\Phi}}_{3n}(\xi,\eta,\zeta)$ aus (3.9) angewendet werden, wie es für die Berechnung der Kompatibilitätsmatrix erforderlich ist.

Damit ist das meist benützte Konzept bezüglich des Gebrauchs von Koordinatensystemen formuliert worden.

3.4 Die Steifigkeitsmatrix und die Massenmatrix

Wir nehmen jetzt im Prinzip der virtuellen Arbeiten (2.81) für das virtuelle Verschiebungsfeld (zweidimensional geschrieben) gemäß (3.7) und (3.13) mit (2.82) speziell folgendes an:

$$\delta\underline{v}_2 \;:=\; \delta\overset{(i)}{\underline{s}}_2 \;=\; \overset{(i)}{\underline{\underline{\Phi}}}_{2n}\,\delta\overset{(i)}{\underline{r}}_n \tag{3.34}$$

$$\varepsilon\underline{v}_3 \;:=\; \delta\overset{(i)}{\underline{\varepsilon}}_3 \;=\; \underline{\underline{\nabla}}_{23}^{T}\,\overset{(i)}{\underline{\underline{\Phi}}}_{2n}\,\delta\overset{(i)}{\underline{r}}_n \tag{3.35}$$

d.h. das virtuelle Verschiebungsfeld ist ähnlich zum aktuellen Verschiebungsfeld.

Dann kommt also aus (2.81) mit (3.7), (3.14), (3.34) und (3.35) für das (i)-te finite Element zweidimensional geschrieben:

$$\delta\overset{(i)}{\underline{r}}{}_n^{T}\int_{\binom{(i)}{O}}\overset{(i)}{\underline{\underline{\Phi}}}{}_{2n}^{T}\,\overset{(i)}{\underline{k}}_2\,dF+\delta\overset{(i)}{\underline{r}}{}_n^{T}\int_{\binom{(i)}{V}}\overset{(i)}{\underline{\underline{\Phi}}}{}_{2n}^{T}\,\overset{(i)}{\underline{w}}_2\,dV=\delta\overset{(i)}{\underline{r}}{}_n^{T}\int_{\binom{(i)}{V}}\overset{(i)}{\underline{\underline{\Phi}}}{}_{2n}^{T}\,\overset{(i)}{\underline{\underline{\Phi}}}_{2n}\,\overset{(i)}{\ddot{\underline{r}}}_n\,\rho\,dV\;+$$

$$\delta\overset{(i)}{\underline{r}}{}_n^{T}\int_{\binom{(i)}{V}}\overset{(i)}{\underline{\underline{\Phi}}}{}_{2n}^{T}\,\overset{\curvearrowright}{\underline{\underline{\nabla}}}_{23}\left(\overset{(i)}{\underline{\underline{W}}}_{33}\,\overset{\curvearrowright}{\underline{\underline{\nabla}}}{}_{23}^{T}\,\overset{(i)}{\underline{\underline{\Phi}}}_{2n}\,\overset{(i)}{\underline{r}}_n-\overset{(i)}{\alpha}_{\vartheta}\,\vartheta_i\,\overset{(i)}{\underline{q}}_3\right)dV \tag{3.36}$$

Ersetzt man nun die auf das Lokalsystem bezogenen Knotenpunktsverschiebungen mit Hilfe von (3.11) durch diejenigen, die auf das Globalsystem bezogen sind, so kann man (3.36) schreiben:

$$\delta \overset{(i)}{\underline{\varrho}}_n^{\,T} \left\{ \overset{(i)}{\underline{P}}_n + \overset{(i)}{\underline{Z}}_n + \overset{(i)}{\underline{\Gamma}}_n - \overset{(i)}{\underline{\underline{M}}}_{nn} \overset{(i)}{\ddot{\underline{\varrho}}}_n - \overset{(i)}{\underline{\underline{K}}}_{nn} \overset{(i)}{\underline{\varrho}}_n \right\} = 0 \tag{3.37}$$

wobei gilt:

$$\overset{(i)}{\underline{P}}_n := \overset{(i)T}{\underline{\underline{D}}}_{nn} \int_{\overset{(i)}{O}} \overset{(i)T}{\underline{\underline{\Phi}}}_{2n} \overset{(i)}{\underline{k}}_2 \, dF \tag{3.38}$$

$$\overset{(i)}{\underline{Z}}_n := \overset{(i)T}{\underline{\underline{D}}}_{nn} \int_{\overset{(i)}{V}} \overset{(i)T}{\underline{\underline{\Phi}}}_{2n} \overset{(i)}{\underline{w}}_2 \, dV \tag{3.39}$$

$$\overset{(i)}{\underline{\Gamma}}_n := \overset{(i)T}{\underline{\underline{D}}}_{nn} \int_{\overset{(i)}{V}} \overset{(i)T}{\underline{\underline{\Phi}}}_{2n} \, \underline{\underline{\nabla}}^{(i)}_{23} \overset{(i)}{\underline{q}}_3 \overset{(i)}{\alpha}_{\vartheta} \, \vartheta_i \, dV \tag{3.40}$$

Dabei sind die generalisierten Kräfte $\overset{(i)}{\underline{P}}$, $\overset{(i)}{\underline{Z}}$ und $\overset{(i)}{\underline{\Gamma}}$ bezogen auf das Globalsystem

$$\overset{(i)}{\underline{\underline{K}}}_{nn} := \overset{(i)T}{\underline{\underline{D}}}_{nn} \left\{ \int_{\overset{(i)}{V}} \overset{(i)T}{\underline{\underline{\Phi}}}_{2n} \underline{\underline{\nabla}}^{(i)}_{23} \overset{(i)}{\underline{\underline{W}}}_{33} \underline{\underline{\nabla}}^{(i)T}_{23} \overset{(i)}{\underline{\underline{\Phi}}}_{2n} dV \right\} \overset{(i)}{\underline{\underline{D}}}_{nn} \tag{3.41}$$

Unter Berücksichtigung der Definitionsgleichung für die Kompatibilitätsmatrix (3.13a) läßt sich (3.41) in kompakter Form wie folgt schreiben,

$$\overset{(i)}{\underline{\underline{K}}}_{nn} := \overset{(i)T}{\underline{\underline{D}}}_{nn} \left\{ \int_{\overset{(i)}{V}} \overset{(i)T}{\underline{\underline{B}}}_{3n} \overset{(i)}{\underline{\underline{W}}}_{33} \overset{(i)}{\underline{\underline{B}}}_{3n} dV \right\} \overset{(i)}{\underline{\underline{D}}}_{nn} \tag{3.41a}$$

$$\overset{(i)}{\underline{\underline{M}}}_{nn} := \overset{(i)T}{\underline{\underline{D}}}_{nn} \left\{ \int\limits_{\binom{(i)}{V}} \overset{(i)T}{\underline{\underline{\Phi}}}_{2n} \; \overset{(i)}{\underline{\underline{\Phi}}}_{2n} \; \rho \, dV \right\} \overset{(i)}{\underline{\underline{D}}}_{nn} \tag{3.42}$$

Die in den geschweiften Klammern stehenden Integrale von (3.41a) und (3.42) entsprechen der Elementsteifigkeit bzw. Elementmassenmatrix des (i)-ten finiten Elementes im Lokalsystem, (vgl. [HAH-75] Seite 164).

Da in (3.37) $\delta\overset{(i)}{\underline{\rho}}$ beliebig ist, folgt aus (3.37) die Grundgleichung der finiten Elemente wie folgt:

$$\overset{(i)}{\underline{\underline{M}}}_{nn} \; \overset{(i)}{\ddot{\underline{\rho}}}_{n} + \overset{(i)}{\underline{\underline{K}}}_{nn} \; \overset{(i)}{\underline{\rho}}_{n} = \overset{(i)}{\underline{P}}_{n} + \overset{(i)}{\underline{Z}}_{n} + \overset{(i)}{\underline{\Gamma}}_{n} \tag{3.43}$$

Hierin bedeuten im einzelnen:

$\overset{(i)}{\underline{\underline{M}}}_{nn}$ ≙ *die Massenmatrix des (i)-ten Elementes bezogen auf das Globalsystem (siehe BILD 3.2) gemäß (3.42)*

$\overset{(i)}{\underline{\underline{K}}}_{nn}$ ≙ *die Steifigkeitsmatrix des (i)-ten Elementes bezogen auf das Globalsystem gemäß Formel (3.41)*

$\overset{(i)}{\rho}_{n}$ ≙ *den Knotenpunktsverschiebungsvektor des (i)-ten Elementes bezogen auf das Globalsystem gemäß Formel (3.10)*

$\overset{(i)}{\underline{P}}_{n}$ ≙ *Generalisierte Elementknotenpunktskraft der Elementschnittspannungen gemäß Formel (3.38)*

$\overset{(i)}{\underline{Z}}_{n}$ ≙ *Generalisierte Elementknotenpunktskraft der Elementvolumenskräfte (z.B. Zentrifugalkräfte) gemäß Formel (3.39)*

$\overset{(i)}{\underline{\Gamma}}_{n}$ ≙ *Generalisierte Elementknotenpunktskräfte der Wärmedehnungskräfte am (i)-ten Element gemäß Formel (3.40).*

Indem wir festlegen, daß die jeweiligen n-Komponenten, der Spaltenvektoren $\overset{(i)}{\underline{P}}_{n}$, $\overset{(i)}{\underline{Z}}_{n}$ und $\overset{(i)}{\underline{\Gamma}}_{n}$ analog zu (3.10) auf den Knotenpunkten des (i)-ten Elementes abgesetzt werden, erhalten wir eine *Knotenpunktstheorie* für die Gesamtstruktur!

Für den Fall, daß an einem Elementrand gemäß BILD 3.4 Linienlasten $\overset{(i)}{\pi}(s)$ angreifen, so werden diese mit Hilfe von (3.38) generalisiert, d.h. in Knotenpunktslasten umgeformt, also es wird gebildet:

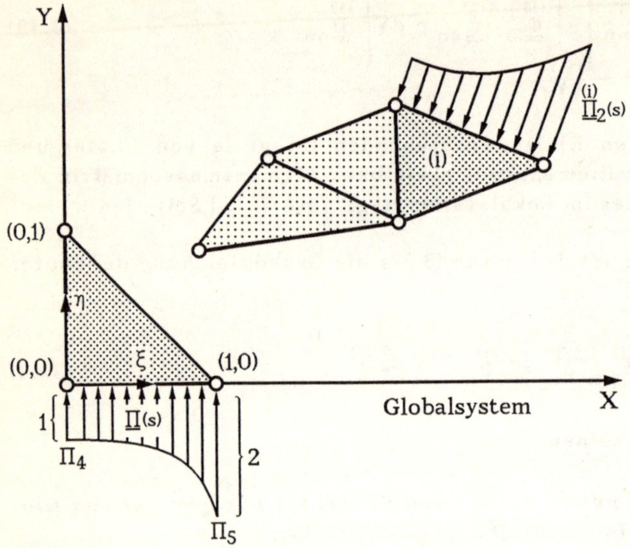

BILD 3.4: Am Element wirkende Linienlasten $\overset{(i)}{\pi}(s)$.

$$\overset{(i)}{\underline{\pi}}_n = \overset{(i)T}{\underline{\underline{D}}}_{nn} \int\limits_{\left(\overset{(i)}{O}\right)} \overset{(i)T}{\underline{\underline{\Phi}}}_{2n}(\text{Rand}) \, \overset{(i)}{\pi}_2(s) \, ds \cdot 1 \qquad \left(\hat{=} \text{ Dicke "1"}\right) \tag{3.44}$$

Entsprechend dem gewählten lokalen bzw. globalen Koordinatensystem von BILD 3.4 gilt für die Lastfunktion des links unten eingezeichneten Elementes

$$1 + x^2 \equiv 1 + \xi^2 \tag{3.45a}$$

und somit für den Lastvektor

$$\underline{\pi}^T(s) := \left(0, 1+\xi^2\right) \tag{3.45b}$$

bzw. dem äquivalenten Einzellastvektor

$$\int_0^1 d\xi \; \underline{\pi}(\xi) = \left(0 \, , \, 16/12\right) \tag{3.45c}$$

Mit (3.9) für η = 0 und (3.45b) folgt aus (3.44)

$$\underline{\pi}_6 = \int_0^1 d\xi \begin{bmatrix} 1-\xi & 0 \\ \xi & 0 \\ 0 & 0 \\ 0 & 1-\xi \\ 0 & \xi \\ 0 & 0 \end{bmatrix} \begin{bmatrix} 0 \\ 1+\xi^2 \end{bmatrix} = \int_0^1 d\xi \begin{bmatrix} 0 \\ 0 \\ 0 \\ 1-\xi+\xi^2-\xi^3 \\ \xi+\xi^3 \\ 0 \end{bmatrix} = \frac{1}{12} \begin{bmatrix} 0 \\ 0 \\ 0 \\ 7 \\ 9 \\ 0 \end{bmatrix} \tag{3.45}$$

Man erkennt also, daß die quadratische Streckenlast $\underline{\pi}(s)$ längs einer Seite als Knotenpunktslasten umgewandelt wird in zwei Punktlasten π_4 , π_5 von unterschiedlicher Größe auf derselben Seite (vgl. BILD 3.4).

Auf diese Weise kommt man auch bei beliebigen äußeren Lasten zu einer reinen *Knotenpunktstheorie*.

Wir wollen die von uns in BILD 3.4 gewählte starke Spezialisierung nun erheblich lockern und die Prozedur zum Absetzen von Randspannungen bei isoparametrischen Elementen allgemeiner, siehe BILD 3.5, betrachten.

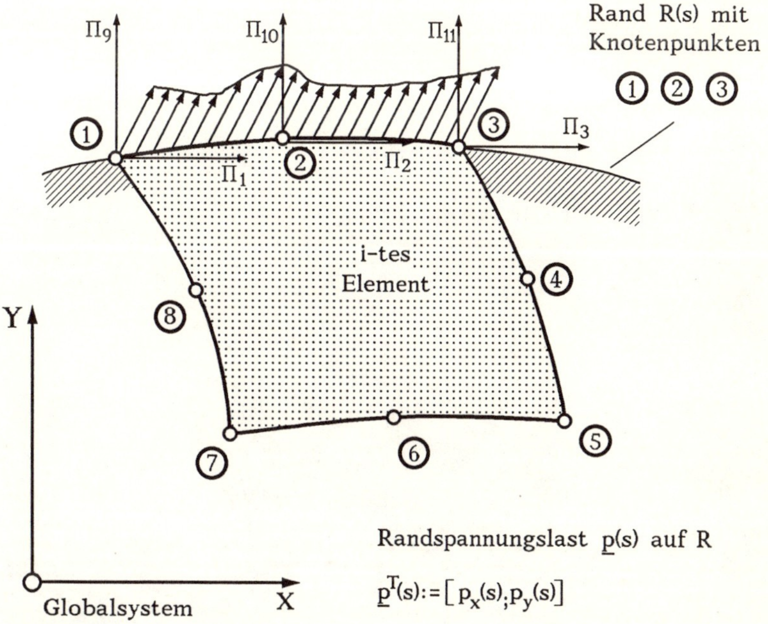

BILD 3.5: Randspannungen

Längs R sind die Verschiebungsfunktionen durch die Werte in den Knotenpunkten 1 , 2 , 3 eindeutig bestimmt, also auch die Formfunktionen Φ_i.

Nun sind die Formfunktionen Φ_i (i = 4,5,6,7,8) längs R in allen Knotenpunkten Null gemäß (3.5), d.h. alle Φ_i (i ≥ 4) sind auf R *überall* Null.

Damit kommt aus (3.44) bzw. (3.45):

$$\overset{(i)}{\underline{\pi}}_n = \int_{①}^{③} ds\, \underline{\underline{\Phi}}^T_{2,16}(R)\, \underline{p}(s) = \int_{①}^{③} ds \begin{bmatrix} \Phi_1 & 0 \\ \Phi_2 & 0 \\ \Phi_3 & 0 \\ 0 & 0 \\ 0 & 0 \\ 0 & 0 \\ 0 & 0 \\ 0 & 0 \\ 0 & \Phi_1 \\ 0 & \Phi_2 \\ 0 & \Phi_3 \\ 0 & 0 \\ 0 & 0 \\ 0 & 0 \\ 0 & 0 \\ 0 & 0 \end{bmatrix} \begin{bmatrix} p_x(s) \\ p_y(s) \end{bmatrix} \tag{3.46}$$

Hieraus folgt:

$$\overset{(i)}{\pi}_j = 0 \text{ für } 4 \le j \le 8 \text{ in x-Richtung}$$
$$\overset{(i)}{\pi}_j = 0 \text{ für } 12 \le j \le 16 \text{ in y-Richtung} \tag{3.47}$$

Aus (3.47) kommt mit $\sum_{i=1}^{8} \Phi_i \equiv 1$

$$\overset{(i)}{\pi}_1 + \overset{(i)}{\pi}_2 + \overset{(i)}{\pi}_3 = \int_{①}^{③} ds\left(\Phi_1 + \Phi_2 + \Phi_3\right) p_x(s) = \int_{①}^{③} ds\; p_x(s)$$
$$\overset{(i)}{\pi}_9 + \overset{(i)}{\pi}_{10} + \overset{(i)}{\pi}_{11} = \int_{①}^{③} ds\left(\Phi_1 + \Phi_2 + \Phi_3\right) p_y(s) = \int_{①}^{③} ds\; p_y(s) \tag{3.48}$$

Wir erkennen aus (3.46) und (3.48), daß die Prozedur der Generalisierung von verteilten Randspannungslasten nach (3.38) sinnvoll ist. Es entstehen nämlich Knotenpunktslasten π_i nur längs des belasteten Randes und die

Summen dieser sind in x- und y-Richtung gleich den äußeren Lasten.

Nun denken wir uns die Gleichungen (3.43) für jedes Element i (i = 1,....,l) untereinander geschrieben.

Dann erhalten wir als Elementhypergleichung:

$$\underline{\underline{MH}}_{NN}\,\ddot{\underline{\rho}}_N + \underline{\underline{KH}}_{NN}\,\underline{\rho}_N = \underline{P}_N + \underline{Z}_N + \underline{\Gamma}_N \tag{3.49}$$

wenn N = l·n die Gesamtzahl der Freiheitsgrade ist (vgl. Abschnitt 3.1 Definition 3.)) und mit (3.10), (3.38), (3.39) und (3.40) gilt:

$$\underline{\rho}_N^T(t) := \left[\overset{(1)T}{\underline{\rho}_n}, \overset{(2)T}{\underline{\rho}_n}, \ldots\ldots, \overset{(l)T}{\underline{\rho}_n}\right] \tag{3.50}$$

$$\underline{P}_N^T := \left[\overset{(1)}{\underline{P}}{}_n^T, \overset{(2)}{\underline{P}}{}_n^T, \ldots\ldots, \overset{(l)}{\underline{P}}{}_n^T\right] \tag{3.51}$$

$$\underline{Z}_N^T := \left[\overset{(1)}{\underline{Z}}{}_n^T, \overset{(2)}{\underline{Z}}{}_n^T, \ldots\ldots, \overset{(l)}{\underline{Z}}{}_n^T\right] \tag{3.52}$$

$$\underline{\Gamma}_N^T := \left[\overset{(1)}{\underline{\Gamma}}{}_n^T, \overset{(2)}{\underline{\Gamma}}{}_n^T, \ldots\ldots, \overset{(l)}{\underline{\Gamma}}{}_n^T\right] \tag{3.53}$$

Das sind der Knotenpunktshyperverschiebungsvektor und die generalisierten Knotenpunktshyperkräfte.

Weiter wird definiert mit (3.41) und (3.42) die "Massenhypermatrix" $\underline{\underline{MH}}_{NN}$ und die "Steifigkeitshypermatrix" $\underline{\underline{KH}}_{NN}$ entsprechend (3.54) und (3.55).

$$\underline{\underline{MH}}_{NN} := \begin{bmatrix} \overset{(1)}{\underline{\underline{M}}}_{nn} & 0 & \cdots & \cdots & 0 \\ \vdots & & & & \vdots \\ 0 & \overset{(2)}{\underline{\underline{M}}}_{nn} & & & \vdots \\ \vdots & & \ddots & & \vdots \\ \vdots & & & \ddots & 0 \\ 0 & \cdots & \cdots & 0 & \overset{(l)}{\underline{\underline{M}}}_{nn} \end{bmatrix} \tag{3.54}$$

$$\underline{\underline{KH}}_{NN} := \begin{bmatrix} \overset{(1)}{\underline{\underline{K}}}_{nn} & 0 & \cdots & \cdots & 0 \\ \vdots & & & & \vdots \\ 0 & \overset{(2)}{\underline{\underline{K}}}_{nn} & & & \vdots \\ \vdots & & \ddots & & \vdots \\ \vdots & & & \ddots & 0 \\ 0 & \cdots & \cdots & 0 & \overset{(l)}{\underline{\underline{K}}}_{nn} \end{bmatrix} \tag{3.55}$$

4 DIE STRUKTURGLEICHUNGEN

4.1 Die Kompatibilität der Elemente

Gemäß Abschnitt 1.3 Bedingung b) und BILD 1.1 muß die Kompatibilität der durch Elemente aufgebauten Gesamtstruktur (vgl. BILD 3.1) beachtet werden.

Wir fordern für die Elementstruktur gemäß BILD 3.1 die Kompatibilität mindestens an m/2 Knotenpunkten der Gesamtstruktur im Sinne einer Knotenpunktstheorie und definieren analog zu (3.10) pro Strukturknotenpunkt, siehe BILD 3.1b, je zwei Verschiebungen d_i (zweidimensional) in x- und y-Richtung des Globalsystems gemäß BILD 3.1a.

$$\underline{d}_m^T := \left[d_1, d_2, \ldots, d_m\right] \tag{4.1}$$

Die Kompatibilität kann durch BOOLEsche Matrizen (Null- oder Einser-Elemente) formuliert werden (vgl. [HAH-75] Seite 165). Mit (3.50) und (4.1) kann man schreiben:

$$\underline{\rho}_N = \underline{\underline{B}}_{Nm}\, \underline{d}_m \tag{4.2}$$

Physikalisch bedeutet diese Gleichung, daß die Verschiebungen des Elementes an einem Knotenpunkt gleich derjenigen der Gesamtstruktur am selben Knotenpunkt sein müssen!

Deshalb besteht die BOOLEsche Rechtecksmatrix $\underline{\underline{B}}_{Nm}$ in (4.2) nur aus Nullelementen oder Einsen und hängt nicht von der Zeit ab.

(4.2) nennt man eine Kongruenztransformation.

Die Verschiebungsansätze (3.3) und (3.4) führen sogar zur Kompatibilität (gleiche Verschiebungen der angrenzenden Elemente) längs des ganzen Randes (geradliniger Verlauf), wenn man alleine die Knotenpunkte kompatibel gemacht hat.

4.2 Die Gleichgewichtsbedingungen der Gesamtstruktur an den Knotenpunkten

Gemäß Abschnitt 1.3 Bedingung a) müssen wir analog zur Kompatibilität an jedem der m/2 Knotenpunkte der Gesamtstruktur noch fordern, daß mindestens dort das Gleichgewicht der Kräfte erfüllt wird.

Zur Kräfteanalyse betrachten wir z.B. das rechte Ende des Kragarmes aus BILD 3.1 im Ausschnitt gemäß BILD 4.1 mit den Bezeichnungen aus BILD 3.2.

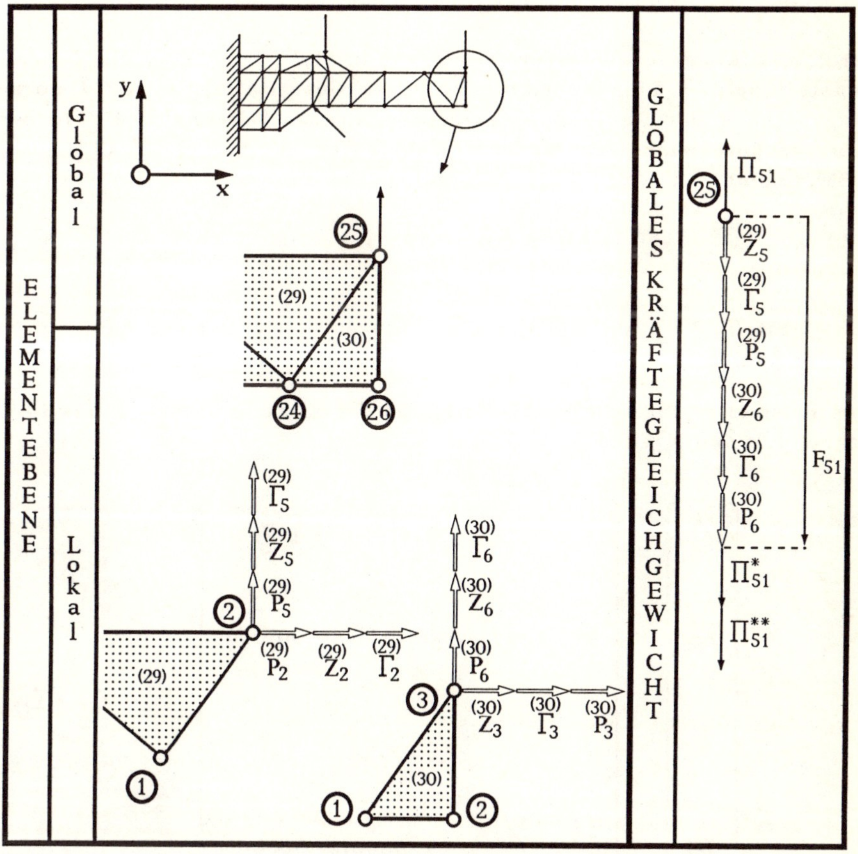

BILD 4.1: Kräfteanalyse an einem Ausschnitt (am rechten Ende des Kragarmes gemäß BILD 3.1).

Wie man aus BILD 4.1 erkennt, bildet sich der Gesamtstrukturknotenpunkt (25) durch das Aneinanderfügen der Elemente (29) und (30), wodurch die Elementknotenpunkte (2) von (29) und (3) von (30) übereinanderfallen. Es wirken demnach am neu entstandenen Gesamtstrukturknotenpunkt (25) insgesamt in x-Richtung die Knotenpunktskräfte gemäß BILD 4.1:

$$\overset{(29)}{P_2} + \overset{(29)}{Z_2} + \overset{(29)}{\Gamma_2} + \overset{(30)}{P_3} + \overset{(30)}{Z_3} + \overset{(30)}{\Gamma_3} =: F_{25} \tag{4.3}$$

und in y-Richtung:

$$\overset{(29)}{P_5} + \overset{(29)}{Z_5} + \overset{(29)}{\Gamma_5} + \overset{(30)}{P_6} + \overset{(30)}{Z_6} + \overset{(30)}{\Gamma_6} =: F_{51} \tag{4.4}$$

Durch eine Kongruenztransformation, wie in (4.2), kann man die Zusammenstellung der Einzelelemente zu einer Gesamtstruktur als Umordnungsvorgang der Knotenpunktskräfte - wie in (4.3) und (4.4) für den Strukturknotenpunkt (25) geschehen - auffassen und mit (3.51), (3.52) und (3.53) kommt:

$$\underline{\pi}_m - \underline{\pi}^*_m - \underline{\pi}^{**}_m := \underline{\underline{\hat{B}}}_{mN} \left(\underline{P}_N + \underline{Z}_N + \underline{\Gamma}_N\right) \equiv \underline{F}_m \tag{4.5}$$

Dabei besteht $\underline{\underline{\hat{B}}}_{mN}$ nur aus Null- und Einser-Elementen und hängt nicht von der Zeit ab !

Zum Beispiel ergibt sich die 25. Zeile und die 51. Zeile von $\underline{\underline{\hat{B}}}_{mN}$ aus (4.5) wegen (4.3) und (4.4) zu:

$$\begin{bmatrix} F_1 \\ F_2 \\ \vdots \\ F_{25} \\ \vdots \\ F_{51} \\ F_{52} \end{bmatrix} = \underbrace{\begin{bmatrix} \cdots & \cdots & \cdots & \cdots & \cdots \\ \vdots & & \vdots & \overbrace{\quad}^{(29)} & \overbrace{\quad}^{(30)} \\ 0 & \cdots & 0 & 010000 & 001000 \\ \vdots & & \vdots & \vdots & \vdots \\ \cdots & \cdots & \cdots & \cdots & \cdots \\ 0 & \cdots & 0 & 000010 & 000001 \\ \cdots & \cdots & \cdots & \cdots & \cdots \end{bmatrix}}_{\underline{\underline{\hat{B}}}_{mN}} \left[\underline{P}_N + \underline{Z}_N + \underline{\Gamma}_N\right] \tag{4.6}$$

$$N = 180 = 6 \times 30 = (n \times 1)$$

In (4.5) gilt:

$\underline{\pi}_m$ ist auf Grund der eingeprägten äußeren Belastungen an den Gesamtstrukturknotenpunkten (vgl. BILD 4.1) bekannt. An unbelasteten Strukturknotenpunkten wird $\pi_i = 0$ genommen.

$\underline{\pi}_m$ steht gemäß (3.38) und (3.51) im Gleichgewicht mit den Spannungen längs der Elementränder (vgl. auch BILD 2.2 und BILD 3.2 sowie δA_A in (2.81)) und es gilt also:

$$\underline{\pi}_m = \left[\pi_1, \pi_2, \ldots\ldots, \pi_m\right]^T = \underline{\underline{\hat{B}}}_{mN}\, \underline{P}_N \tag{4.7}$$

weiter gilt:

$$\underline{\pi}^*_m := \left[\pi^*_1, \pi^*_2, \ldots\ldots, \pi^*_m\right]^T = -\underline{\underline{\hat{B}}}_{mN}\, \underline{Z}_N \tag{4.8}$$

Dabei werden die $\overset{(i)}{\underline{Z}}_n$ (i = 1,2,..........,l) in (3.52) gemäß (3.39) auf Grund der vorgegebenen Volumenkräfte $\overset{(i)}{w}_2$ berechnet und schließlich ist:

$$\underline{\pi}^{**}_m := \left[\pi^{**}_1, \pi^{**}_2, \ldots\ldots, \pi^{**}_m\right]^T = -\underline{\underline{\hat{B}}}_{mN}\, \underline{\Gamma}_N \tag{4.9}$$

wobei $\underline{\Gamma}_N$ aus (3.53) mittels (3.40) und den vorgegebenen Temperaturfeldern $\vartheta_i\,(x,y,t)$ gegeben ist.

Wenn man in (2.83) $\delta\underline{v}_3 \equiv \underline{s}_3$ nimmt, erhält man den Arbeitssatz.

Im Sinne der Theorie der finiten Elemente heißt der *Arbeitssatz*:

Die Arbeit der Strukturknotenpunktskräfte $\underline{\pi}_m$, $\underline{\pi}^*_m$, $\underline{\pi}^{**}_m$ an den Gesamtstrukturknotenpunkten ist gleich der Arbeit der gesamten Elementknotenpunktskräfte $\underline{P}_N$, $\underline{Z}_N$, $\underline{\Gamma}_N$ an allen die Gesamtstruktur bildenden Elementknotenpunkten (vgl. BILD 4.1).

Nimmt man noch speziell den statischen Fall, so folgt aus dem Arbeitssatz:

$$\underline{d}^T_m\, \underline{F}_m = \underline{\varrho}^T_N \left(\underline{P}_N + \underline{Z}_N + \underline{\Gamma}_N\right) \tag{4.10}$$

wenn man (4.1), (4.5), (3.49) und (3.50) berücksichtigt.

Setzt man hier (4.5) und (4.2) ein, so kommt:

$$\underline{d}^T_m \left(\underline{\underline{\hat{B}}}_{mN} - \underline{\underline{B}}^T_{Nm}\right) \left(\underline{P}_N + \underline{Z}_N + \underline{\Gamma}_N\right) = 0 \tag{4.11}$$

Da $\underline{d}_m^T$ und die Knotenpunktslasten $\underline{P}_N$, $\underline{Z}_N$, $\underline{\Gamma}_N$ beliebig sind und sowohl $\hat{\underline{\underline{B}}}_{mN}$ wie auch $\underline{\underline{B}}_{Nm}^T$ nicht von der Zeit abhängen, gilt zu allen Zeiten:

$$\hat{\underline{\underline{B}}}_{mN} = \underline{\underline{B}}_{Nm}^T \tag{4.12}$$

$\hat{\underline{\underline{B}}}_{mN}$ und $\underline{\underline{B}}_{Nm}^T$ könnten sich höchstens durch eine Funktion von der Zeit unterscheiden. Diese Funktion kann aber nur eine Konstante sein, was durch Differentiation der allgemeinen Gleichung

$$\hat{\underline{\underline{B}}}_{mN} = \underline{\underline{B}}_{Nm}^T + \underline{\underline{f}}_{Nm}(t)$$

folgt.

Da im statischen Fall gemäß (4.11) f(t) = 0 ist, ist also wegen der Konstanz $f(t) \equiv 0$. Demnach gilt (4.12) auch im dynamischen Fall.

Da die BOOLEschen Matrizen (4.12) geometrisch nur eine Elementumordnung bedeuten, muß diese somit im dynamischen und im statischen Fall gleich sein.

Die Kompatibilitätsgleichungen (4.2) und die Gleichgewichtsbedingungen (4.4) und (4.5) ergeben am Strukturknotenpunkt (25) in y-Richtung, falls wir den statischen Spezialfall ohne Temperatur- und Volumenkräfte betrachten (siehe BILD 4.1), aus (3.43) für die Elemente (29) und (30)

$$\overset{(29)}{\underline{\underline{K}}}_{66}\,\overset{(29)}{\underline{\rho}}_6 = \overset{(29)}{\underline{P}}_6 \qquad \text{sowie} \qquad \overset{(30)}{\underline{\underline{K}}}_{66}\,\overset{(30)}{\underline{\rho}}_6 = \overset{(30)}{\underline{P}}_6$$

Wenn man von der ersten dieser Matrizengleichungen die 5. Zeile aufschreibt und von der zweiten die 6. Zeile (vgl. BILD 4.1 und die Gleichung (4.4)), so kommt:

$$\overset{(29)}{P}_5 = \overset{(29)}{K}_{5,1}\overset{(29)}{\rho}_1 + \overset{(29)}{K}_{5,2}\overset{(29)}{\rho}_2 + \overset{(29)}{K}_{5,3}\overset{(29)}{\rho}_3 + \overset{(29)}{K}_{5,4}\overset{(29)}{\rho}_4 + \overset{(29)}{K}_{5,5}\overset{(29)}{\rho}_5 + \overset{(29)}{K}_{5,6}\overset{(29)}{\rho}_6$$

$$\overset{(30)}{P}_6 = \overset{(30)}{K}_{6,1}\overset{(30)}{\rho}_1 + \overset{(30)}{K}_{6,2}\overset{(30)}{\rho}_2 + \overset{(30)}{K}_{6,3}\overset{(30)}{\rho}_3 + \overset{(30)}{K}_{6,4}\overset{(30)}{\rho}_4 + \overset{(30)}{K}_{6,5}\overset{(30)}{\rho}_5 + \overset{(30)}{K}_{6,6}\overset{(30)}{\rho}_6$$

wobei wegen (4.4) gilt:

$$\textit{Gleichgewicht} \qquad \overset{(29)}{P}_5 + \overset{(30)}{P}_6 =: F_{51}$$

Mit (4.2) liest man aus BILD 4.1 ab:

Kompatibilität

$$d_{24} := \overset{(29)}{\rho_1} = \overset{(30)}{\rho_1} \qquad d_{25} := \overset{(29)}{\rho_2} = \overset{(30)}{\rho_3} \qquad d_{26} := \overset{(30)}{\rho_2}$$

$$d_{50} := \overset{(29)}{\rho_4} = \overset{(30)}{\rho_4} \qquad d_{51} := \overset{(29)}{\rho_5} = \overset{(30)}{\rho_6} \qquad d_{52} := \overset{(30)}{\rho_5}$$

Dann kommt endgültig unter Beachtung von (4.5):

$$\pi_{51} = F_{51} = \left[\overset{(29)}{K}_{5,1} + \overset{(30)}{K}_{6,1}\right] d_{24} + \left[\overset{(29)}{K}_{5,2} + \overset{(30)}{K}_{6,3}\right] d_{25} + \overset{(29)}{K}_{5,3}\, \overset{(29)}{\rho_3} + \overset{(30)}{K}_{6,2}\, d_{26}$$

$$+ \left[\overset{(29)}{K}_{5,4} + \overset{(30)}{K}_{6,4}\right] d_{50} + \left[\overset{(29)}{K}_{5,5} + \overset{(30)}{K}_{6,6}\right] d_{51} + \overset{(29)}{K}_{5,6}\, \overset{(29)}{\rho_6} + \overset{(30)}{K}_{6,5}\, d_{52}$$

Wie wir jetzt am Einzelstrukturknotenpunkt (25) erkannt haben, bilden sich durch gleichzeitige Befriedigung von Gleichgewicht und Kompatibilität geeignete Summen der Elementsteifigkeitsmatrizen zu einer neuen Systemsteifigkeitsmatrix $\underline{\underline{S}}_{mm}$, z.B. sind die Elemente

$$S_{51,25} := \overset{(29)}{K}_{5,2} + \overset{(30)}{K}_{6,3} \qquad \text{und} \qquad S_{51,51} := \overset{(29)}{K}_{5,5} + \overset{(30)}{K}_{6,6}$$

Aus der Matrizengleichung für das (30)-ste Element von BILD 4.1 kann man besonders deutlich die physikalische Bedeutung von Steifigkeitsmatrizen ablesen, denn es gilt:

Die i-te Spalte einer Steifigkeitsmatrix ist gleich derjenigen Verteilung von Knotenpunktskräften, die notwendig ist, um die i-te Knotenpunktsverschiebung $\overset{(30)}{\rho_i}$ zu eins zu machen, während für alle anderen Verschiebungen $\rho_k \equiv 0\ (k \neq i)$ gilt.

Außerdem erkennt man durch den Vergleich mit (2.33) auch noch, daß man eine Steifigkeitsmatrix als einen "diskreten oder finiten Elastizitätsmodul" höherer Ordnung bezeichnen könnte.

4.3 Die Gleichungen für die Gesamtstruktur

Ersetzt man nun in der Elementhypergleichung (3.49) $\underline{\rho}_N$ gemäß (4.2), so ist in der Gesamtstruktur die Kompatibilität befriedigt. Die so entstandene Gleichung wird anschließend von links mit $\underline{\underline{B}}^T_{Nm}$ multipliziert und es kommt:

$$\underline{\underline{B}}^T_{Nm}\underline{\underline{MH}}_{NN}\underline{\underline{B}}_{Nm}\ddot{\underline{d}}_m + \underline{\underline{B}}^T_{Nm}\underline{\underline{KH}}_{NN}\underline{\underline{B}}_{Nm}\underline{d}_m = \underline{\underline{B}}^T_{Nm}\left(\underline{P}_N + \underline{Z}_N + \underline{\Gamma}_N\right) \quad (4.13)$$

Wir definieren nun

$$\underline{\underline{S}}_{mm} := \underline{\underline{B}}^T_{Nm}\underline{\underline{KH}}_{NN}\underline{\underline{B}}_{Nm} \quad (4.14)$$

als Systemsteifigkeitsmatrix oder Gesamtsteifigkeitsmatrix und

$$\underline{\underline{MS}}_{mm} := \underline{\underline{B}}^T_{Nm}\underline{\underline{MH}}_{NN}\underline{\underline{B}}_{Nm} \quad (4.15)$$

als Systemmassenmatrix oder Gesamtmassenmatrix.

Berücksichtigt man nun in (4.13) das Gleichgewicht an den Knotenpunkten gemäß (4.5) mit (4.12) und führt die Bezeichnungen (4.14) und (4.15) ein, so erhält man schließlich für die Gesamtstruktur:

$$\underline{\underline{MS}}_{mm}\ddot{\underline{d}}_m + \underline{\underline{S}}_{mm}\underline{d}_m = \underline{\pi}_m - \underline{\pi}^*_m - \underline{\pi}^{**}_m \quad (4.16)$$

Damit haben wir die *Endgleichung der FEM* abgeleitet!

Wir stellen fest, es hat sich eine äußerst einfache Form ergeben, die schon vom Einmassenschwinger her bekannt ist.

(Vgl. auch [ZIE-84] Seite 311 Gl. (16.13) und Seite 330 Gl. (17.1); Eigenwerte)

Die linearen Kongruenztransformationen $\underline{\underline{B}}_{Nm}$ in (4.14) und (4.15) bewirken, wie schon gesagt, eine Umordnung und Addition in $\underline{\underline{KH}}_{NN}$ und $\underline{\underline{MH}}_{NN}$ derart, daß das Gleichgewicht von $\underline{F}$ mit $\underline{P}$, $\underline{Z}$, $\underline{\Gamma}$ und die Kompatibilität von $\underline{\rho}$ mit $\underline{d}$ befriedigt werden.

Wir haben durch die Formulierung von (4.16) auf Grund der Verschiebungsansätze (3.3) und (3.4) die Möglichkeit geschaffen, ein Kontinuum auf m/2 Knotenpunkte richtig abzubilden. Wir können (4.16) in Worten wie folgt formulieren.

> *Es werden an jedem der m/2 Knotenpunkte zwei Gleichgewichtsbedingungen aufgestellt derart, daß an jedem Knotenpunkt der Gesamtstruktur gilt: Alle dort abgesetzten Trägheitskräfte + alle dort abgesetzten Federkräfte + alle Wärme- und Volumenkräfte müssen gleich sein der eingeprägten äußeren Knotenpunktskraft!*

Die Massensystemmatrix ist nach (4.15) mit (3.55) und (3.41) zu berechnen. Die Systemsteifigkeitsmatrix ist nach (4.14) mit (3.55) und (3.41) zu berechnen. Die Knotenpunktskräfte $\underline{\pi}$ sind als äußere Kräfte gegeben und $\underline{\pi}^*$, $\underline{\pi}^{**}$ werden gemäß (4.8) und (4.9) ermittelt.

4.4 Lösungsfragen

In der Praxis werden zur Auflösung von (4.16) nach den unbekannten Verschiebungen und gegebenenfalls Lagerkräften Computer und fertige Programmsysteme verwendet, z.B.

ASKA, MARK, NASTRAN, ANSYS, TPS10, ADINA etc.

Wir betrachten nun hier noch, um das Prinzipielle zu zeigen, ein einfaches Beispiel aus der Statik gemäß BILD 3.1 ohne Eigengewicht und Temperatur.

Dann ist in (4.16) $\ddot{\underline{d}}_m = 0$, swie $\underline{\pi}^* = \underline{\pi}^{**} \equiv 0$ zu nehmen, und es wird der Verschiebungsvektor $\underline{d}_m$ der Gesamtstruktur aufgeteilt in $\underline{d}_1$ und $\underline{d}_2 = 0$, wobei $\underline{d}_2$ die Auflagerpunkte umfaßt, also aus acht Nullelementen besteht. Allerdings kann der Vektor $\underline{d}_2$ auch gegebenenfalls verschieden von Null sein, z.B. bei elastischer Auflagerung oder bei Starrkörperbewegungen, vgl. dazu (17.25) und (17.26). Zum zweiten Fall kann bemerkt werden, daß die durch Starrkörperbewegungen induzierten Kräfte im allgemeinen vernachlässigbar klein gegenüber den Betriebslasten sein werden.

Analog zu $\underline{d}_1$ und $\underline{d}_2$ werden die äußeren Kräfte in die bekannten Kräfte $\underline{\pi}_1$ und die unbekannten Auflagerkräfte $\underline{\pi}_2$ eingeteilt.

Dementsprechend sortieren wir auch die Steifigkeitsmatrix $\underline{\underline{S}}_{mm}$ um:

$$\begin{bmatrix} \underline{\underline{S}}_{11} & \underline{\underline{S}}_{12} \\ \underline{\underline{S}}_{21} & \underline{\underline{S}}_{22} \end{bmatrix} \begin{bmatrix} \underline{d}_1 \\ \underline{d}_2 = \underline{0} \end{bmatrix} = \begin{bmatrix} \underline{\pi}_1 \\ \underline{\pi}_2 \end{bmatrix} \tag{4.17}$$

Hierin wird $\underline{\underline{S}}_{11}$ die *reduzierte Gesamtsteifigkeitsmatrix* genannt. Aus (4.17) folgt sofort:

$$\underline{d}_1 = \underline{\underline{S}}_{11}^{-1}\, \underline{\pi}_1 \tag{4.18}$$

Damit sind die unbekannten Verschiebungen an den Strukturknotenpunkten bekannt. Für die Auflagerkräfte ergibt sich dann mit (4.18) aus (4.17).

$$\underline{\pi}_2 = \underline{\underline{S}}_{21}\,\underline{\underline{S}}_{11}^{-1}\,\underline{\pi}_1 \tag{4.19}$$

Mit (4.2) und (4.18) kann man nun die Elementknotenpunktsverschiebungen $\overset{(i)}{\underline{\rho}}_n$ angeben und dann aus (3.15) die Spannungen in den Elementen ermitteln.

Um etwas mehr über allgemeine Lösungsstrategien zu erfahren, betrachte man das Ablaufschema in [HAH-75] Seite 146 Abb. 3.32.

4.5 Integration und Genauigkeitsfragen

Bei jedem Programmsystem und Maschinentyp gibt es eine optimale Anzahl A (siehe BILD 4.2) von Elementen eines bestimmten Elementtyps. Bei zu erwartenden Spannungsspitzen wählt man eine kleine Einteilung und bei konstanten Spannungen generiert man große Elemente.

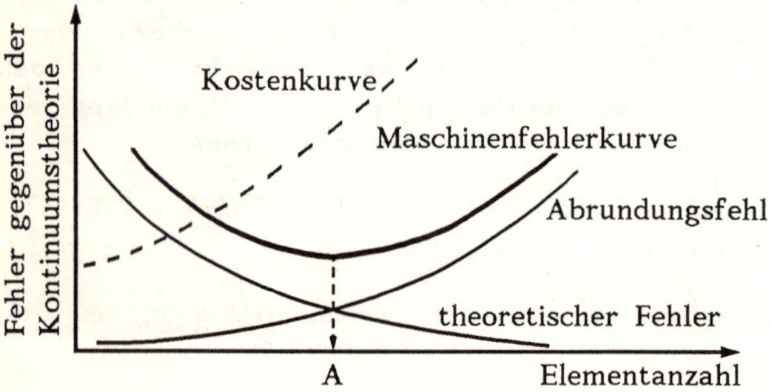

BILD 4.2: Genauigkeitsfragen

Während in (4.16) die generalisierten Kräfte $\underline{\pi}_m$, $\underline{\pi}_m^*$ und $\underline{\pi}_m^{**}$ sowie die Massenmatrix $\underline{\underline{MS}}_{mm}$ und die Gesamtsteifigkeitsmatrix $\underline{\underline{S}}_{mm}$ durch die Definition von finiten Elementen entstanden sind, integrieren wir (4.16) über die *Zeit* nach der Methode der finiten Differenzen. Man spricht dann von "Finite-Elemente-Finite-Differenzen-Methode". Zur Integration über die Zeit kann man sehr hochwertige Verfahren, wie z.B. RUNGE-KUTTA oder NEWTON-RAPHSON gemäß [ZIE-84] S.413 oder [STI-61] S. 145 benutzen, aber auch sehr einfache Methoden, wie zum Beispiel die der zentralen Differenzen (vgl. [KAN-56] S. 206). Wir wissen aus der Mathematik, daß die Eigenformen $\underline{d}_m^*$ von (4.16) ein vollständiges Funktionensystem bilden, mit dem man alle Lösungen von (4.16) darstellen kann. Das Eigenwertproblem von (4.16) ist gegeben durch:

$$\underline{\underline{MS}}_{mm}\,\ddot{\underline{d}}_m^* + \underline{\underline{S}}_{mm}\,\underline{d}_m^* = 0 \qquad (4.20)$$

Zur Lösung machen wir für $\underline{d}_m^*$ den Ansatz

$$\underline{d}_m^*(t) := \underline{v}_m\, e^{j\lambda t} \qquad (4.21)$$

Hierin ist $\underline{v}_m$ ein konstanter Vektor, der geometrisch die "Anzupffigur" der Gesamtstruktur zur Zeit t = 0 bedeutet. Ähnlich wie beim Anzupfen einer schwingenden Saite. j ist in (4.21) die imaginäre Einheit und λ bedeutet den Eigenwert mit der Dimension sec^{-1}. Setzt man (4.21) in (4.20) ein, so entsteht

$$\lambda^2\,\underline{v}_m = \underline{\underline{MS}}_{mm}^{-1}\,\underline{\underline{S}}_{mm}\,\underline{v}_m \qquad (4.22)$$

Nun können wir uns der Frage zuwenden, wie groß darf ein finiter Zeitschritt Δt höchstens sein zur numerischen Integration von (4.16).

Prinzipiell wissen wir aus [KAN-56] Seite 220 Formel (15), daß der Fehler $\left|\overset{(i)}{\underline{d}_m} - \underline{d}_m(t)\right|$ zwischen der analytischen Zeitfunktion $\underline{d}_m(t)$ und den diskreten numerischen Näherungswerten $\overset{(i)}{\underline{d}_m}$ mit Δt^2 nach Null geht, wenn wir die Methode der zentralen Differenzen verwenden.

Jetzt setzen wir analog zu (4.21) für die diskreten Zeitpunkte vom Abstand Δt an:

$$\begin{aligned} \overset{(i+1)}{\underline{d}_m^*} &:= \underline{v}_m\, e^{j\lambda\Delta t} \\ \overset{(i)}{\underline{d}_m^*} &:= \underline{v}_m \\ \overset{(i-1)}{\underline{d}_m^*} &:= \underline{v}_m\, e^{-j\lambda\Delta t} \end{aligned} \qquad (4.23)$$

Die Gleichung (4.20) in zentralen Differenzen formuliert lautet:

$$\frac{\overset{(i+1)}{\underline{d}_m^*} - 2\,\overset{(i)}{\underline{d}_m^*} + \overset{(i-1)}{\underline{d}_m^*}}{\Delta t^2} + \underline{\underline{MS}}_{mm}^{-1}\,\underline{\underline{S}}_{mm}\,\overset{(i)}{\underline{d}_m^*} = 0 \qquad (4.24)$$

Führt man hier (4.23) und (4.22) ein, so ergibt sich

$$\left\{\cos\lambda\Delta t - 1 + \frac{1}{2}\Delta t^2\lambda^2\right\}\underline{v}_m = 0 \tag{4.25}$$

Es wurde ausgenutzt, daß gilt:

$$e^{j\lambda\Delta t} + e^{-j\lambda\Delta t} =: 2\cosh j\lambda\Delta t = 2\cos\lambda\Delta t \tag{4.26}$$

Nun wissen wir weiter, die Ungleichung

$$1 - \cos\lambda\Delta t \leq 2 \tag{4.27}$$

ist richtig und bekommen damit aus (4.25):

$$1 - \cos\lambda\Delta t = \frac{1}{2}\Delta t^2\lambda^2 \leq 2.$$

Hieraus folgt die Abschätzung

$$\Delta t \leq \frac{2}{\lambda_{max}} \tag{4.28}$$

wenn wir den größten Eigenwert von (4.20) benutzen. Wir verwenden also zur numerischen Integration von (4.16) möglichst eine Schrittweite gemäß (4.28). Bei Anwendung aufwendigerer Integrationsverfahren kann die Schrittweite erheblich vergrößert werden.

5 HINWEISE ZUR SCHALENTHEORIE UND DEN MEHRSCHICHTVERBUNDEN

5.1 Schalentheorie

Aufgrund der Voraussetzungen nach BERNOULLI gilt bei kleinen Verzerrungen:

$$w \neq w(z); \quad 0 \; =: \; \gamma_{xz} \; = \; \frac{\partial u}{\partial z} + \frac{\partial w(x,y,t)}{\partial x} \tag{5.1}$$

$$0 \; =: \; \gamma_{yz} \; = \; \frac{\partial v}{\partial z} + \frac{\partial w(x,y,t)}{\partial y} \tag{5.2}$$

Hieraus folgt:

$$u(x,y,z;t) \; = \; -w_x(x,y;t)z + f(x,y;t) \tag{5.3}$$

$$v(x,y,z;t) \; = \; -w_y(x,y;t)z + g(x,y;t) \tag{5.4}$$

5.1.1 Die Formfunktionsmatrix

In (3.41), (3.42), (3.38), (3.39) und (3.40) ist die Struktur der Formfunktionsmatrix für die FEM entscheidend. Deshalb stellen wir nun die Formfunktionsmatrix $\underline{\underline{\Phi S}}_{3n}$ für die Schalentheorie auf und erhalten dadurch eine finite Element Formulierung zur Schalenanalyse (vgl. [HAH-75] S. 357 und S. 379).

Ausgangspunkt unserer Betrachtungen soll das in BILD 5.1 dargestellte Schalenelement mit zwölf Knotenpunkten zur Abbildung von Schalenstrukturen sein.

Wir nehmen nun n/3 = 12 Formfunktionen $\overset{(i)}{\Phi}$ (i=1,2, ... n/3=12) für die Verschiebungen u und v in der Mittelebene an und n/3 weitere Formfunktionen zur Darstellung der Vertikalverschiebung w(x,y).

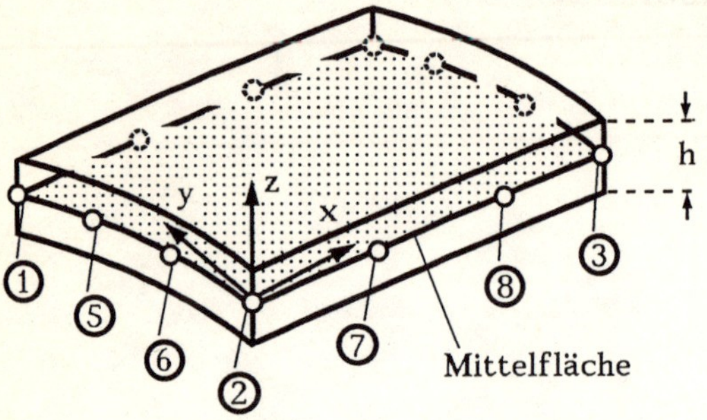

BILD 5.1: Schalenelement mit 12 Knotenpunkten und Lokalsystem x y z (n=36).

Dann kommt mit $\overset{(i)}{\Phi}(x,y)$:

$$u(x,y,z=0;t) \equiv f(x,y;t) =: \overset{(1)}{\Phi} r_1(t) + \overset{(2)}{\Phi} r_2(t) \;\ldots\; \overset{(12)}{\Phi} r_{12}(t) \tag{5.5}$$

$$v(x,y,z=0;t) \equiv g(x,y;t) =: \overset{(1)}{\Phi} r_{13}(t) + \overset{(2)}{\Phi} r_{14}(t) \;\ldots\; \overset{(12)}{\Phi} r_{24}(t) \tag{5.6}$$

$$w(x,y;t) =: \overset{(13)}{\Phi} r_{25}(t) + \overset{(14)}{\Phi} r_{26}(t) \;\ldots\; \overset{(24)}{\Phi} r_{36}(t) \tag{5.7}$$

Hieraus folgt analog zu (3.7) mit dem Knotenpunktsvektor

Verschiebungen in
x-Richtung y-Richtung z-Richtung

$$\underline{r}_n^T(t) := \left[r_1, \overbrace{r_2 \ldots r_{12}}, \overbrace{r_{13} \ldots r_{24}}, \overbrace{r_{25} \ldots r_{36}} \right] \tag{5.8}$$

unter Beachtung von (5.3) und (5.4)

$$\underline{s}_3 = \begin{pmatrix} u \\ v \\ w \end{pmatrix} = \begin{pmatrix} -w_x z \\ -w_y z \\ w \end{pmatrix} + \begin{pmatrix} f \\ g \\ 0 \end{pmatrix} \tag{5.9}$$

Damit ist die Verformung einer Schale bezüglich ihrer Mittelfläche beschrieben.

Mit $\overset{(i)}{\Phi}_x(x,y) \equiv \dfrac{\partial \overset{(i)}{\Phi}}{\partial x}$ und $\overset{(i)}{\Phi}_y(x,y) \equiv \dfrac{\partial \overset{(i)}{\Phi}}{\partial y}$ kommt also

$$\underline{s}_3 = \underbrace{\begin{bmatrix} \overset{(1)}{\Phi} \; \ldots \; \overset{(12)}{\Phi} & 0 \; \ldots \; 0 & -\overset{(13)}{\Phi}_x z \; \ldots \; -\overset{(24)}{\Phi}_x z \\ 0 \; \ldots \; 0 & \overset{(1)}{\Phi} \; \ldots \; \overset{(12)}{\Phi} & -\overset{(13)}{\Phi}_y z \; \ldots \; -\overset{(24)}{\Phi}_y z \\ 0 \; \ldots \; 0 & 0 \; \ldots \; 0 & \overset{(13)}{\Phi} \; \ldots \; \overset{(24)}{\Phi} \end{bmatrix}}_{\underline{\underline{\Phi S}}_{3n}} \underline{r}_n \tag{5.10}$$

Damit haben wir eine mögliche Darstellung der Formfunktionsmatrix $\underline{\underline{\Phi S}}_{3n}$ für die Schalentheorie gefunden. In ihr treten Ableitungen der angesetzten Formfunktionen nach x und y auf. Es gilt also für die 24 vorgegebenen Formfunktionen $\overset{(i)}{\Phi}(x,y)$ $(i=1,2,\ldots,24)$:

$$\underline{\underline{\Phi S}}_{3n}(x,y,z) := \begin{bmatrix} \underbrace{\overset{(1)}{\Phi}\,\overset{(2)}{\Phi} \ldots \overset{(12)}{\Phi}}_{} & 0\,0 \ldots 0 & -\overset{(13)}{\Phi}_x z \; -\overset{(14)}{\Phi}_x z \ldots -\overset{(24)}{\Phi}_x z \\ 0\,0 \ldots 0 & \overset{(1)}{\Phi}\,\overset{(2)}{\Phi} \ldots \overset{(12)}{\Phi} & -\overset{(13)}{\Phi}_y z \; -\overset{(14)}{\Phi}_y z \ldots -\overset{(24)}{\Phi}_y z \\ \underbrace{0\,0 \ldots 0}_{12} & \underbrace{0\,0 \ldots 0}_{12} & \underbrace{\overset{(13)}{\Phi} \;\; \overset{(14)}{\Phi} \; \ldots \; \overset{(24)}{\Phi}}_{12} \end{bmatrix} \tag{5.10a}$$

bei $n = 36$:

Mit (3.13a) folgt dann für die *Kompatibilitätsmatrix der Schalen*

$$\underline{\underline{BS}}_{6n} := \underline{\underline{\nabla}}^T_{36} \, \underline{\underline{\Phi S}}_{3n} = \underline{\underline{BS}}_{6n}(x,y,z)$$

die ausgeschrieben folgende Form annimmt, (vgl [HAH-75] Seite 309 Formel (6.27a))

$$\underline{\underline{BS}}_{6n} := \begin{bmatrix} \overset{(1)}{\Phi}_x \; \overset{(2)}{\Phi}_x \ldots \overset{(12)}{\Phi}_x & 0 \;\, 0 \ldots 0 & -\overset{(13)}{\Phi}_{xx} z & -\overset{(14)}{\Phi}_{xx} z \ldots & -\overset{(24)}{\Phi}_{xx} z \\ 0 \;\, 0 \ldots 0 & \overset{(1)}{\Phi}_y \; \overset{(2)}{\Phi}_y \ldots \overset{(12)}{\Phi}_y & -\overset{(13)}{\Phi}_{yy} z & -\overset{(14)}{\Phi}_{yy} z \ldots & -\overset{(24)}{\Phi}_{yy} z \\ 0 \;\, 0 \ldots 0 & 0 \;\, 0 \ldots 0 & 0 & 0 \ldots & 0 \\ \overset{(1)}{\Phi}_y \; \overset{(2)}{\Phi}_y \ldots \overset{(12)}{\Phi}_y & \overset{(1)}{\Phi}_x \; \overset{(2)}{\Phi}_x \ldots \overset{(12)}{\Phi}_x & -2\overset{(13)}{\Phi}_{xy} z & -2\overset{(14)}{\Phi}_{xy} z \ldots & -2\overset{(24)}{\Phi}_{xy} \\ 0 \;\, 0 \ldots 0 & 0 \;\, 0 \ldots 0 & 0 & 0 \ldots & 0 \\ 0 \;\, 0 \ldots 0 & 0 \;\, 0 \ldots 0 & 0 & 0 \ldots & 0 \end{bmatrix} \tag{5.11}$$

dabei geben die ersten zwei Zeilen der Kompatibilitätsmatrix $\underline{\underline{BS}}_{6n}$ ε_x und ε_y an. ε_z ergibt sich entsprechend der dritten Zeile zu Null. Von den Zeilen 4, 5 und 6, die den Gleitungen γ_{xy}, γ_{xz} und γ_{zy} zugeordnet sind, ist nur die vierte ungleich Null.

5.1.2 Generalisierung der äußeren Kräfte

Nun betrachten wir noch die Generalisierung der äußeren Schalenkräfte gemäß (3.38) oder (3.44) (vgl. auch BILD 5.1). Es kommt

$$\underline{P}_n = \int\limits_{O} dF\, \underline{\underline{\Phi S}}^T_{3n}\, \underline{k}_3 = \int\limits_{\text{Deckel } z=h/2} dx\, dy\, \underline{\underline{\Phi S}}^T_{3n}\, \underline{k}_3 \; +$$

$$+ \underbrace{\int dx \int\limits_{-h/2}^{+h/2} dz\, \underline{\underline{\Phi S}}^T_{3n}\, \underline{k}_3}_{\textit{Seitenflächen } y=const.} + \underbrace{\int dy \int\limits_{-h/2}^{+h/2} dz\, \underline{\underline{\Phi S}}^T_{3n}\, \underline{k}_3}_{\textit{Seitenflächen } x=const.} + \int\limits_{\textit{unterer Deckel } z=-h/2} dx\, dy\, \underline{\underline{\Phi S}}^T_{3n}\, \underline{k}_3 \tag{5.12}$$

Aus den BERNOULLI-Hypothesen (5.3) und (5.4) folgt unter Beachtung von (2.74) mit (2.21) und (2.22) sowie (2.26) direkt (vgl. auch [SZA-56] Seite 170), daß die Normalspannungen σ_x und σ_y sowie die Schubspannung τ_{xy} linear in z sind, während man aus der Gleichgewichtsbedingung (2.11) erkennen kann, daß die Schubspannungen τ_{xz} und τ_{yz} quadratisch über z verlaufen.

$$\underline{k}_3\Big|_{z=h/2} = \begin{bmatrix} 0 \\ 0 \\ -p(x,y) \end{bmatrix} \qquad \underline{k}_3\Big|_{y=const.} = \begin{bmatrix} q_1(x)z + q_2(x) \\ a(x)z+b(x) \\ e_1(x)[z^2 - h^2/4] \end{bmatrix}$$

$$\underline{k}_3\Big|_{x=const.} = \begin{bmatrix} c(y)z+d(y) \\ q_3(y)z+q_4(y) \\ e_2(y)\left[z^2-h^2/4\right] \end{bmatrix} \qquad \underline{k}_3\Big|_{z=-h/2} = \begin{bmatrix} 0 \\ 0 \\ 0 \end{bmatrix}$$

Beim Gleichsetzen der Knotenpunktskräfte $\underline{P}_n$ von Element zu Element gemäß (4.7) sind also die nachfolgend angeführten Terme, die als Schnittgrößen von der Schalentheorie her bekannt sind, alle enthalten:

$$
\underline{P}_n = \left[\begin{array}{c}
0 \\ \vdots \\ 0 \\ 0 \\ \vdots \\ 0 \\ \int dxdy \overset{(1)}{\Phi} p(x,y) \\ \text{von } i=13...24
\end{array}\right]
\begin{array}{l} \left.\vphantom{\begin{array}{c}0\\ \vdots\\0\end{array}}\right\} (12) \\ \left.\vphantom{\begin{array}{c}0\\ \vdots\\0\end{array}}\right\} (12) \\ \left.\vphantom{\begin{array}{c}0\\0\end{array}}\right\} (12) \end{array}
+
\left[\begin{array}{c}
\int dx\ h \overset{(1)}{\Phi}(x,y) q_2(x) \\ \vdots \\ \int dx\ h \overset{(12)}{\Phi}(x,y) q_2(x) \\
\int dx\ b(x)\, h \overset{(1)}{\Phi}(x,y) \\ \vdots \\ \int dx\ b(x)\, h \overset{(12)}{\Phi}(x,y) \\
-\int dx I\left[\overset{(13)}{\Phi}_x q_1(x) + \overset{(13)}{\Phi}_y a(x) + 2\overset{(13)}{\Phi} e_1(x)\right] \\ \vdots \\
-\underbrace{\int dx}_{y\,=\,\text{const.}} I\left[\overset{(24)}{\Phi}_x q_1(x) + \overset{(24)}{\Phi}_y a(x) + 2\overset{(24)}{\Phi} e_1(x)\right]
\end{array}\right]
\begin{array}{l} \left.\vphantom{\begin{array}{c}0\\ \vdots\\0\end{array}}\right\} (12) \\ \left.\vphantom{\begin{array}{c}0\\ \vdots\\0\end{array}}\right\} (12) \\ \left.\vphantom{\begin{array}{c}0\\ \vdots\\0\end{array}}\right\} (12) \end{array} +
$$

$$
+ \left[\begin{array}{c}
\int hdyd(y) \overset{(1)}{\Phi}(x,y) \\ \vdots \\ \int hdyd(y) \overset{(12)}{\Phi}(x,y) \\
\int dy\ h \overset{(1)}{\Phi}(x,y) q_4(y) \\ \vdots \\ \int dy\ h \overset{(12)}{\Phi}(x,y) q_4 \\
-\int dy I\left[\overset{(13)}{\Phi}_x c(y) + \overset{(13)}{\Phi}_y q_3(y) + 2\overset{(13)}{\Phi} e_2(y)\right] \\ \vdots \\
-\underbrace{\int dy}_{x\,=\,\text{const.}} I\left[\overset{(24)}{\Phi}_x c(y) + \overset{(24)}{\Phi}_y q_3(y) + 2\overset{(24)}{\Phi} e_2(y)\right]
\end{array}\right]
\begin{array}{l} \left.\vphantom{\begin{array}{c}0\\ \vdots\\0\end{array}}\right\} (12) \\ \left.\vphantom{\begin{array}{c}0\\ \vdots\\0\end{array}}\right\} (12) \\ \left.\vphantom{\begin{array}{c}0\\ \vdots\\0\end{array}}\right\} (12) \end{array}
\quad \text{wobei } I = \frac{h^3}{12} \text{ bedeutet.} \tag{5.13}
$$

Die erste Spaltenmatrix in (5.13) bezieht sich auf äußere Normalbelastungen der Schale. Die ersten 12 Elemente der zweiten Spaltenmatrix in (5.13) sind Knotenpunktsschubkräfte in x-Richtung, während die zweiten 12 Elemente Knotenpunktskräfte in y-Richtung darstellen. Die letzten 12 Elemente in der zweiten Spaltenmatrix von (5.13) enthalten Biegemomente um die x-Achse, Querkräfte und Drillmomente um die y-Achse. Analog deutet man den dritten Knotenpunktsvektor in (5.13). Die ersten 12 Elemente hierin sind Knotenpunktslängskräfte in x-Richtung. Die zweiten 12 Elemente bedeuten Knotenpunktsschubkräfte in y-Richtung. Die letzten 12 Elemente enthalten 12 Biegemomente um die y-Achse, Querkräfte und Drillmomente um die x-Achse.

Durch die einfachen Verschiebungsansätze (5.5), (5.6) und (5.7) ist es im allgemeinen nicht möglich völlige geometrische Kompatibilität über die ganze Elementdicke zu erreichen. Trotzdem lassen sich damit gute Rechenergebnisse erzielen.

Auf jeden Fall kann man mit der Formfunktionsmatrix (5.10a) und der Kompatibilitätsmatrix (5.11) immer eine Elementmassenmatrix, generalisierte Kräfte und eine Elementsteifigkeitsmatrix erzeugen. Dann kann man unter Beachtung von Kompatibilität und Gleichgewicht der generalisierten Knotenpunktskräfte die Endgleichung (4.16) herstellen. Schließlich kann dann aufgrund der geometrischen Zwangsbedingungen (Lagerungen) gemäß (4.17) die Matrix $\underline{\underline{S}}_{11}$ gefunden und die Verschiebungen $\underline{d}_1$ ermittelt werden. Da nun mit (5.5), (5.6) und (5.7) das gesamte Verschiebungs- und Verzerrungsfeld in jedem Element bekannt ist, sind über das Werkstoffgesetz alle Schalenspannungen im Element mit Hilfe von (5.3) und (5.4) zu berechnen.

5.2 Mehrschichtverbunde

Eine wichtige Rolle, insbesondere im Leichtbau, spielen die Faserverbunde (FVW≙Faserverbundwerkstoffe), wo sie als Mehrschichtverbunde in Laminatenform oft Anwendung finden (siehe dazu BILD 5.2 und [CAR-89] Seite 13).

Jede Einzelschicht ist orthotrop und die Werkstoffmatrix $\underline{\underline{W}}_{33}$ gemäß (2.61) enthält nicht mehr nur zwei voneinander unabhängige Werkstoffkonstanten, sondern vier voneinander unabhängige Werkstoffkenngrößen. In jeder Einzelschicht sind diese Werkstoffkenngrößen anders. Daraus folgt, daß die Werkstoffmatrix des gesamten finiten Elementes gemäß BILD 5.2 eine von der Koordinate z abhängige, stückweise konstante Werkstoffmatrix ist.

Unter Berücksichtigung der Kompatibilitätsmatrix der Schalen $\underline{\underline{BS}}_{6n}$ gemäß (5.11), hat die orthotrope Werkstoffmatrix für jede Schicht K die Struktur

$$\overset{(K)}{\underline{\underline{WS}}}_{66} := \begin{bmatrix} \overset{(K)}{m}_{xx} & \overset{(K)}{m}_{xy} & 0 & 0 & 0 & 0 \\ \overset{(K)}{m}_{xy} & \overset{(K)}{m}_{yy} & 0 & 0 & 0 & 0 \\ 0 & 0 & 1 & 0 & 0 & 0 \\ 0 & 0 & 0 & \overset{(K)}{m} & 0 & 0 \\ 0 & 0 & 0 & 0 & 1 & 0 \\ 0 & 0 & 0 & 0 & 0 & 1 \end{bmatrix} \tag{5.14}$$

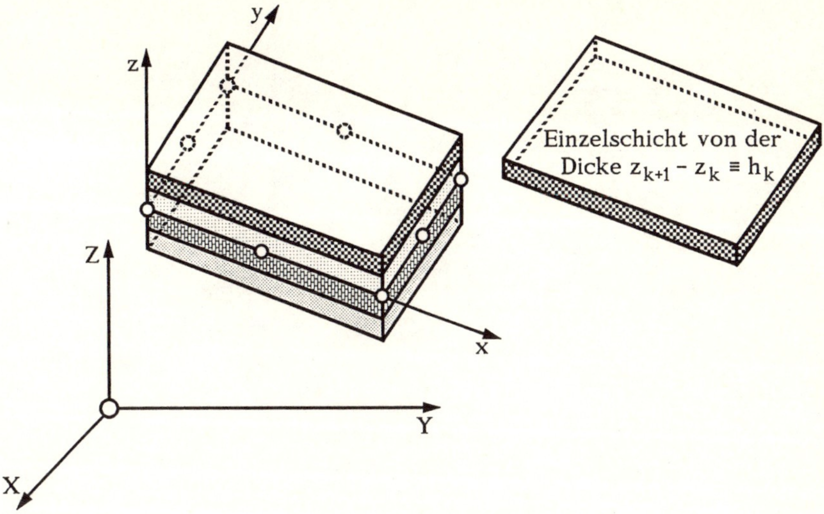

BILD 5.2: Finites Element als vierschichtiger Faserverbund.

Wenn man beachtet, daß für die Schalen gilt

$$\underline{\varepsilon}_6^T := \left[\varepsilon_x, \varepsilon_y, 0, \gamma_{xy}, 0, 0\right] \tag{5.15}$$

So erhalten wir dann nach (3.41) als Steifigkeitsmatrix für ein finites Schalenelement in bezug auf den Faserverbund gemäß BILD 5.2

$$\underline{\underline{KS}}_{nn} := \int_F dF \sum_{K=1}^{4} \int_{z_K}^{z_{K+1}} dz\, \underline{\underline{BS}}^T_{6n} \overset{(K)}{\underline{\underline{WS}}}_{66}\, \underline{\underline{BS}}_{6n} \tag{5.16}$$

Setz man nun in (5.16) die Kompatibilitätsmatrix (5.11) und die orthotrope Werkstoffmatrix (5.14) ein und führt die Integration über jede orthotrope Schicht (siehe BILD 5.2) aus, so erhält man für die Elementsteifigkeitsmatrix der Faserverbunde im Falle von vier Schichten gemäß BILD 5.2.

$$\underline{\underline{KS}}_{nn} = \int_F dF \sum_{K=1}^{4} h_K \overset{(K)}{\underline{\underline{KS}}}_{nn} \tag{5.17}$$

wobei die Flächenintegration über die Mittelfläche gemäß BILD 5.1 zu erstrecken und die Matrix $\overset{(K)}{\underline{\underline{KS}}}_{nn}$ wie folgt gegeben ist:

$$
\underline{\underline{\overset{(K)}{KS}}}_{nn} := \left[\begin{array}{ccc}
\overset{(K)}{m}_{xx} \overset{(m)}{\Phi}_x \overset{(l)}{\Phi}_x + \overset{(K)}{m} \overset{(m)}{\Phi}_y \overset{(l)}{\Phi}_y &
\overset{(K)}{m}_{xy} \overset{(m)}{\Phi}_y \overset{(l)}{\Phi}_x + \overset{(K)}{m} \overset{(m)}{\Phi}_x \overset{(l)}{\Phi}_y &
- \frac{z_{k+1} + z_k}{2} \left\{ \left[\overset{(K)}{m}_{xx} \overset{(n)}{\Phi}_{xx} + \overset{(K)}{m}_{xy} \overset{(n)}{\Phi}_{yy} \right] \overset{(l)}{\Phi}_y + 2 \overset{(K)}{m} \overset{(n)}{\Phi}_{xy} \overset{(l)}{\Phi}_y \right\} \\[2ex]
\overset{(K)}{m}_{xy} \overset{(m)}{\Phi}_x \overset{(l)}{\Phi}_y + \overset{(K)}{m} \overset{(m)}{\Phi}_y \overset{(l)}{\Phi}_x &
\overset{(K)}{m}_{yy} \overset{(m)}{\Phi}_y \overset{(l)}{\Phi}_y + \overset{(K)}{m} \overset{(m)}{\Phi}_x \overset{(l)}{\Phi}_x &
- \frac{z_{k+1} + z_k}{2} \left\{ \left[\overset{(K)}{m}_{xy} \overset{(n)}{\Phi}_{xx} + \overset{(K)}{m}_{yy} \overset{(n)}{\Phi}_{yy} \right] \overset{(l)}{\Phi}_y + 2 \overset{(K)}{m} \overset{(n)}{\Phi}_{xy} \overset{(l)}{\Phi}_x \right\} \\[2ex]
- \frac{z_{k+1} + z_k}{2} \left\{ \overset{(K)}{m}_{xx} \overset{(m)}{\Phi}_x \overset{(n)}{\Phi}_{xx} + \right. &
- \frac{z_{k+1} + z_k}{2} \left\{ \overset{(K)}{m}_{xy} \overset{(m)}{\Phi}_y \overset{(n)}{\Phi}_{xx} + \right. &
\frac{z_{k+1}^2 + z_{k+1} z_k + z_k^2}{3} \left\{ \left[\overset{(K)}{m}_{xx} \overset{(n)}{\Phi}_{xx} + \overset{(K)}{m}_{xy} \overset{(n)}{\Phi}_{yy} \right] \overset{(r)}{\Phi}_{xx} + \right. \\
\left. + \overset{(K)}{m}_{xy} \overset{(m)}{\Phi}_x \overset{(n)}{\Phi}_{yy} + 2 \overset{(K)}{m} \overset{(m)}{\Phi}_y \overset{(n)}{\Phi}_{xy} \right\} &
\left. + \overset{(K)}{m}_{yy} \overset{(m)}{\Phi}_y \overset{(n)}{\Phi}_{yy} + 2 \overset{(K)}{m} \overset{(m)}{\Phi}_x \overset{(n)}{\Phi}_{xy} \right\} &
\left. + \left[\overset{(K)}{m}_{xy} \overset{(n)}{\Phi}_{xx} + \overset{(K)}{m}_{yy} \overset{(n)}{\Phi}_{yy} \right] \overset{(r)}{\Phi}_{yy} + 4 \overset{(K)}{m} \overset{(n)}{\Phi}_{xy} \overset{(r)}{\Phi}_{xy} \right\}
\end{array} \right]
$$

wobei für die ersten 2 Spalten der Matrix folgende Vereinbarungen gelten: m,l und n sind Laufindizes mit den Eigenschaften m,l = 1,2. . . 12 und n = 13,14 . . . 24; mit m einem Spaltenindex und n bzw. l einem Zeilenindex.

Für die letzte also dritte Spalte der Matrix gelten folgende Konventionen: n,l und r sind Laufindizes mit den Eigenschaften l = 1,2. . .12 und n,r = 13,14 . . .24; wobei n einem Spaltenindex und l bzw. r einem Zeilenindex entsprechen.

In üblicher Weise führt nun die Elementsteifigkeitsmatrix über die Steifigkeitshypermatrix (3.55) zur Gesamtstrukturgleichung (4.16) und damit zu den Knotenpunktsverschiebungen r_1 bis r_{36} gemäß (5.8).

Dadurch ist der gesamte Verschiebungszustand der Schale bekannt und also über die Werkstoffgesetze auch der Spannungszustand. Zum Beispiel folgt nach (2.72), (2.21) und (2.22) im Falle von FVW-Schalenstrukturen mit (5.14) unter Beachtung von (2.73)

$$\overset{(K)}{\sigma}_x = \overset{(K)}{m}_{xx} \frac{\partial u}{\partial x} + \overset{(K)}{m}_{xy} \frac{\partial v}{\partial y} - \overset{(K)}{\alpha}_\vartheta \overset{(K)}{\vartheta} \left(\overset{(K)}{m}_{xx} + \overset{(K)}{m}_{xy} \right)$$

Setzt man hier (5.3), (5.4), (5.5), (5.6) und (5.7) ein, so kommt

$$\overset{(K)}{\sigma}_x = \overset{(K)}{m}_{xx} \left\{ \sum_{i=1}^{12} \overset{(i)}{\Phi}_x r_i - z \sum_{j=25}^{36} \overset{(j)}{\Phi}_{xx} r_j - \overset{(K)}{\alpha}_\vartheta \overset{(K)}{\vartheta} \right\} +$$

$$+ \overset{(K)}{m}_{xy} \left\{ \sum_{l=13}^{24} \overset{(l)}{\Phi}_y r_l - z \sum_{j=25}^{36} \overset{(j)}{\Phi}_{yy} r_j - \overset{(K)}{\alpha}_\vartheta \overset{(K)}{\vartheta} \right\} \tag{5.18}$$

Dabei charakterisieren die beiden Terme in den geschweiften Klammern die Dehnungen in x- und y-Richtung, so daß gilt:

$$\varepsilon_x = \sum_{i=1}^{12} \overset{(i)}{\Phi}_x r_i - z \sum_{j=25}^{36} \overset{(j)}{\Phi}_{xx} r_j - \overset{(K)}{\alpha}_\vartheta \overset{(K)}{\vartheta}$$

$$\varepsilon_y = \sum_{l=13}^{24} \overset{(l)}{\Phi}_y r_l - z \sum_{j=25}^{36} \overset{(j)}{\Phi}_{yy} r_j - \overset{(K)}{\alpha}_\vartheta \overset{(K)}{\vartheta} \tag{5.18a}$$

Für jeden Faserverbund K entstehen wegen (5.18) andere Spannungen σ_x gemäß BILD 5.3.

In (5.18) erkennt man, daß die Dehnungen ε_x und ε_y über z linear verlaufen, während die Spannungen stückweise linear sind (Membran- und Biegespannungen), wie in BILD 5.3 eingezeichnet ist.

Nun sind alle notwendigen Informationen vorhanden, um eine isotrope oder eine orthotrop anisotrope dünne Schale zu dimensionieren.

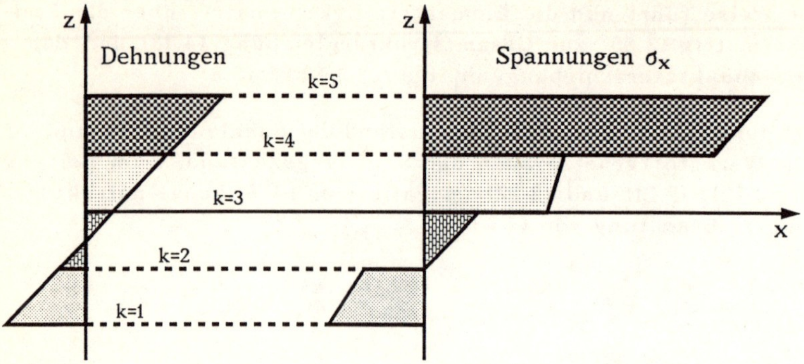

BILD 5.3: Dehnungen und Spannungen über die Laminatdicke.

6 BELIEBIGE PARAMETERRÄUME; ALS BEISPIELSFALL DIE RINGELEMENTE

6.1 Differentialgeometrie

Zur Beschreibung von Ringelementen eignet sich besonders der Parameterraum der Zylinderkoordinaten. Alle drehenden Teile können damit gut beschrieben werden. Siehe BILD 6.1 und 6.2.

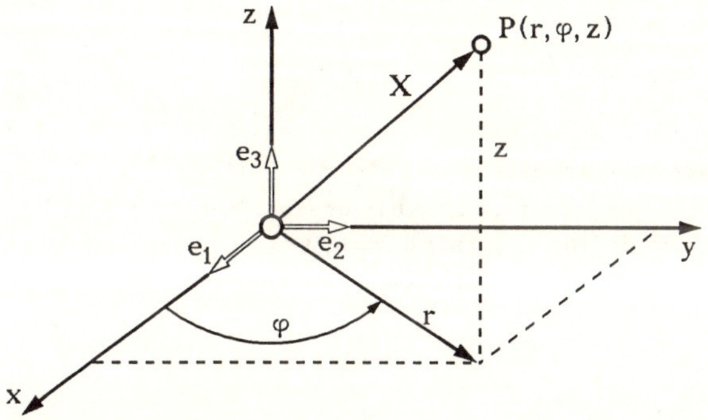

BILD 6.1: Zylinderkoordinaten

Für den Ortsvektor X liest man aus BILD 6.1 ab:

$$X = r \cos\varphi \, e_1 + r \sin\varphi \, e_2 + z \, e_3 \tag{6.1}$$

Die Tangentenvektoren an die Parameterlinien

$$\frac{\partial X}{\partial r} =: a_1 = \cos\varphi \, e_1 + \sin\varphi \, e_2$$

$$\frac{\partial X}{\partial \varphi} =: a_2 = r\,(-\sin\varphi \, e_1 + \cos\varphi \, e_2)$$

$$\frac{\partial X}{\partial z} =: a_3 = e_3 \tag{6.2}$$

bilden die sogenannte kovariante Lokalbasis. Es handelt sich dabei um ein orthogonales aber nicht orthonormiertes System.

Für die Basisvektoren a_i (i=1,2,3) nach (6.2) gilt, wie man leicht sieht:

$$a_1 \cdot a_1 \equiv 1 \qquad a_2 \cdot a_2 \equiv r^2 \qquad a_3 \cdot a_3 \equiv 1$$
$$a_i \cdot a_j \equiv 0 \qquad \text{für} \quad i \neq j \tag{6.3}$$

sowie

$$\frac{\partial a_1}{\partial r} = 0 \qquad \frac{\partial a_1}{\partial \varphi} = \frac{1}{r} a_2 \qquad \frac{\partial a_1}{\partial z} = 0$$
$$\frac{\partial a_2}{\partial r} = \frac{1}{r} a_2 \qquad \frac{\partial a_2}{\partial \varphi} = -r\, a_1 \qquad \frac{\partial a_2}{\partial z} = 0$$
$$\frac{\partial a_3}{\partial r} = 0 \qquad \frac{\partial a_3}{\partial \varphi} = 0 \qquad \frac{\partial a_3}{\partial z} = 0 \tag{6.4}$$

Man erkennt, daß, anders als im kartesischen Fall, die Differentiation der Basis nach den Raumparametern nicht immer Null ergibt. Um den NABLA-Operator des Parameterraumes definieren zu können, beschreiben wir noch kurz die kontravariante Basis wie folgt: Unter Betrachtung von (6.2) gilt:

$$a^1 := \frac{a_2 \times a_3}{a_1 \cdot (a_2 \times a_3)} = a_1$$
$$a^2 := \frac{a_3 \times a_1}{a_1 \cdot (a_2 \times a_3)} = \frac{1}{r^2} a_2$$
$$a^3 := \frac{a_1 \times a_2}{a_1 \cdot (a_2 \times a_3)} = a_3 \tag{6.5}$$

Hiermit gilt nämlich, wie man leicht sieht, für die inneren Produkte:

$$a^i \cdot a_k = \delta_{ik} \qquad \text{(Kroneker-Symbol)} \tag{6.6}$$

Mit (6.5) kann man ∇ nun wie folgt absolut invariant definieren:

$$\nabla := a^1 \frac{\partial}{\partial r} + a^2 \frac{\partial}{\partial \varphi} + a^3 \frac{\partial}{\partial z} \tag{6.7}$$

und es gilt mit (6.2), (6.6) und (6.7):

$$\nabla \circ X = a^1 \circ \frac{\partial X}{\partial r} + a^2 \circ \frac{\partial X}{\partial \varphi} + a^3 \circ \frac{\partial X}{\partial z} =$$

$$= a^1 \circ a_1 + a^2 \circ a_2 + a^3 \circ a_3 \equiv$$

$$\equiv \mathring{a}_1 \circ \mathring{a}_1 + \mathring{a}_2 \circ \mathring{a}_2 + \mathring{a}_3 \circ \mathring{a}_3 \equiv$$

$$\equiv E \tag{6.7a}$$

wobei E den Einheitstensor darstellt. Durch (6.7a) wird der jeweilige NABLA-Vektor eines Parameterraumes definiert, d.h. es muß immer gelten, daß das dyadische Produkt von NABLA mit dem Ortsvektor X des Raumes identisch gleich dem Einheitstensor ist.

Damit haben wir eine allgemein gültige Definition für den NABLA-Vektor, die über den kartesischen Raum hinausreicht.

Nun muß man beachten, daß die Basisvektoren a_i (i=1,2,3) aus (6.2) nicht normiert sind. Bezeichnen wir die normierten Basisvektoren des Parameterraumes (r-φ-z) mit $\mathring{a}_i$, so folgt aus (6.2):

$$a_1 = \mathring{a}_1 \qquad a_2 = r\,\mathring{a}_2 \qquad a_3 = \mathring{a}_3 \tag{6.8}$$

6.2 Tensoren und Matrizen der linearen Mechanik

Jetzt ergibt sich der rotationssymmetrische zweistufige Spannungstensor T mit $\tau_{r\varphi} = \tau_{\varphi z} \equiv 0$. Dabei sind die Produkte $\mathring{a}_i \circ \mathring{a}_k$ tensorielle oder dyadische Verknüpfungen (siehe [HÜT- 89] Seite A15).

$$T = \sigma_r\,\mathring{a}_1 \circ \mathring{a}_1 + \sigma_\varphi\,\mathring{a}_2 \circ \mathring{a}_2 + \sigma_z\,\mathring{a}_3 \circ \mathring{a}_3 + \tau_{rz}(\mathring{a}_1 \circ \mathring{a}_3 + \mathring{a}_3 \circ \mathring{a}_1) \tag{6.9}$$

Hierin haben die Spannungen, wie gewohnt, die Dimensionen N/cm². Es ergibt sich nun in invarianter Schreibung gemäß (2.9) analog zu (2.11) die Gleichgewichtsbedingung für die Spannungen in Zylinderkoordinaten.

$$\nabla \cdot T + w = \rho\,\ddot{s} \tag{6.10}$$

Setzt man hier (6.7), (6.8), (6.9) ein und beachtet (6.3), (6.4) und (6.6), so erhält man die bekannten Gleichungen (vgl. [BIE-53], Seite 55 Gl. (12)) für das Gleichgewicht der Spannungen. In Gleichung (12) von [BIE-53] muß man die Rotationssymmetrie dadurch berücksichtigen, indem alle Differentiationen der Feldgrößen nach φ gleich Null gesetzt werden. So entsteht in a_1- und a_3-Richtung:

$$\frac{\partial \sigma_r}{\partial r} + \frac{\partial \tau_{rz}}{\partial z} + \frac{\sigma_r - \sigma_\varphi}{r} + w_r = \rho \ddot{u}$$

$$\frac{\partial \tau_{rz}}{\partial r} + \frac{\partial \sigma_z}{\partial z} + \frac{\tau_{rz}}{r} + w_z = \rho \ddot{w} \tag{6.11}$$

Hierin bedeuten

$$w = w_r \mathring{a}_1 + w_z \mathring{a}_3 \tag{6.12}$$

die Volumenkraft und

$$s = u \mathring{a}_1 + w \mathring{a}_3 \tag{6.13}$$

den Verschiebungsvektor in der r,z-Ebene (vgl. BILD 6.1).

Aus der invarianten Gleichung (6.10) erhielten wir die Gleichgewichtsbedingung (6.11) in rotationssymmetrischen Zylinderkoordinaten. Diese Vorgehensweise kann auf alle Arten von Parameterräumen angewendet werden, also z.B. Polar-, Kugel-, oder elliptische Koordinaten. Die Gleichgewichtsbedingungen sind aber hier nur zu Übungszwecken abgeleitet worden, denn, um die Elementendgleichung (3.43) in beliebigen Parameterräumen aufzustellen, benötigt man im wesentlichen nur die Dehnungs-, Verschiebungs- oder Kompatibilitätsbeziehung (3.13), um mit (3.41) die Steifigkeitsmatrix berechnen zu können.

Als zweistufigen, rotationssymmetrischen Dehnungstensor Λ , der auf eine orthonormierte Basis bezogen ist, definieren wir analog zu (6.9):

$$\Lambda := \lambda_{11} \mathring{a}_1 \circ \mathring{a}_1 + \lambda_{22} \mathring{a}_2 \circ \mathring{a}_2 + \lambda_{33} \mathring{a}_3 \circ \mathring{a}_3 + \lambda_{13} \left(\mathring{a}_1 \circ \mathring{a}_3 + \mathring{a}_3 \circ \mathring{a}_1 \right) \tag{6.14}$$

Dabei sind die Produkte zwischen den normierten Basisvektoren gemäß (6.8) unbestimmte Verknüpfungen oder dyadische Produkte (siehe [HÜT-89] Seite A15). Nach Formel (2.28) gilt absolut invariant gedeutet die Beziehung (6.15).

In Kapitel 9 und 10 wird eine Verzerrungsanalyse durchgeführt. Dabei ergibt sich der GREENsche Verzerrungstensor gemäß (9.11) respektive (10.10a). Die invariante Form des GREENschen Verzerrungstensors stellt (6.15) dar.

$$2\Lambda = \nabla \circ s + s \circ \nabla \tag{6.15}$$

Im kartesischen Fall erhalten wir aus (6.15) die bekannten Formeln gemäß (2.21), (2.22) und (2.26) wie folgt (zweidimensional):

$$\begin{aligned} 2\Lambda &= \left(e_1\frac{\partial}{\partial x} + e_2\frac{\partial}{\partial y}\right) \circ \left(ue_1 + ve_2\right) + \left(ue_1 + ve_2\right) \circ \left(e_1\frac{\partial}{\partial x} + e_2\frac{\partial}{\partial y}\right) \\ &= 2\frac{\partial u}{\partial x}\, e_1 \circ e_1 + 2\frac{\partial v}{\partial y}\, e_2 \circ e_2 + \left(\frac{\partial u}{\partial y} + \frac{\partial v}{\partial x}\right)\left(e_1 \circ e_2 + e_2 \circ e_1\right) \\ &\equiv 2\varepsilon_x\, e_1 \circ e_1 + 2\varepsilon_y\, e_2 \circ e_2 + \gamma_{xy}\left(e_1 \circ e_2 + e_2 \circ e_1\right) \end{aligned}$$

Setzen wir dagegen in (6.15) ∇ nach (6.7) ein und s gemäß (6.13), so kommt

$$\begin{aligned} 2\Lambda = &\left(a^1 \frac{\partial}{\partial r} + a^2 \frac{\partial}{\partial \varphi} + a^3 \frac{\partial}{\partial z}\right) \circ \left(u(r,z)\,\mathring{a}_1 + w(r,z)\,\mathring{a}_3\right) + \\ &\left(u(r,z)\,\mathring{a}_1 + w(r,z)\,\mathring{a}_3\right) \circ \left(a^1 \frac{\partial}{\partial r} + a^2 \frac{\partial}{\partial \varphi} + a^3 \frac{\partial}{\partial z}\right) \end{aligned} \tag{6.16}$$

Als nächstes ersetzen wir mit (6.5) die kontravariante Basis durch die Kovariante mit den unteren Indizes. Nun beachten wir noch (6.8) und führen die Differentiationen aus. Dabei dürfen die Differentiationen der Basisvektoren gemäß (6.4) nicht vergessen werden. Auf diese einfache Weise ergibt sich aus (6.16) :

$$\begin{aligned} \Lambda = &\frac{\partial u}{\partial r}\, \mathring{a}_1 \circ \mathring{a}_1 + \frac{u}{r}\, \mathring{a}_2 \circ \mathring{a}_2 + \frac{\partial w}{\partial z}\, \mathring{a}_3 \circ \mathring{a}_3 + \frac{1}{2}\frac{\partial w}{\partial r}\, \mathring{a}_1 \circ \mathring{a}_3 \\ &+ \frac{1}{2}\frac{\partial u}{\partial z}\, \mathring{a}_3 \circ \mathring{a}_1 + \frac{1}{2}\frac{\partial w}{\partial r}\, \mathring{a}_3 \circ \mathring{a}_1 + \frac{1}{2}\frac{\partial u}{\partial z}\, \mathring{a}_1 \circ \mathring{a}_3 \end{aligned} \tag{6.17}$$

Hieraus wird durch Vergleich mit (6.14),(vgl. auch (9.24)):

$$\begin{aligned} &\varepsilon_r = \lambda_{11} = \frac{\partial u}{\partial r} \;;\quad \varepsilon_\varphi = \lambda_{22} = \frac{u}{r} \;;\quad \varepsilon_z = \lambda_{33} = \frac{\partial w}{\partial z} \\ &\gamma_{rz} = 2\lambda_{13} = \frac{\partial w}{\partial r} + \frac{\partial u}{\partial z} \end{aligned} \tag{6.18}$$

(vgl. [BIE-53] Seite 55 Formel 12)

Mit

$$\underline{\varepsilon}_6^T := \left[\varepsilon_r, \varepsilon_\varphi, \varepsilon_z, \gamma_{r\varphi} \equiv 0, \gamma_{\varphi z} \equiv 0, \gamma_{rz}\right] \tag{6.19}$$

und

$$\underline{s}_3^T := \big(u(r,z,t);\ 0;\ w(r,z,t) \big) \tag{6.20}$$

kann man (6.18) in Matrizen schreiben

$$\underline{\varepsilon}_6 = \begin{bmatrix} \frac{\partial}{\partial r} & 0 & 0 \\ \frac{1}{r} & 0 & 0 \\ 0 & 0 & \frac{\partial}{\partial z} \\ 0 & 0 & 0 \\ 0 & 0 & 0 \\ \frac{\partial}{\partial z} & 0 & \frac{\partial}{\partial r} \end{bmatrix} \underline{s}_3 \tag{6.21}$$

Wir können also feststellen: Die invariante Tensorgleichung (6.15) läßt sich mit einem Matrizenoperator

$$\underline{\underline{\Theta}}_{63} := \begin{bmatrix} \frac{\partial}{\partial r} & 0 & 0 \\ \frac{1}{r} & 0 & 0 \\ 0 & 0 & \frac{\partial}{\partial z} \\ 0 & 0 & 0 \\ 0 & 0 & 0 \\ \frac{\partial}{\partial z} & 0 & \frac{\partial}{\partial r} \end{bmatrix} \tag{6.22}$$

einfach darstellen. Hierin bedeutet die Einfachunterstreichung wieder eine Spaltenmatrix und die Zweifachunterstreichung wieder eine Matrix. Wir können die Matrizen in diesem Sinne auch als kartesisch bezogene Tensoren auffassen.

$$\underline{\varepsilon}_6 = \underline{\underline{\Theta}}_{63}\, \underline{s}_3 \tag{6.23}$$

So gesehen ist die auf orthonormierte Komponenten bezogene Matrizengleichung (6.23) der Tensorgleichung eindeutig zugeordnet. Auf diese Weise kann man für jeden Parameterraum ∇ gemäß (6.7) aufstellen und dann aus (6.15) eine Matrizenbeziehung (6.23) ableiten.

Als nächstes machen wir nun im Sinne der Theorie der finiten Elemente

Ansätze für die Verschiebungsfunktionen mit Formfunktionen Φ_i (vgl. (3.3) und (3.4)).

So kommt mit

$$u(r,z,t) = \sum_{i=1}^{n/2} \Phi_i(r,z)\, r_i(t)$$

$$w(r,z,t) = \sum_{i=\frac{n}{2}+1}^{n} \Phi_{i-\frac{n}{2}}(r,z)\, r_i(t) \tag{6.24}$$

entsprechend (3.7) unter Beachtung von (3.8)

$$\underline{s}_3 = \underline{\underline{\Phi}}_{3n}\, \underline{r}_n \tag{6.25}$$

(Im Falle von Schalenberechnungen in krummlinigen Koordinaten verwendet man in (6.25) einfach die Formfunktionsmatrix (5.10a))

wobei gilt

$$\underline{\underline{\Phi}}_{3n} = \begin{bmatrix} \Phi_1 & \Phi_2 & \ldots\ldots & \Phi_{n/2} & 0 & 0 & \ldots\ldots & 0 \\ 0 & 0 & 0 & \ldots\ldots & 0 & 0 & \ldots\ldots & 0 \\ 0 & 0 & 0 & \ldots\ldots & \Phi_1 & \Phi_2 & \ldots\ldots & \Phi_{n/2} \end{bmatrix} \tag{6.26}$$

Vergleiche dazu die Formfunktionsmatrix (3.9). Mit (6.25) wird aus (6.23)

$$\underline{\varepsilon}_6 = \underline{\underline{\textcircled{r}}}_{63}\, \underline{\underline{\Phi}}_{3n}\, \underline{r}_n \tag{6.27}$$

Auf diese Weise erhält man also für die Kompatibilitätsmatrix $\underline{\underline{B}}_{6n}$ aus (3.13a) resp. (3.41a)

$$\underline{\underline{B}}_{6n} := \underline{\underline{\textcircled{r}}}_{63}\, \underline{\underline{\Phi}}_{3n}(r,z) \tag{6.28}$$

Nun können wir alle Vektoren und Matrizen aus der Elementgleichung (3.43) ermitteln. Die generalisierten Kräfte und die Massenmatrix gemäß (3.39), (3.40) und (3.42) werden mit der Formfunktionsmatrix (6.26) bestimmt. Die Steifigkeitsmatrix des Elementes ergibt sich für jeden Parameterraum, nachdem man die Kompatibilitätsmatrix des Parameterraumes wie beschrieben abgeleitet hat. Im Falle der rotationssymmetrischen Zylinderkoordinaten oder von Ringelementen (siehe BILD 6.2) ist die Kompatibilitätsmatrix (6.28) mit (6.22) zu benützen.

Für den Fall beliebiger Parameter ist also die Operatorenmatrix in (3.13a) oder (2.28) nicht gleich die transponierte aus (2.10), wie man aus (6.23) erkennen kann.

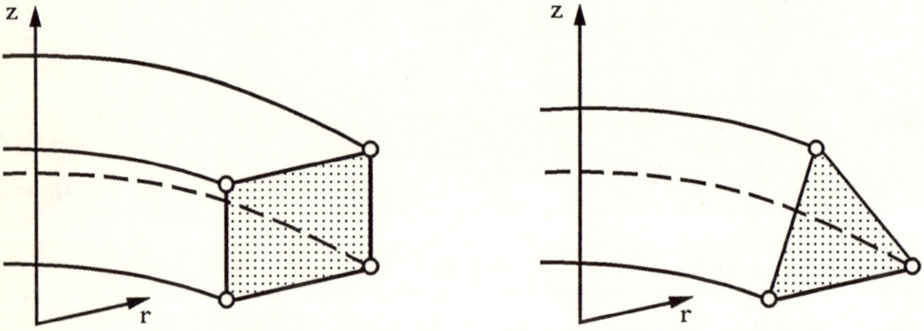

BILD 6.2: Das Ringelement

Daß das Gleichgewicht (2.10) mittels derselben Operatorenmatrix beschrieben werden kann wie die Kompatibilität in (3.13) resp. (3.13a) oder (2.10), ist eine große Vereinfachung, die nur und speziell bei kartesischen Koordinaten auftritt. In (6.22) haben wir die Operatorenmatrix bei rotationssymmetrischen Zylinderkoordinaten abgeleitet. Wir können diese Operatorenmatrix die "Operatorenmatrix $\underline{\underline{O}}_{63}$ der Kompatibilität" nennen. Für allgemeine Zylinderkoordinaten erhalten wir für $\underline{\underline{O}}^{(z)}_{63}$ (vgl. [BIE-53] Seite 55), aus den Verzerrungs- Verschiebungsbeziehungen:

$$\underline{\underline{O}}^{(z)}_{63} := \begin{bmatrix} \frac{\partial}{\partial r} & 0 & 0 \\ \frac{1}{r} & \frac{1}{r}\frac{\partial}{\partial \varphi} & 0 \\ 0 & 0 & \frac{\partial}{\partial z} \\ \frac{1}{r}\frac{\partial}{\partial \varphi} & \frac{\partial}{\partial \varphi} - \frac{1}{r} & 0 \\ 0 & \frac{\partial}{\partial z} & \frac{1}{r}\frac{\partial}{\partial \varphi} \\ \frac{\partial}{\partial z} & 0 & \frac{\partial}{\partial r} \end{bmatrix} \qquad (6.29)$$

Völlig analog geht man bei Kugelkoordinaten vor. Aus BILD 6.3 ergibt sich der Ortsvektor X zu:

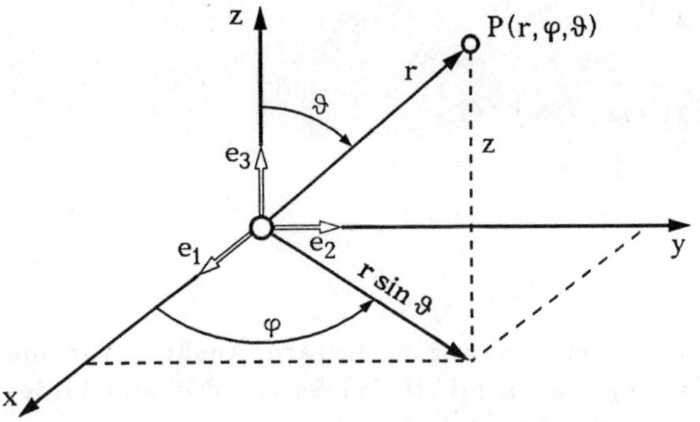

BILD 6.3: Kugelkoordinaten

$$X = r \sin\vartheta \cos\varphi \, e_1 + r \sin\vartheta \sin\varphi \, e_2 + r \cos\vartheta \, e_3 \qquad (6.30)$$

und die Operatorenmatrix $\underline{\underline{k}}_{63}$ für die Kompatibilität (vgl. [BIE-53] Seite 55 und Kapitel 9) ergibt sich wieder aus den Verzerrungs - Verschiebungsbeziehungen zu:

$$\underline{\underline{k}}_{63} = \begin{bmatrix} \frac{\partial}{\partial r} & 0 & 0 \\ \frac{1}{r} & \frac{1}{r \sin\vartheta} \frac{\partial}{\partial \varphi} & -\frac{\cot\vartheta}{r} \\ -\frac{1}{r} & 0 & \frac{1}{r} \frac{\partial}{\partial \vartheta} \\ \frac{1}{r \sin\vartheta} \frac{\partial}{\partial \varphi} & \frac{\partial}{\partial r} - \frac{1}{r} & 0 \\ 0 & \frac{\cot\vartheta}{r} + \frac{1}{r} \frac{\partial}{\partial \vartheta} & \frac{1}{r \sin\vartheta} \frac{\partial}{\partial \varphi} \\ \frac{1}{r} \frac{\partial}{\partial \vartheta} & 0 & \frac{\partial}{\partial r} + \frac{1}{r} \end{bmatrix} \qquad (6.31)$$

Die Operatorenmatrizen (6.31), (6.29) und 6.22) sind so geordnet, daß der Verzerrungsvektor und der Verschiebungsvektor in der Kompatibilitätsbeziehung

$$\underline{\varepsilon}_6 = \underline{\underline{k}}_{63} \, \underline{s}_3 \qquad (6.32)$$

wie folgt gereiht sein muß:

$$\underline{\varepsilon}_6^T = \left[\varepsilon_1,\ \varepsilon_2,\ \varepsilon_3,\ \gamma_{12},\ \gamma_{23},\ \gamma_{13}\right] \tag{6.33}$$

und

$$\underline{s}_3^T = (u, v, w) \tag{6.34}$$

Im praktischen Einzelfall macht man nun z.B. lineare Ansätze für die Formfunktionen gemäß (6.24) (vgl. auch [HAH-75] Seite 280) und bildet mit (6.26) die Formfunktionsmatrix. Damit kann man dann aus (6.28) die Kompatibilitätsmatrix ermitteln und nach (3.41) die Steifigkeitsmatrix des gewählten Elementes errechnen.

Nach Bestimmung der Massenmatrix, falls erforderlich mit Hilfe der Formfunktionsmatrix und der generalisierten Knotenpunktlasten, hat man die Elementgleichung verfügbar. Daraus ergibt sich in gewohnter Weise die Gesamtstrukturgleichung!

6.3 Die invariante Formulierung des Prinzips der virtuellen Verrückungen

Um das Prinzip der virtuellen Verrückungen in verschiedenen Parameterräumen anwenden zu können, müssen wir nachprüfen, ob die bisher verwendete Form des Prinzips gemäß (2.80) oder (2.81) in Matrixschreibweise geeignet ist.

Um diese Frage zu untersuchen gehen wir nicht von der Gleichgewichtsbedingung (2.78) aus, sondern von (2.9) respektive (6.10), die wir als invariante Formulierung in Vektoren und Tensoren auffassen können. Dabei legen wir folgende Nomenklaturregelung fest. Sind an einem Symbol ein Index oder zwei und Unterstreichungen, so handelt es sich um eine Matrix, wenn nicht ist es ein Vektor oder Tensor zweiter Stufe. Multipliziert man nun zum Beispiel (2.9) von links mit einem virtuellen Vektorfeld entsprechend (2.77), so ensteht

$$\delta v \cdot T \cdot \overset{\curvearrowleft}{\nabla} + \delta v \cdot w = \delta v \cdot \ddot{s}\, \rho \tag{6.35}$$

Nach der Kettenregel der Differentialrechnung entsteht aus (6.35) entsprechend (2.79)

$$\delta v \cdot T \cdot \nabla + \delta v \cdot w = \rho\, \delta v \cdot \ddot{s} + \delta v \cdot T \cdot \nabla \tag{6.36}$$

Für den symmetrischen Spannungstensor T nach (6.9) gilt nun, wie man leicht verifiziert

$$T \cdot \nabla = \nabla \cdot T \tag{6.37}$$

Damit kann man (6.36) schreiben

$$(\delta v \cdot T) \cdot \nabla + \delta v \cdot w = \rho\, \delta v \cdot \ddot{s} + \delta v \cdot \left[\nabla \cdot T \right] \tag{6.38a}$$

$$(\delta v \cdot T) \cdot \nabla + \delta v \cdot w = \rho\, \delta v \cdot \ddot{s} + \nabla \cdot \left[\delta v \cdot T \right] \tag{6.38b}$$

In der eckigen Klammer auf der rechte Seite steht jeweils ein Vektor, der von links innerlich mit einem Vektor multipliziert wird. Mit der Operation der "Spurbildung $\nmid$" gilt

$$\nmid \left\{ \delta v \circ \nabla \cdot T \right\} = \delta v \cdot \left[\nabla \cdot T \right] \tag{6.39a}$$

und

$$\nmid \left\{ \nabla \circ \delta v \cdot T \right\} = \nabla \cdot \left[\delta v \cdot T \right] \tag{6.39b}$$

Durch Addition von (6.38a) und (6.38b) unter Beachtung von (6.39a) und (6.39b) folgt nun

$$\left(\delta v \cdot T\right) \cdot \nabla + \delta v \cdot w = \rho\, \delta v \cdot \ddot{s} + \nmid \left\{ \frac{1}{2} \left(\nabla \circ \delta v + \delta v \circ \nabla \right) \cdot T \right\} \tag{6.40}$$

Auf der rechten Seite von (6.40) hat sich nun der lineare, symmetrische GREENsche Verzerrungstensor gebildet, der im linearen, infinitesimalen Fall die sechs Komponenten gemäß (6.33) hat, die gleich den wahren, physikalischen Verzerrungen sind, wie es in (6.18) aufgeschrieben ist. Mit (6.15) können wir also (6.40) schreiben, nachdem wir noch über ein finites Volumen integriert und auf den ersten linken Term den GAUßschen Integralsatz (1.3) mit (2.19) angewendet haben.

$$\int_{(O)} \delta v \cdot k\,dF + \int_{(V)} \delta v \cdot w\,dV - \int_{(V)} \rho\,\delta v \cdot \ddot{s}\,dV = \int_{(V)} \mathfrak{f}\{\delta\Lambda \circ T\}\,dV \tag{6.41}$$

Nun läßt sich leicht verifizieren, daß mit einem Spaltenvektor $\underline{\varepsilon}$ gemäß (6.33) mit (6.18) und einem Spannungsvektor $\underline{\sigma}$ analog (1.14) gilt:

$$\mathfrak{f}\{\delta\Lambda \circ T\} \equiv \delta\underline{\varepsilon}_6^T\ \underline{\sigma}_6 \tag{6.42}$$

Dann ist also wegen (6.41) und (6.42) für jeden orthonormierten Parameterraum das Prinzip der virtuellen Arbeiten wie folgt gültig, wenn wir wieder auf die Matrixschreibweise übergehen

$$\int_{(V)} dV\rho\ \delta\underline{v}_3^T\ \ddot{\underline{s}}_3 + \int_{(V)} dV\ \delta\underline{\varepsilon}_6^T\ \underline{\sigma}_6 = \int_{(O)} dF\,\delta\underline{v}_3^T\ \underline{k}_3 + \int_{(V)} dV\ \delta\underline{v}_3^T\ \underline{w}_3 \tag{6.43}$$

dabei entspricht $\delta\underline{\varepsilon}_6^T$ einem virtuellen Verzerrungsfeld.

Man beachte beim Übergang von (6.41) zu (6.43), daß im Sinne der von uns festgelegten Nomenklatur gilt z.B.:

$$a \cdot b \equiv \underline{a}_3^T\ \underline{b}_3 \tag{6.44}$$

falls die Vektoren a und b auf orthonormierte Basen bezogen sind. In (6.43) kann nun mit den Ansätzen (3.34), (3.35) und (6.28) in üblicher Weise das virtuelle Verschiebungsfeld und das virtuelle Verzerrungsfeld eingesetzt werden. Dadurch entsteht die Elementgleichung

$$\underbrace{\int_{(V)} dV\rho\ \underline{\underline{\Phi}}_{3n}^T\ \ddot{\underline{s}}_3}_{\underline{\underline{M}}_{nn}\ \ddot{\underline{r}}_n} + \underbrace{\int_{(V)} dV\,\underline{\underline{B}}_{6n}^T\ \underline{\sigma}_6}_{\underline{\underline{K}}_{nn}\,\underline{r}_n - \underline{\Gamma}_n} = \underbrace{\int_{(O)} dF\ \underline{\underline{\Phi}}_{3n}^T \underline{k}_3}_{\underline{P}_n} + \underbrace{\int_{(V)} dV\ \underline{\underline{\Phi}}_{3n}^T \underline{w}_3}_{\underline{Z}_n} \tag{6.45}$$

Hiermit haben wir also unser Konzept aus Abschnitt 6.2 bestätigt, daß es in orthogonalen Parameterräumen ausreicht, nur die zum speziellen Koordinatensystem gehörige Kompatibilitätsmatrix mit Hilfe der Operatorenmatrix $\underline{\underline{O}}_{63}$ zu bestimmen, um das Prinzip der virtuellen Arbeiten in der Matrizenform (6.45) anwenden zu können. Dabei ist die Operatorenmatrix $\underline{\underline{O}}_{63}$ für jeden Parameterraum aus den Verzerrungs-Verschiebungsbeziehungen gemäß (6.32) bzw. (6.23) oder aus (6.15) neu zu ermitteln.

7 ALLGEMEINE FINITISIERUNGSBETRACHTUNGEN IN DER PHYSIK

Man kann beim Finitisieren einer physikalischen Problemgruppe von der Differentialgleichung ausgehen, von der Integralgleichung oder, wenn vorhanden, vom Variationsproblem. Man kann das ganze Gültigkeitsgebiet des Problems auf einmal betrachten unter Beachtung von Rand- und Anfangsbedingungen. Man kann aber auch das gesamte Gültigkeitsgebiet in passende Elemente zerlegen und auf Knotenpunkte abbilden. Wir sind bisher vom Variationsproblem ausgegangen und haben eine Knotenpunktstheorie abgeleitet.

Diese Methode kann man verallgemeinern, wenn man jeweils von den Differentialgleichungen der Problemgruppe ausgeht. Auf diese Weise kommt man zu Theorien der FEM für Strömungsaufgaben, für die Wellenfunktion der Atommechanik sowie Wärmeübergänge oder auch elektro-magnetische Probleme.

7.1 Die allgemeine Lösungsstrategie

Die Anfangs-Randwertprobleme für den linear-elastischen festen Körper, für Wärmeübergangsprobleme, für strömende Gase und Flüssigkeiten, für die Wellenmechanik(SCHRÖDINGER Gleichung) oder für den elektrischen und magnetischen Vektor (MAXWELL-Gleichungen) lassen sich auf die Formen bringen:

$$\underline{\underline{\nabla}}_{36}\,\underline{\Psi}_6 + \underline{f}_3 = 0 \qquad (7.1)$$

$$\underline{\nabla}_3^T\,\underline{\Psi}_3 + f = 0 \qquad (7.2)$$

$$\underline{\underline{\nabla}}^{(r)}_{33}\,\underline{\Psi}_3 + \underline{f}_3 = 0 \qquad (7.3)$$

(Ein linearer Differentialoperator wird auf ein gesuchtes Vektor- oder skalares Feld angewendet und dazu wird ein Kraftterm addiert.)

Hierin sind $\underline{\underline{\nabla}}_{36}$ und $\underline{\nabla}_3$ definiert gemäß (1.15) und (1.5), während die Matrix $\underline{\underline{\nabla\!\!\!\!r}}_{33}$ eine Rotationsbildung induziert, also es gilt:

$$\underline{\underline{\nabla\!\!\!\!r}}_{33}\,\underline{\Psi}_3 \equiv \underline{\nabla}_3 \times \underline{\Psi}_3 \tag{7.4}$$

Mit (1.5) folgt in drei Dimensionen aus (7.4)

$$\underline{\underline{\nabla\!\!\!\!r}}_{33} := \begin{bmatrix} 0 & -\frac{\partial}{\partial z} & \frac{\partial}{\partial y} \\ \frac{\partial}{\partial z} & 0 & -\frac{\partial}{\partial x} \\ -\frac{\partial}{\partial y} & \frac{\partial}{\partial x} & 0 \end{bmatrix} \tag{7.4a}$$

So ergibt sich mit (7.1) aus den LAME' NAVIER Gleichungen gemäß (2.76):

$$\underline{\Psi}_6 := \underline{\underline{W}}_{66}\,\underline{\underline{\nabla}}_{36}^T\,\underline{s}_3 \qquad \text{und} \tag{7.5}$$

$$\underline{f}_3 := \underline{w}_3 - \underline{\underline{\nabla}}_{36}\,\underline{q}_6\,\alpha_\vartheta\vartheta - \rho\,\underline{\ddot{s}}_3 \tag{7.6}$$

Im Falle von Temperaturleitungsproblemen, quantenmechanischen Aufgaben oder Strömungen:

$$\underline{\Psi}_3 := \varkappa\,\underline{\nabla}_3\,\vartheta, \quad \underline{\nabla}_3\Psi \text{ oder } \underline{\nabla}_3\varphi \tag{7.7}$$

und

$$f := Q - \frac{\partial\vartheta}{\partial t}, \; \frac{8\pi^2 m}{h^2}(E-U)\Psi$$

oder

$$f := \frac{1}{a^2}\left[\ddot{\varphi} + 2u_0\frac{\partial\dot{\varphi}}{\partial x} + u_0^2\frac{\partial^2\varphi}{\partial x^2}\right] \tag{7.8}$$

wobei bedeuten

$\varkappa$ ≙ *Temperaturleitvermögen*

Q ≙ *Temperaturquellendichte*

m ≙ *Masse eines Elektrons*

φ ≙ *Störgeschwindigkeitspotential, also* $\underline{v} = \underline{\nabla}_3\varphi + u_0 e_x$

a ≙ *Schallgeschwindigkeit*

u_o ≙ *Anströmgeschwindigkeit (Fluggeschwindigkeit)*

h ≙ *PLANCK'sches Wirkungsquantum*

E ≙ *Gesamtenergie (h ν)*

U ≙ *Potentielle Energie*

ψ ≙ *Wellenfunktion*

Aus den MAXWELL-Gleichungen ergibt sich für die Vektoren in (7.3):

$$\underline{\Psi}_3 := \underline{\underline{\nabla}}_{33}\, \underline{\mathfrak{E}}_3 \tag{7.9}$$

und

$$\underline{f}_3 := \frac{\mu}{c^2}\left[\varepsilon \frac{\partial^2 \underline{\mathfrak{E}}_3}{\partial t^2} + 4\pi\sigma \frac{\partial}{\partial t}\underline{\mathfrak{E}}_3\right] \tag{7.10}$$

wobei bedeuten:

c ≙ *Lichtgeschwindigkeit*

μ ≙ *die magnetische Permeabilität*

σ ≙ *Flächenladungsdichte*

ε/c ≙ *den Verschiebungsstrom*

$\mathfrak{E}_3$ ≙ *den elektrischen Feldvektor*

und

$$\underline{\underline{\nabla}}_{33}\, \underline{\mathfrak{H}}_3 = \frac{1}{C}\left[\varepsilon \frac{\partial \mathfrak{E}_3}{\partial t} + 4\pi\sigma \underline{\mathfrak{E}}_3\right] \tag{7.11}$$

liefert dann den magnetischen Feldvektor $\underline{\mathfrak{H}}_3$.

Es muß hier darauf hingewiesen werden, daß der NABLA-Operator in (7.7) nicht immer auf das gleiche Koordinatensystem bezogen ist. Wie man weiß, ist es bei Flüssigkeiten und Gasen zweckmäßig, Ortsvektoren zu verwenden, die immer den aktuellen Aufenthaltsort eines Masseteilchens angeben. Das nennt man die EULERsche-Beschreibung (vgl. dazu auch Abschnitt 10.1, "Die Parameterräume"). Weitere Ausführungen über die Ableitung von (7.2) findet man in [JOO-32] auf den Seiten 405ff. und 579, sowie in [FÖR-74] Seite 173. Über die MAXWELLschen-Gleichungen (7.3) orientiere man sich gegebenenfalls in [JOO-32] auf den Seiten 277ff.

Setzt man in (7.1) Näherungen für das Verschiebungsfeld $\underline{s}_3$ ein, in (7.2) Näherungen für das Temperaturfeld ϑ oder das Geschwindigkeitspotential φ respektive die Wellenfunktion Ψ und in (7.3) Näherungsfelder für den elektrischen und magnetischen Vektor $\underline{\mathfrak{E}}_3$ und $\underline{\mathfrak{H}}_3$, so erhält man in den Differentialgleichungen (7.1), (7.2) und (7.3) Residuen $\underline{RS}$ (x,y,z;t) $\neq$ 0.

Wir wollen die in den Näherungsansätzen vorhandenen freien Parameter später dazu ausnutzen, diese Residuen überall so klein wie möglich zu halten.

Zur Konstruktion von Näherungslösungen für unsere Differentialgleichungen teilen wir das gesamte Gültigkeitsgebiet V in l Untergebiete – in l finite Elemente – $\overset{(i)}{V}$ ein (i=1,2....l).

7.2 Die Grundgleichung der finiten Elemente in jedem Gebiet der Physik

Nun definieren wir ein spezielles Vektorsystem und bezeichnen dieses als "Intervallorthogonale-Parameter-Funktionen" $\overset{(i)}{\underline{\eta}}_r(x,y,z;t)$. Dazu verwenden wir eine Formfunktionsmatrix $\underline{\underline{\Phi}}_{rn}(x,y,z)$ und ein n-Tupel von freien Parameterwerten $\delta\underline{r}_n(t)$, die wir zu einem Spaltenvektor zusammenstellen (Knotenvektor). So kann man schreiben (für gewöhnlich ist r=3):

$$\overset{(i)}{\underline{\eta}}_r(x,y,z;t) := \begin{cases} \overset{(i)}{\underline{\underline{\Phi}}}_{rn}(x,y,z)\ \overset{(i)}{\delta\underline{r}}_n(t) & \text{in } \overset{(i)}{V} \\ \text{sonst} \equiv \text{Null} \end{cases} \tag{7.12}$$

Dabei ist r = 1 zu nehmen, wenn es sich um ein Skalar handelt, wie z.B. in (7.7), also bei der Temperaturverteilung der Wellenfunktion oder dem Potential. In diesem Fall ist auch anstelle der Matrix $\underline{\underline{\Phi}}_{rn}$ der Vektor $\underline{\Phi}_n^T$ zu setzen, weil dann mit den Formfunktionen $\Phi_K(\underline{x})$ gilt:

$$\overset{(i)}{\eta}_1 := \sum_{K=1}^{n} \overset{(i)}{\Phi}_K(\underline{x})\ \overset{(i)}{\delta r}_K(t) \tag{7.12a}$$

Aus (7.12) folgt eine Orthogonalität über V wie folgt:

$$\int_V dV \overset{(K)T}{\underline{\eta}_r}\,\overset{(i)}{\underline{\eta}_r} = \delta_{Ki}\int_{\overset{(i)}{V}} \overset{(i)T}{\underline{\eta}_r}\,\overset{(i)}{\underline{\eta}_r}\, dV \qquad (\delta_{Ki} \;\hat{=}\; \text{Kronecker-Symbol}) \tag{7.13}$$

Als Näherungen für das Verschiebungsfeld $\underline{s}_3$ in (7.5) und (7.6), für die Temperaturverteilungen ϑ, das Potential φ und die Wellenfunktion ψ in (7.7) und (7.8) sowie für den elektrischen Feldvektor in (7.9) und (7.10) verwenden wir im (i)-ten finiten Element die gleiche Struktur wie in (7.12), also

$$\overset{(i)}{\underline{\underline{\Phi}}}_{rn}(x,y,z)\,\overset{(i)}{\underline{r}_n}(t) =: \begin{cases} \overset{(i)}{\underline{s}_3} \\ \overset{(i)}{\vartheta}\,,\ \overset{(i)}{\varphi} \text{ oder } \overset{(i)}{\psi} \\ \overset{(i)}{\underline{\mathfrak{E}}_3} \end{cases} \tag{7.14}$$

Diese Näherungsansätze in $\overset{(i)}{V}$ erzeugen Residuen $\underline{RS}$ in V, die wir mit Hilfe von (7.12) darstellen wollen. So kommt die Struktur (im Falle von (2.76) z.B.):

$$\begin{aligned} \underline{\underline{\nabla}}_{36}\underline{\Psi}_6\left[\underline{\underline{\Phi}}_{3n}\,\underline{r}_n\right] + \underline{f}_3\left[\underline{\underline{\Phi}}_{3n}\,\underline{r}_n\right] \equiv \underline{RS}_3 &= \sum_{i=1}^{l} a_i\,\overset{(i)}{\underline{\eta}_3} + \underline{\text{RESTFEHLER}} \\ &\approx \sum_{i=1}^{l} a_i\,\overset{(i)}{\underline{\eta}_3} \end{aligned} \tag{7.15}$$

Hiermit folgt für den Betrag des Residuums in jedem finiten Element j:

$$\int_{\overset{(j)}{V}} \underline{RS}_3^T\,\underline{RS}_3\, dV = \sum_{i=1}^{l} a_i \sum_{k=1}^{l} a_k \int dV\,\overset{(i)T}{\underline{\eta}_3}\,\overset{(k)}{\underline{\eta}_3} = a_j^2 \int dV\,\overset{(j)T}{\underline{\eta}_3}\,\overset{(j)}{\underline{\eta}_3} \tag{7.15a}$$

$l \;\hat{=}$ Anzahl der Elemente $\qquad j=1(1)l$

Vorerst sollen die Koeffizienten a_i so gewählt werden, daß gilt:

$$\underline{RS}_3 - \sum_{i=1}^{l} a_i\,\overset{(i)}{\underline{\eta}_3} = \underline{\text{RESTFEHLER}} \overset{!}{=} \text{Minimum} \tag{7.16}$$

Hieraus folgt mit der Norm des HILBERT-Raumes

$$\frac{\partial}{\partial a_K} \int_V dV \left[\underline{RS}_3 - \sum_{i=1}^{l} a_i \overset{(i)}{\underline{\eta}}_3\right]^T \left[\underline{RS}_3 - \sum_{i=1}^{l} a_i \overset{(i)}{\underline{\eta}}_3\right] = 0 \tag{7.17}$$

Das ist

$$-\int_V dV \overset{(K)}{\underline{\eta}}{}_3^T \left[\underline{RS}_3 - \sum_{i=1}^{l} a_i \overset{(i)}{\underline{\eta}}_3\right] - \int_V dV \left[\underline{RS}_3 - \sum_{i=1}^{l} a_i \overset{(i)}{\underline{\eta}}_3\right]^T \overset{(K)}{\underline{\eta}}_3 = 0$$

Hieraus folgt unter Beachtung von (7.12)

$$\int_V dV \overset{(K)}{\underline{\eta}}{}_3^T \underline{RS} \equiv \int_{\left(\overset{(K)}{V}\right)} dV \overset{(K)}{\underline{\eta}}{}_3^T \underline{RS} = \sum_{i=1}^{l} a_i \int_V dV \overset{(K)}{\underline{\eta}}{}_3^T \overset{(i)}{\underline{\eta}}_3$$

Mit der Orthogonalität (7.13) und (7.15) kommt dann

$$a_K = \frac{1}{\int_{\left(\overset{(K)}{V}\right)} \overset{(K)}{\underline{\eta}}{}_3^T \overset{(K)}{\underline{\eta}}_3 \, dV} \left\{ \int_{\left(\overset{(K)}{V}\right)} dV \overset{(K)}{\underline{\eta}}{}_3^T \overset{\curvearrowright}{\underline{\underline{\nabla}}_{36} \underline{\Psi}_6} + \int_{\left(\overset{(K)}{V}\right)} dV \overset{(K)}{\underline{\eta}}{}_3^T \underline{f}_3 \right\} \tag{7.18}$$

Wir verwenden nun die in $\underline{\Psi}$ und $\underline{f}$ vermöge (7.14) enthaltenen noch freien Parameter – Knotenpunktsgrößen $\overset{(i)}{\underline{r}}_n(t)$ – dazu, die geschweifte Klammer in (7.18) zu Null zu machen. So bekommen wir $a_K = 0$ (K=1,2....l) und dadurch wegen (7.15a) ein kleinstmögliches Residuum $\underline{RS}$ in V. Da wir im folgenden die Knotenpunktsgrößen in der geschweiften Klammer in (7.18) so ermitteln, daß diese Null werden , sind schließlich diese Knotenpunktsgrößen derart berechnet, daß das Residuum $\underline{RS}_3$ aus (7.15) möglichst klein wird oder anders gesagt, die Differentialgleichung des Problems durch (7.14) optimal befriedigt wird, vgl. dazu auch (7.15a). Die $\overset{(K)}{\underline{\eta}}_3$ in (7.18) werden in der Literatur oft als Gewichtsfunktionen bezeichnet. Für den ersten Term in der geschweiften Klammer von (7.18) gilt nach der Produktregel

$$\int_{\left(\overset{(K)}{V}\right)} dV \overset{(K)}{\underline{\eta}}{}_3^T \overset{\curvearrowright}{\underline{\underline{\nabla}}_{36} \underline{\Psi}_6} = \int_{\left(\overset{(K)}{V}\right)} dV \overset{(K)}{\underline{\eta}}{}_3^T \underline{\underline{\nabla}}_{36} \underline{\Psi}_6 - \int_{\left(\overset{(K)}{V}\right)} dV \overset{\curvearrowleft}{\overset{(K)}{\underline{\eta}}{}_3^T \underline{\underline{\nabla}}_{36}} \underline{\Psi}_6 \tag{7.19}$$

Gemäß (1.18) gilt nun nach GAUß:

$$\int\limits_{\binom{(K)}{V}} dV \, \overset{(K)}{\underline{n}}{}_3^T \, \underline{\underline{\nabla}}_{36} \, \underline{\Psi}_6 \quad = \quad \int\limits_{\binom{(K)}{0}} \overset{(K)}{\underline{n}}{}_3^T \, \underline{\underline{N}}_{36} \, \underline{\Psi}_6 \, dF \tag{7.20}$$

Für $a_K = 0$ in (7.18) ergibt sich nun mit (7.19) und (7.20)

$$\int\limits_{\binom{(K)}{V}} dV \, \overset{(K)}{\underline{n}}{}_3^T \, \overset{\curvearrowleft}{\underline{\underline{\nabla}}}_{36} \, \underline{\Psi}_6 \quad = \quad \int\limits_{\binom{(K)}{0}} dF \, \overset{(K)}{\underline{n}}{}_3^T \underline{\underline{N}}_{36} \underline{\Psi}_6 \; + \; \int\limits_{\binom{(K)}{V}} dV \, \overset{(K)}{\underline{n}}{}_3^T \, \underline{f}_3 \tag{7.21}$$

Im Falle des festen Körpers ist die linke Seite dieser Gleichung identisch mit der Elementsteifigkeitsmatrix $\overset{(i)}{\underline{\underline{K}}}_{nn}$ aus (3.41).

Mit (7.7), (7.12) und (7.14) kommt im skalaren Fall für die Steifigkeitsmatrix aus (7.21), wenn

$$\vartheta(x,y,z;t) \; := \; \sum_{i=1}^{n} \Phi_i\,(x,y,z)\; r_i(t)$$

$$\varphi(x,y,z;t) \; := \; \sum_{i=1}^{n} \Phi_i\,(x,y,z)\; r_i(t)$$

$$\Psi(x,y,z;t) \; := \; \sum_{i=1}^{n} \Phi_i\,(x,y,z)\; r_i(t)$$

entsprechend (7.14) genommen wird; z.B. im Falle von Wärmeleitungsproblemen:

$$\overset{(K)}{\underline{\underline{K}}}_{nn} \; := \; \varkappa \int\limits_{\binom{(K)}{V}} dV \; \overset{\curvearrowleft}{\underline{\Phi}_n \; \underline{\nabla}_3^T} \; \overset{\curvearrowright}{\underline{\nabla}_3 \; \underline{\Phi}_n^T} \tag{7.21a}$$

wobei

$$\underline{\Phi}_n^T \; := \; \left[\Phi_1, \Phi_2, \Phi_3, \ldots, \Phi_n\right] \tag{7.21b}$$

Hingegen wird die Steifigkeitsmatrix im elektro-magnetischen Fall mit (7.4a) und (7.9):

$$\overset{(K)}{\underline{\underline{K}}}_{nn} = \int_{\left(\overset{(K)}{V}\right)} dV \; \underline{\underline{\Phi}}^{T}_{3n} \; \underline{\underline{\nabla}}_{33} \; \underline{\underline{\nabla}}^{T}_{33} \; \underline{\underline{\Phi}}_{3n} \qquad (7.21c)$$

wobei gilt:

$$\overset{(K)}{\underline{\varphi}}_{3} := \overset{(K)}{\underline{\underline{\Phi}}}_{3n} \overset{(K)}{\underline{r}}_{n} \qquad (7.21d)$$

In (7.21) bedeutet $\underline{\underline{N}}$ die jeweilige Entsprechung zum NABLA-Operator, so wie (1.16) zu (1.15).

Setzt man nun in (7.21) $\overset{(K)}{\underline{\eta}}$ nach (7.12) und den Ansatz (7.14) gemäß (7.5) und (7.6), (7.7) und (7.8) sowie (7.9) und (7.10) ein, so können die Knotenpunktsgrößen $\underline{r}_n(t)$ dazu verwendet werden, (7.21) zu befriedigen.

Dann erhält man durch kompatibles Zusammensetzen der Elementgleichungen - wie in (4.2) oder (4.5) geschehen - ein großes homogenes oder inhomogenes System linearer Gleichungen zur Ermittlung der Knotengrößen. Dabei müssen dann wieder die Randbedingungen analog zu (4.17) beachtet werden.

Damit ist die FEM (Finite Element Methode) auf alle Problemgruppen der Physik übertragbar, die sich durch lineare Differentialgleichungen formulieren lassen!

7.3 Verschiedene Medien in einem Integrationsgebiet

Durch die Gleichung (7.21) haben wir eine finite Gleichung gefunden, die sich auf verschiedene Medien anwenden läßt.

Deshalb betrachten wir als Beispielsfall in diesem Abschnitt die Schwingungsbewegungen eines Festkörpers in strömender Luft. Damit haben wir ein Grundproblem der Luftfahrttechnik angerissen. Hier bezeichnet man solche Vorgänge, wenn es sich um Schwingungsbewegungen mit wachsender Amplitude handelt, als Potentialflattern oder dynamische Instabilität (vgl. dazu [FÖR-74] und [ARG-88]).

Die Grundkonfiguration dazu ist in BILD 7.1 dargestellt.

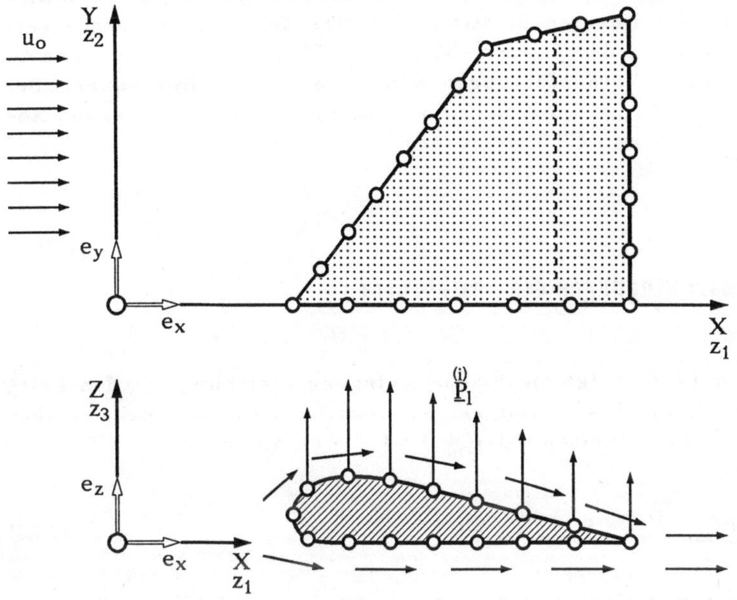

BILD 7.1: Umströmung und Auftriebskräfte an einem Dreiecksflügel, der entsprechend seiner i-ten Eigenform ausgelenkt ist.

Die homogene Strömung, mit der der Flügel angeströmt wird, habe die Geschwindigkeit u_o, so daß gilt:

$$v_o = u_o e_x \tag{7.22}$$

So wie man sich beim Festkörper am Anfang einer Rechnung über die Art des Werkstoffes oder Aufbaues Gedanken machen muß, ist es bei einer Strömungsaufgabe erforderlich, die spezielle Art der Strömung zu beschreiben.

Wir wollen z.B. annehmen, unser Flügel gemäß BILD 7.1 sei durch eine

a) *reibungsfreie*
b) *rotationsfreie* (Potentialströmung)

Strömung umströmt.

Die Differentialgleichung einer solchen instationären Potentialströmung kleiner Störungen haben wir in (7.2) mit (7.7) und (7.8) gemäß [FÖR-74] Seite 173 Formel (3.80) angegeben. "Kleine Störungen" bedeutet in diesem Fall, die Auslenkungen des Festkörpers bleiben zu allen Zeiten "unendlich klein" im Sinne der linearen Elastizitätstheorie. Genau diese Voraussetzungen sind geeignet, das Flatterproblem von Flügeln und Leitwerken zu lösen. Nach diesen Voraussetzungen können wir die Schwingungen des Flügels in der Strömung in drei Schritten, entsprechend den folgenden Abschnitten 7.3.1, 7.3.2 und 7.3.3, berechnen.

7.3.1 Die Eigenschwingungen des Festkörpers

Aus (7.21) oder (4.16) folgt die Eigenschwingungsgleichung für den Festkörper, wenn wir die Kraftterme auf der rechten Seite Null nehmen. Bezeichnen wir die Eigenformen mit $\overset{(i)}{\underline{c}}_m$ (i = 1, 2 ...e), so kommt:

$$\underline{\underline{MS}}_{mm} \ddot{\overset{(i)}{\underline{c}}}_m + \underline{\underline{S}}_{mm} \overset{(i)}{\underline{c}}_m = 0 \tag{7.23}$$

Hierin bedeutet m diejenige Dimension, die sich aus (4.17) für $\underline{\underline{S}}_{11}$ nach Einführung der Randbedingungen ergibt (vgl. dazu BILD 7.1).

Setzen wir als Lösungsvektor von (7.23) an

$$\overset{(i)}{\underline{c}}_m := \overset{(i)}{\underline{y}}_m e^{\lambda_i t} \tag{7.24}$$

so kommt aus (7.23)

$$\left[\underline{\underline{MS}}_{mm} \lambda_i^2 + \underline{\underline{S}}_{mm} \right] \overset{(i)}{\underline{y}}_m = 0 \tag{7.25}$$

(7,24) ist der bekannte Schwingungsansatz, mit dessen Hilfe die Zeit aus (7.23) eliminiert wird. Der Vektor $\overset{(i)}{\underline{y}}_m$ in (7.24) stellt die "Anzupffigur" für die i-te Eigenform zur Zeit t=0 dar.

Die Eigenwertaufgabe (7.25) ist nach den Methoden der finiten Elemente in konventioneller Weise zu lösen.

Die sich ergebenden e Eigenformen $\overset{(i)}{\underline{y}}_m$ und e reellen Eigenwerte λ_i(i = 1,2 ...e) speichern wir für die nächste Problemstellung ab.

Die Eigenschwingungen des Systems (7.23) werden durch die Realteile von $\underline{y}_m^{(i)} e^{\lambda_i t}$ geliefert. Die λ_i sind nämlich im allgemeinen rein imaginär.

Es muß schon hier bemerkt werden, daß alle folgenden Rechnungen eine komplexe Algebra erfordern.

7.3.2 Die Geschwindigkeitsverteilungen für die Eigenformen in der Strömung

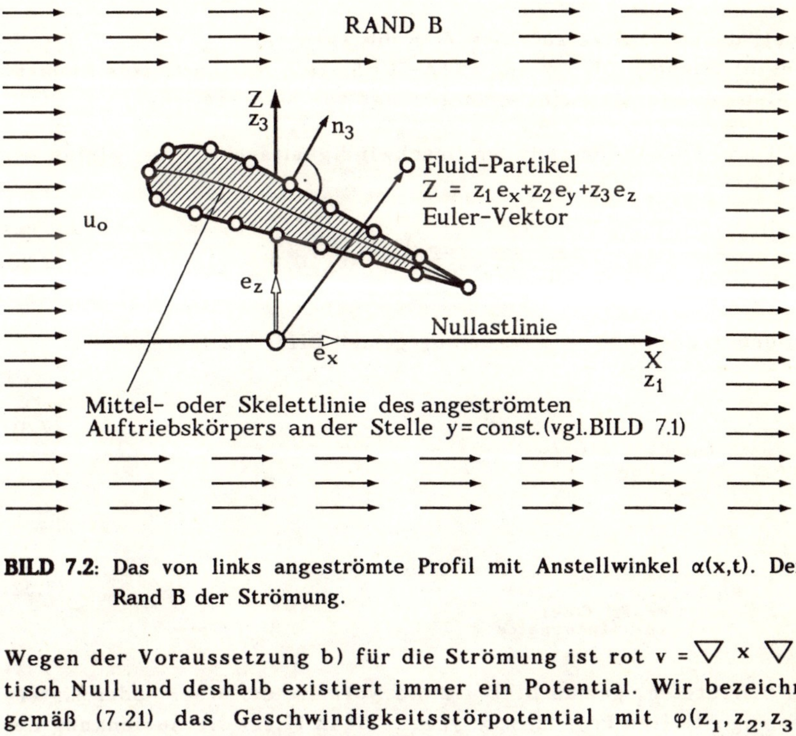

BILD 7.2: Das von links angeströmte Profil mit Anstellwinkel $\alpha(x,t)$. Der äußere Rand B der Strömung.

Wegen der Voraussetzung b) für die Strömung ist rot v = $\nabla \times \nabla \varphi$ identisch Null und deshalb existiert immer ein Potential. Wir bezeichnen nun gemäß (7.21) das Geschwindigkeitsstörpotential mit $\varphi(z_1, z_2, z_3; t)$ und stellen es durch die angesetzten Formfunktionen $\Phi_i(z_1, z_2, z_3)$ und die Knotenpunktswerte $r_i(t)$ dar. Also gilt:

$$\varphi(z_1, z_2, z_3, t) := \sum_{i=1}^{n} \Phi_i(\underline{z})\, r_i(t) \equiv \underline{\Phi}_n^T \underline{r}_n \tag{7.26}$$

Hierin bedeutet

$$\underline{\Phi}_n^T := \left[\Phi_1, \Phi_2, \ldots, \Phi_n\right] \tag{7.27}$$

den Formfunktionenvektor und

$$\underline{r}_n^T := \left[r_1, r_2, \ldots, r_n\right] \tag{7.28}$$

den Knotenpunktsvektor des Störpotentials. Als Ortsvektor für das Potential haben wir den sogenannten EULERschen Ortsvektor (vgl. BILD 7.2)

$$\underline{z}_3^T = (z_1, z_2, z_3) \tag{7.29}$$

verwendet, dessen Spitze zu jeder Zeit die aktuelle Lage eines Luftteilchens angibt (siehe BILD 7.2 und [SZA-56] Seite 379). Ein finites Element enthält also zu jeder Zeit eine andere Menge von Masseteilchen.

Mit (7.22) und (7.26) läßt sich der Geschwindigkeitsvektor des Fluids wie folgt angeben

$$\underline{v}_3^T := \left(u_0 + \frac{\partial\varphi}{\partial z_1}, \frac{\partial\varphi}{\partial z_2}, \frac{\partial\varphi}{\partial z_3}\right) \equiv (u_0, 0, 0) + \underline{v}_{s3}^T \tag{7.30}$$

Die Randbedingungen für die Strömung gemäß BILD 7.2 lauten

$$\underline{v}_3\Big/_{\text{auf B}} = \begin{pmatrix} u_0 \\ 0 \\ 0 \end{pmatrix} \tag{7.31}$$

und

$$\underline{n}_3^T \underline{v}_3\Big/_{\substack{\text{Profil Ober-}\\\text{und Unterseite}}} = \dot{w} \tag{7.32}$$

In (7.32) bedeutet $\underline{n}_3$ gemäß BILD 7.2 die Normale der Ober- oder Unterseite des angestellten Profils, w(x, y, z, t) ist in (7.32) die Auslenkung des festen Körpers oder eines Profilpunktes in z-Richtung. Wegen der Reibungsfreiheit gemäß Voraussetzung a) braucht das Fluid tangential zum Profil keiner Randbedingung unterworfen zu werden. Die Randbedingung (7.32) längs des Profils heißt die "dynamische Randbedingung". Da die Randbedingungen für die Strömung durch Geschwindigkeiten formuliert sind, setzen wir zweckgemäß auch für die Geschwindigkeitsvektoren der

Störgeschwindigkeit $\underline{v}_{s3}$ Formfunktionen ψ_i (z_1, z_2, z_3) mit Knotenpunktsstützstellen $\rho_i(t)$ an. Dann gilt wegen (7.7):

$$\underline{v}_{s3} = \underline{\psi}_3 \tag{7.33}$$

Unter Beachtung von (3.7) und (3.9) kommt so mit der Formfunktionsmatrix $\underline{\underline{\psi}}_{3n^*}$ für die Störgeschwindigkeit

$$\underline{\psi}_3 := \underline{\underline{\psi}}_{3n^*}(\underline{z})\, \underline{\rho}_{n^*}(t) = \underline{v}_{s3} \tag{7.34}$$

Nun folgt für die Werte der Störgeschwindigkeiten auf dem Rande B gemäß BILD 7.2 unter Beachtung von (7.31) und (7.30), (7.33) sowie (7.34)

$$\rho_i /_{\text{auf B}} \equiv 0 \tag{7.35}$$

Die Matrix $\underline{\underline{\psi}}_{3n^*}(\underline{z})$ ist gemäß (3.9) die Formfunktionsmatrix der Formfunktionen $\psi_i(z_1, z_2, z_3)$ für die Störgeschwindigkeit des Fluids.

Die Normalen $\underline{n}_3$ gemäß BILD 7.2 längs der Knotenpunkte der Ober- und Unterseite des Profils lassen sich mit Hilfe der Anstellwinkel $\alpha_j(\underline{x},t)$ wie folgt schreiben:

$$\underline{n}_3 = \pm\, (\sin\alpha_j,\ 0,\ \cos\alpha_j) \qquad (+\text{oben; } -\text{unten}) \tag{7.36}$$

Da es sich beim angestellten Profil zu allen Zeiten um "unendlich kleine" Auslenkungen im Sinne der linearen Elastizitätstheorie handeln soll, kommt aus (7.36)

$$\underline{n}_3^T = \pm\, (\alpha_j, 0, 1) \tag{7.37}$$

Setzen wir nun (7.30) und (7.37) in (7.32) ein, so erhält man leicht, wenn man (7.33) und (7.34) beachtet

$$u_0\, \alpha_j \pm \underline{n}_3^T\, \underline{\underline{\psi}}_{3n^*} \underline{\rho}_{n^*} /_{\substack{\text{An den}\\ \text{Knotenpunkt}}} \overset{!}{=} \dot{w} /_{\substack{\text{An den}\\ \text{Knotenpunkt}}} \tag{7.38}$$

Jetzt darf man noch in (7.38) das $\underline{n}_3^T$ aus (7.37) durch den Vektor (0, 0, 1) ersetzen, weil $\alpha(\underline{x},t)$ identisch sehr klein sein soll. Im 1. Term auf der linken Seite von (7.38) hingegen behalten wir das $\alpha_j u_0$ bei, weil die Störgeschwindigkeiten sehr klein gegen u_0 sind. Nach dieser Betrachtung läßt sich die dynamische Randbedingung für die Strömung gemäß (7.38) wie folgt notieren:

$$\dot{w}\Big/_{\substack{\text{An den}\\ \text{Knotenpunkten}\\ \text{der Grenzlinien}}} \mp u_O\, \alpha_j(\underline{x},t) = \pm\,(0,\ 0,\ 1)\ \underline{\underline{\psi}}_{3n^*}\,\underline{\rho}_{n^*}\Big/_{\substack{\text{An den}\\ \text{Knotenpunkten}}} \tag{7.39}$$

Nun sind gemäß unserem Ansatz (7.33) und (7.34) die Strömungsgeschwindigkeiten an den Knotenpunkten längs des Profils durch die entsprechenden Knotenpunktsgeschwindigkeitswerte ρ_j gegeben. Beachtet man weiter, daß sich die Verschiebungen des Festkörpers gemäß (3.3) mit einem Formfunktionenvektor entsprechend (7.27) wie folgt schreiben lassen:

$$w(\underline{x},t) = \underline{\hat{\Phi}}_n^T(\underline{x})\ \underline{d}_n(t) \tag{7.40}$$

wobei $d_j(t)$ die Knotenpunktsverschiebungen auf der Ober- oder Unterseite des Profils bedeuten, so kommt aus (7.40)

$$\dot{w} = \underline{\hat{\Phi}}_n^T(\underline{x})\ \dot{\underline{d}}_n(t) \tag{7.41}$$

woraus man erkennt, daß wegen (4.1) durch $\dot{d}_j$ die Gesamtstrukturknotenpunktsgeschwindigkeiten des festen Körpers gegeben sind. Dann kommt aus (7.39) mit BILD 7.1 und BILD 7.3 für einen Knotenpunkt j

$$\pm gs_j(t) = \dot{d}_j \mp u_O\, \alpha_j \qquad (j = 1,2 \ldots l) \tag{7.42}$$

Hierin bedeuten die gs_i aus $\underline{gs}_j$ die Gesamtfluidstrukturknotenpunktsstörgeschwinkigkeiten in z_3-Richtung (vgl. (7.42) und BILD 7.3) von denjenigen Knotenpunkten, wo Fluid und Festkörper zusammenstoßen (siehe BILD 7.3 Grenzfläche)!

Die gesamte Geschwindigkeit der Strömung v_j senkrecht zur Profiloberfläche am Knotenpunkt j oben oder unten beträgt gemäß BILD 7.4

$$\pm u_O \alpha_j \pm \rho_j = v_j \qquad (+\text{oben}, -\text{unten})$$

Aus der Gleichheit von Profilgeschwindigkeit $\dot{d}_j$ mit der Strömungsgeschwindigkeit kommt dann grafisch mit BILD 7.4 wieder (7.42).

Nun setzen wir für alle Verformungsgrößen analog zu (7.24) an:

$$gs_j = \overset{(i)}{gs}_j\, e^{\lambda_i t}$$

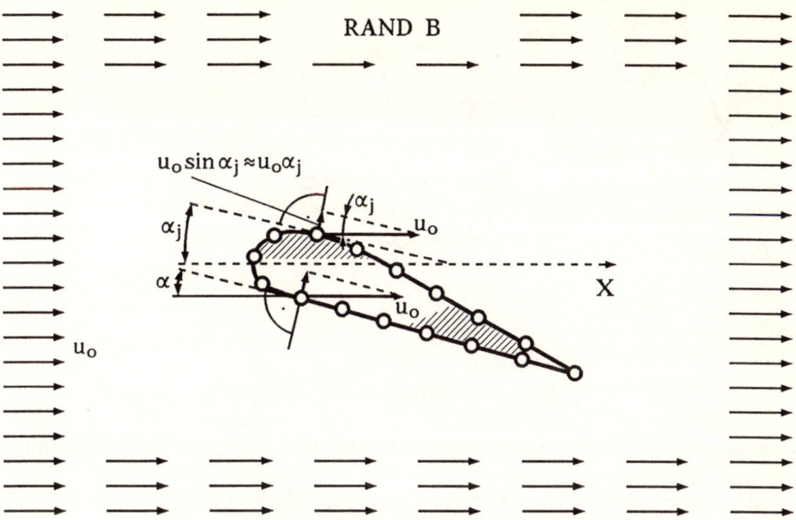

BILD 7.3: Normalgeschwindigkeit v_j der Strömung auf der Profiloberfläche mit lokalem Anstellwinkel α_j.

$$d_j = \overset{(i)}{d_j}\, e^{\lambda_i t} \qquad (j = 1,2, \dots, l)$$
$$\alpha_j = \overset{(i)}{\alpha_j}\, e^{\lambda_i t} \tag{7.43}$$

Dabei sind die d_j diejenigen Knotenpunktsverschiebungen des Profils, die alle in $\overset{(i)}{\underline{c}}_m$ aus (7.24) enthalten sind und auf dem Rande des Profils gemäß BILD 7.2 und 7.3 liegen.

Hiermit kommt aus (7.42)

$$\pm \overset{(i)}{gs}_j = \lambda_i \overset{(i)}{d_j} \mp u_0 \overset{(i)}{\alpha_j} \tag{7.44}$$

Hierin ergeben sich die $\overset{(i)}{d_j}$, die $\overset{(i)}{\alpha_j}$ und die λ_i aus dem Eigenwertproblem (7.25). Deshalb sind diese Größen für das Strömungsproblem als bekannt vorauszusetzen. Die dynamische Randbedingung (7.44) ist nur deshalb so einfach und handlich geworden, weil wir durch (7.34) auch für das Geschwindigkeitsfeld der Strömung einen Formfunktionsansatz mit Knotenpunktsgeschwindigkeiten $\underline{\varrho}_{n*}$ gemacht haben.

Aus der Gleichgewichtsbedingung (7.21) erhält man dann mit (7.34) und

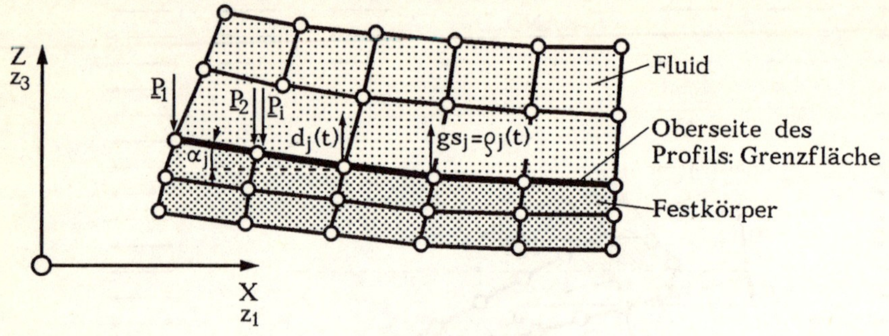

$d_j(t) \triangleq$ Festkörperverschiebung

$\varrho_j(t) = gs_j(t) \triangleq$ Fluidknotenpunktsstörgeschwindigkeit

BILD 7.4: Finite Elemente des gasförmigen und festen Körpers an der Grenzlinie.

(7.26) für das k-te finite Element des Fluids, wenn man (7.2) und (7.8) berücksichtigt:

$$\left[\int\limits_{\binom{(k)}{V}} dV \overset{(k)}{\underline{\Phi}}_n \; \underline{\overset{z}{\nabla}}_3^T \; \underline{\underline{\psi}}_{3n^*}\right] \underline{\varrho}_{n^*} = \left\{\int\limits_{\binom{(k)}{0}} dF \overset{(k)}{\underline{\Phi}}_n \; \underline{n}_3^T \; \underline{\underline{\psi}}_{3n^*}\right\} \underline{\varrho}_{n^*}$$

$$-\frac{1}{a^2}\int\limits_{\binom{(k)}{V}} dV \overset{(k)}{\underline{\Phi}}_n \left[\underline{\Phi}_n^T \ddot{\underline{r}}_n + 2u_0 \frac{\partial \underline{\Phi}_n^T}{\partial x} \dot{\underline{r}}_n + u_0^2 \frac{\partial^2 \underline{\Phi}_n^T}{\partial x^2} \underline{r}_n\right] \qquad (7.45)$$

In der Gleichung (7.45) treten noch die beiden Knotenpunktsvektoren $\underline{\varrho}_{n^*}$ und $\underline{r}_n$ auf, wobei $n^* = 3n$ gilt. Nun besteht per definitionem zwischen Potential- und Geschwindigkeitsfeld die Beziehung

$$\underline{v}_{s3} = \underline{\overset{z}{\nabla}}_3 \varphi \qquad (7.46)$$

Allerdings wird sich mit $\underline{\Phi}_n$ aus (7.26) und $\underline{\underline{\psi}}_{3n^*}$ aus (7.34) und den darin enthaltenen Ansatzfunktionen die Gleichung (7.46) nicht befriedigen lassen. Deshalb sorgen wir dafür, daß der Defekt im Element minimiert wird. Dann kommt mit (7.46) für den Defekt $\underline{\delta}_3$, wenn man (7.26) und (7.34) beachtet:

$$\underline{\underline{\psi}}_{3n^*}\,\underline{\varrho}_{n^*} - \underline{\nabla}_3\,\underline{\Phi}_n^T\,\underline{r}_n = \underline{\delta}_3 \qquad (7.47)$$

Jetzt fordern wir als Minimierungsbedingung

$$\frac{\partial}{\partial r_i}\int\limits_{\binom{(k)}{V}} dV\,\underline{\delta}_3^T\,\underline{\delta}_3 \overset{!}{=} 0 \qquad (i = 1 \,..\, n) \qquad (7.48)$$

und beachten, daß gilt:

$$\frac{\partial \underline{\delta}_3}{\partial r_i} = -\underline{\nabla}_3\,\underline{\Phi}_n^T \begin{bmatrix} 0 \\ 0 \\ \vdots \\ 1 \\ \vdots \\ 0 \\ 0 \end{bmatrix} \quad \text{1 an der i-ten Stelle} \qquad (7.49)$$

Mit

$$\overset{(i)T}{\underline{e}_n} := \left[0,\, 0, \ldots, \underset{\substack{\uparrow \\ \text{an der i-ten Stelle}}}{1}, \ldots, 0\,, 0\right] \qquad (7.50)$$

erhält man aus (7.48) mit (7.47):

$$\overset{(i)T}{\underline{e}_n}\int\limits_{\binom{(k)}{V}} dV\,\underline{\Phi}_n\,\underline{\nabla}_3^T\left[\underline{\underline{\psi}}_{3n^*}\,\underline{\varrho}_{n^*} - \underline{\nabla}_3\,\underline{\Phi}_n^T\,\underline{r}_n\right] = 0 \qquad (i = 1,\, 2 \ldots n) \qquad (7.51)$$

Wie man erkennt, steht unter dem Integral in (7.51) ein Spaltenvektor von der Länge n. Durch die Multiplikation mit $\overset{(i)T}{\underline{e}_n}$ von links wird aus diesem Spaltenvektor für jedes i ein Element zu Null gefordert. Also dürfen wir das gesamte Integral in (7.51) Null setzen, weil dadurch die gleiche Forderung erhoben wird, nämlich daß jede Komponente des n-elementigen Spaltenvektors Null sei.

Dann können wir mit den Definitionen (vgl. dazu auch (7.75))

$$\overset{(k)}{\underline{\underline{A}}}_{nn^*} := \int\limits_{\binom{(k)}{V}} dV\,\underline{\Phi}_n\,\underline{\nabla}_3^T\,\underline{\underline{\psi}}_{3n^*} \qquad (7.52)$$

und

$$\overset{(k)}{\underline{\underline{B}}}_{nn} := \int_{\left(\overset{(k)}{V}\right)} dV\, \underline{\Phi}_n \, \underline{\overset{z}{\nabla}}_3^T \, \underline{\overset{z}{\nabla}}_3 \, \underline{\Phi}_n^T \tag{7.53}$$

(7.51) wie folgt schreiben

$$\underline{r}_n = \overset{(k)}{\underline{\underline{B}}}{}_{nn}^{-1} \, \overset{(k)}{\underline{\underline{A}}}_{nn^*} \, \underline{\rho}_{n^*} \tag{7.54}$$

Beachten wir nun wieder den periodischen Zeitansatz gemäß (7.24) und (7.43), so kommt:

$$\begin{aligned} \underline{\rho}_{n^*} &= \overset{(i)}{\underline{\rho}}_{n^*} \, e^{\lambda_i t} \\ \underline{r}_n &= \overset{(i)}{\underline{r}}_n \, e^{\lambda_i t} \end{aligned} \tag{7.55}$$

Setzen wir jetzt (7.54) und (7.55) in (7.45) ein, so erhalten wir schließlich für ein finites Element folgende Gleichung:

$$\begin{aligned} \Bigg\{ & \int_{\left(\overset{(k)}{V}\right)} dV \left(\underline{\Phi}_n \, \underline{\overset{z}{\nabla}}_3^T \right) \underline{\underline{\psi}}_{3n^*} - \int_{\left(\overset{(k)}{O}\right)} dF \, \underline{\Phi}_n \, \underline{n}_3^T \, \underline{\underline{\psi}}_{3n^*} - \\ & - \frac{1}{a^2} \int_{\left(\overset{(k)}{V}\right)} dV \, \underline{\Phi}_n \left(\underline{\Phi}_n^T \lambda_i^2 + 2\, u_O \frac{\partial \underline{\Phi}_n^T}{\partial x} \lambda_i - u_O^2 \frac{\partial^2 \underline{\Phi}_n^T}{\partial x^2} \right) \underline{\underline{B}}_{nn}^{-1} \underline{\underline{A}}_{nn^*} \Bigg\} \; \overset{(i)}{\underline{\rho}}_{n^*} = 0 \end{aligned} \tag{7.56}$$

In (7.56) wurde die Elementkennzeichung "K" weggelassen, weil sich alle Vektoren und Matrizen unter den Integralen ohnehin nur auf das (k)-te Element beziehen. Um (7.56) bequemer schreiben zu können, definieren wir folgende Matrizen:

$$\overset{(i)}{\underline{\underline{K}}}_{nn^*} := \int_{\left(\overset{(k)}{V}\right)} dV \, \underline{\Phi}_n \left\{ \underline{\overset{z}{\nabla}}_3^T \, \underline{\underline{\psi}}_{3n^*} - \left[\left(\frac{\lambda_i^2}{a^2} \right) \underline{\Phi}_n^T + \frac{2 u_O \lambda_i}{a^2} \frac{\partial \underline{\Phi}_n^T}{\partial x} - \left(\frac{u_O}{a} \right)^2 \frac{\partial^2 \underline{\Phi}_n^T}{\partial x^2} \right] \underline{\underline{B}}_{nn}^{-1} \, \underline{\underline{A}}_{nn^*} \right\} \tag{7.57}$$

Wegen der Beziehung (7.46) ist es zweckmäßig, die Ansatzfunktionen, also die Formfunktionen, in $\underline{\underline{\psi}}_{3n^*}$ einen Grad niedriger als diejenigen in $\underline{\Phi}_n$ zu wählen.

Der Index i in (7.57) bezieht sich auf die i-te Eigenschwingungszahl des Festkörpers aus (7.25).

$$\underline{\underline{P}}_{nn^*} := - \int\limits_{\binom{(k)}{0}} dF \, \underline{\Phi}_n \, \underline{n}_3^T \, \underline{\underline{\psi}}_{3n^*} \tag{7.58}$$

Jetzt läßt sich (7.56) mit (7.57) und (7.58) wie folgt schreiben

$$\left(\overset{(i)}{\underline{\underline{K}}}_{nn^*} + \underline{\underline{P}}_{nn^*} \right) \overset{(i)}{\underline{\rho}}_{n^*} = 0 \tag{7.59}$$

Die Gleichung (7.59) ist per definitionem eine Elementgleichung.

Diese Elementgleichungen denken wir uns nun völlig analog zu (3.49) alle untereinander geschrieben und erhalten mit einem Elementhypergeschwindigkeitsvektor $\underline{\rho}_{N^*}$ gemäß (3.50) und einer Elementhypermatrix

$$\overset{(i)}{\underline{\underline{KH}}}_{NN^*} := \begin{bmatrix} \left(\overset{(i)}{\underline{\underline{K}}}_{nn^*} + \underline{\underline{P}}_{nn^*} \right)_{\text{erstes Element}} & & & \underline{\underline{0}} \\ & \left(\overset{(i)}{\underline{\underline{K}}}_{nn^*} + \underline{\underline{P}}_{nn^*} \right)_{\text{zweites Element}} & \underline{\underline{0}} & \\ & \underline{\underline{0}} & \ddots & \\ \underline{\underline{0}} & & & \left(\overset{(i)}{\underline{\underline{K}}}_{nn^*} + \underline{\underline{P}}_{nn^*} \right)_{\text{letztes Element}} \end{bmatrix} \tag{7.60}$$

gemäß (3.55) die Hypergleichung für die Luftströmung wie folgt:

$$\overset{(i)}{\underline{\underline{KH}}}_{NN^*} \, \underline{\rho}_{N^*} = 0 \tag{7.61}$$

Als nächstes müssen wir dafür sorgen, daß die finiten Elemente der Luftströmung (vgl. z.B. BILD 7.3) kompatibel aneinandergefügt werden. Dies bedeutet, daß wir, wie in Abschnitt 4.1, Gesamtstrukturknotenpunktsstörgeschwindigkeiten gs_i definieren. Dann müssen also die ρ_i von Knotenpunkten, die zusammengelegt werden, gleich sein und werden als Gesamtstrukturknotenpunktsstörgeschwindigkeiten mit gs_i bezeichnet. So kommt gemäß (4.2) mit der BOOLEschen Matrix $\underline{\underline{B}}_{N^*m}$

$$\underline{\rho}_{N^*} = \underline{\underline{B}}_{N^*m}\, \underline{gs}_m \tag{7.62}$$

wobei der Gesamtstrukturknotenpunktsstörgeschwindigkeitsvektor $\underline{gs}_m$ wie folgt definiert ist:

$$\underline{gs}^T_m = \left[gs_1, gs_2, \cdots, gs_m\right] \tag{7.63}$$

Mit (7.42) gilt also als dynamische Randbedingung letztlich:

$$\pm \overset{(i)}{gs}_j = +\lambda_i d_j \mp u_0 \alpha_j \qquad \begin{array}{l}\text{obere Vorzeichen: oben}\\ \text{untere Vorzeichen: unten}\end{array} \tag{7.64}$$

wobei (j = 1, 2 ....l) längs der oberen und unteren Grenzfläche von Strömung und Festkörper, so wie in BILD 7.3 dargestellt, läuft. Danach ist l die Anzahl von Knotenpunkten, die Fluid und Festkörper gemeinsam haben.

Oder anders ausgedrückt: l ist in (7.64) die Anzahl der Knotenpunkte an der Ober- und Unterseite des Flügelprofils, die auf der Grenzfläche zur Strömung liegen. Nun setzen wir die Kompatibilitätsbeziehung (7.62) in (7.61) ein und es kommt:

$$\overset{(i)}{\underline{\underline{\underline{KH}}}}_{NN^*}\, \underline{\underline{B}}_{N^*m}\, \overset{(i)}{\underline{gs}}_m \equiv \overset{(i)}{\underline{\underline{F}}}_{Nm}\, \overset{(i)}{\underline{gs}}_m = 0 \tag{7.65}$$

wobei

$$\overset{(i)}{\underline{\underline{F}}}_{Nm} := \overset{(i)}{\underline{\underline{\underline{KH}}}}_{NN^*}\, \underline{\underline{B}}_{N^*m} \tag{7.66}$$

gilt.

In der komplexen Fluidsystemmatrix $\overset{(i)}{\underline{\underline{F}}}_{Nm}$ wird im allgemeinen $N^* \gg m$ richtig sein, so daß die Matrizengleichung (7.65), wie BILD 7.5 zeigt, graphisch affin notiert werden kann:

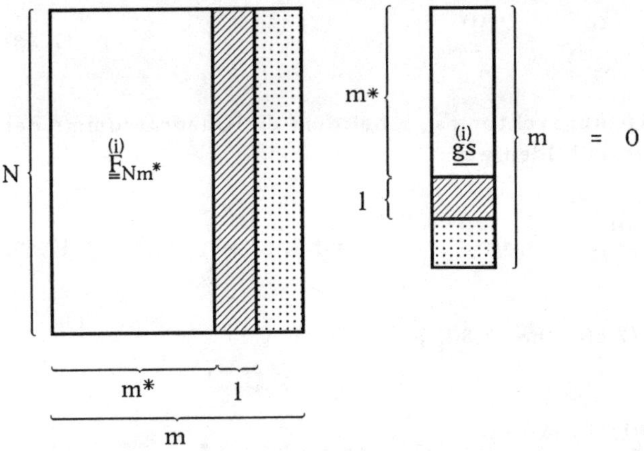

BILD 7.5: Graphisch affine Darstellung der Matrizengleichung (7.65).

Der gepunktete Bereich von $\overset{(i)}{\underline{gs}}$ in BILD 7.5 soll gerade die Störgeschwindigkeitsknotenpunkte umfassen, wo die Randbedingung auf B, (vgl. BILD 7.2), gemäß (7.35) einzuhalten ist. Das heißt, der gepunktete Teil des Vektors $\underline{gs}$ ist Null zu setzen. Der gestrichelte Bereich von $\underline{gs}$ hat die Länge l und hier gilt die dynamische Randbedingung (7.64). Das heißt, diese Komponenten von $\underline{gs}$ sind wegen der Bewegung des Festkörpers bekannt und ergeben die rechte Seite des sich bildenden, überbestimmten, inhomogenen Gleichungssystems. Die Anzahl der verbleibenden unbekannten Knotenpunktsstörgeschwindigkeiten bezeichnen wir mit m^* gemäß BILD 7.4. Auf diese Weise entsteht ein inhomogenes Gleichungssystem zur Ermittlung der Knotenpunktsstörgeschwindigkeiten mit nichtquadratischer Systemmatrix (vgl. BILD 7.5):

$$\overset{(i)}{\underline{\underline{F}}}_{Nm^*}\,\overset{(i)}{\underline{gs}}_{m^*} = \overset{(i)}{\underline{\tau}}_N \qquad (7.67)$$

Der Vektor $\overset{(i)}{\underline{\tau}}_N$ auf der rechten Seite von (7.67) ergibt sich, indem man die $\overset{(i)}{\underline{gs}}_l$ aus (7.67) in $\overset{(i)}{\underline{\underline{F}}}_{Nm}$ hineinmultipliziert. Siehe den gestrichelten Bereich in BILD 7.5.

Nun müssen wir aber feststellen, daß in (7.67) zu viele Gleichungen zur Ermittlung der Knotenpunktsstörgeschwindigkeiten vorhanden sind. Welchen Vektor $\underline{gs}_{m^*}$ wir auch in (7.67) einsetzen, es wird sich immer ein von Null verschiedener Defektvektor $\overset{(i)}{\underline{\delta}}_N$ ergeben; also gilt stets:

$$\overset{(i)}{\underline{\underline{F}}}_{Nm^*}\,\overset{(i)}{\underline{gs}}_{m^*} - \overset{(i)}{\underline{\tau}}_N \;=:\; \overset{(i)}{\underline{\delta}}_N \qquad (7.68)$$

Wir suchen nun einen Lösungsvektor $\overset{(i)}{\underline{gs}}_{m^*}$ bei dem die Quadratsumme der Fehler minimal wird. Darum bilden wir

$$\frac{\partial}{\partial \overset{(i)}{gs}_r}\left(\overset{(i)}{\underline{\delta}}{}_N^T\,\overset{(i)}{\underline{\delta}}_N\right) = 0 \qquad (r = 1,2,.....m^*) \qquad (7.69)$$

und beachten, daß mit (7.68) und (7.50) gilt:

$$\frac{\partial \overset{(i)}{\underline{\delta}}_N}{\partial \overset{(i)}{gs}_r} = \overset{(i)}{\underline{\underline{F}}}_{Nm^*}\,\overset{(r)}{\underline{e}}_{m^*} \qquad (r = 1,2,.....m^*) \qquad (7.70)$$

Damit kommt aus (7.69) mit (7.68)

$$\overset{(r)}{\underline{e}}{}_{m^*}^T\left[\overset{(i)}{\underline{\underline{F}}}{}_{Nm^*}^T\,\overset{(i)}{\underline{\underline{F}}}_{Nm^*}\,\overset{(i)}{\underline{gs}}_{m^*} - \overset{(i)}{\underline{\underline{F}}}{}_{Nm^*}^T\,\overset{(i)}{\underline{\tau}}_N\right] = 0 \qquad (r = 1,2,.....m^*) \qquad (7.71)$$

Der Vektor in der eckigen Klammer von (7.71) hat m^* Komponenten. Durch die Multiplikation von links mit $\overset{(r)}{\underline{e}}{}_{m^*}^T$ für r = 1,2,3,. .,m^* wird jeweils eine Komponente des Vektors in der eckigen Klammer zu Null gefordert. Also können wir

$$\left[\overset{(i)}{\underline{\underline{F}}}{}_{Nm^*}^T\,\overset{(i)}{\underline{\underline{F}}}_{Nm^*}\,\overset{(i)}{\underline{gs}}_{m^*} - \overset{(i)}{\underline{\underline{F}}}{}_{Nm^*}^T\,\overset{(i)}{\underline{\tau}}_N\right] = 0$$

setzen und erhalten aus (7.71) folgende Bestimmungsgleichung für die m^* unbekannten Knotenpunktsstörgeschwindigkeiten $\overset{(i)}{\underline{gs}}_{m^*}$ für jede Eigenform i des Tragflügels:

$$\overset{(i)}{\underline{\underline{F}}}{}_{Nm^*}^T\,\overset{(i)}{\underline{\underline{F}}}_{Nm^*}\,\overset{(i)}{\underline{gs}}_{m^*} = \overset{(i)}{\underline{\underline{F}}}{}_{Nm^*}^T\,\overset{(i)}{\underline{\tau}}_N \qquad (7.72)$$

Damit ist das Störgeschwindigkeitsfeld der Luftströmung im Sinne unserer Näherung mit kleinsten Fehlern bekannt, für jeden Eigenwert λ_i und jede Eigenform $\overset{(i)}{\underline{y}}_m$ des schwingenden Profils gemäß (7.25).

Zur Lösung des linearen inhomogenen Gleichungssystems, (7.72) mit quadratischer Systemmatrix der Dimension m* m*, ist im allgemeinen eine komplexe Arithmetik erforderlich.

7.3.3 Die Beziehung zwischen Geschwindigkeits- und Druckfeld (Aerodynamik)

In diesem Unterabschnitt müssen wir uns mit aerodynamischen Grundlagen befassen. Wegen der in 7.3 unter a) vorausgesetzten Reibungsfreiheit (isentrope Strömung von konstanter Temperatur) müssen alle Schubspannungen Null gesetzt werden und der Spannungstensor oder die Spannungsmatrix in (2.9) im CAUCHY-NEWTONschen Gleichgewicht degeneriert zu

$$\underline{\underline{T}}_{33} = - p(\underline{z})\, \underline{\underline{E}}_{33} \tag{7.73}$$

(vgl. dazu auch [SZA-56] Seite 323 und Seite 379).

Dann kommt aus (2.9), wenn wir die Volumenkraft $\underline{w}_3$ gleich Null nehmen

$$\frac{d\underline{v}_3}{dt} + \frac{1}{\rho} \underline{\nabla}_3^{z} p = 0 \tag{7.74}$$

Hierin bedeutet $\underline{v}_3$ den Geschwindigkeitsvektor gemäß (7.30) und

$$\underline{\nabla}_3^{zT} = \left(\frac{\partial}{\partial z_1} , \frac{\partial}{\partial z_2} , \frac{\partial}{\partial z_3} \right) \tag{7.75}$$

den NABLA-Vektor im EULERschen Raum. Mit BILD 7.2 und (7.29) entsprechend der Definition des EULERschen Ortsvektors gilt

$$\frac{\partial \underline{z}_3}{\partial t} = \dot{\underline{z}}_3 = \underline{v}_3 (z_1, z_2, z_3, t) \mathrel{\hat{=}} \dot{\underline{s}}_3 \tag{7.76}$$

Dann kommt aus (7.74)

$$\frac{\partial \underline{v}_3}{\partial t} + \dot{z}_1 \frac{\partial \underline{v}_3}{\partial z_1} + \dot{z}_2 \frac{\partial \underline{v}_3}{\partial z_2} + \dot{z}_3 \frac{\partial \underline{v}_3}{\partial z_3} + \frac{1}{\rho(\underline{z})} \underline{\nabla}_3^{z} p(\underline{z}) = 0 \tag{7.76a}$$

Diese Gleichung kann man mit (7.75) nach den Regeln der Matrizenrechnung wie folgt aufschreiben, wenn man (7.76) beachtet:

$$\frac{\partial \underline{v}_3}{\partial t} + \underline{v}_3^T \left(\underline{\nabla}^{z}_3 \, \underline{v}_3 \right) + \frac{1}{\rho} \underline{\nabla}^{z}_3 \, p = 0 \tag{7.77}$$

Damit haben wir die EULERsche Gleichung gewonnen. Die Klammer in (7.77) bedeutet, daß $\underline{\nabla}^{z}_3$ nur auf das rechts von $\underline{\nabla}^{z}_3$ stehende $\underline{v}_3$ angewendet wird.

Wegen der in 7.3 unter b) postulierten *Rotationsfreiheit* kann man nach den Regeln der Vektoralgebra (vgl. [HÜT-89] Seite 113 Entwicklungssatz) schreiben:

$$0 = \underline{v}_3 \times \operatorname{rot} \underline{v}_3 \equiv \underline{v}_3 \times \left(\underline{\nabla}^{z}_3 \times \underline{v}_3 \right) = \underline{v}_3^T \left(\underline{v}_3 \, \underline{\nabla}^{z}_3 \right) - \underline{v}_3^T \left(\underline{\nabla}^{z}_3 \, \underline{v}_3 \right) \tag{7.78}$$

Mit der Identität

$$\underline{v}_3^T \left(\underline{\nabla}^{z}_3 \, \underline{v}_3 \right) \equiv \underline{\nabla}^{z}_3 \frac{\underline{v}_3^T \, \underline{v}_3}{2}$$

folgt aus (7.78)

$$\underline{v}_3^T \left(\underline{v}_3 \, \underline{\nabla}^{z}_3 \right) = \underline{\nabla}^{z}_3 \frac{\underline{v}_3^T \, \underline{v}_3}{2}$$

Geht man hiermit in (7.77) ein, so kommt aus der EULERschen Strömungsgleichung

$$\frac{\partial \underline{v}_3}{\partial t} + \underline{\nabla}^{z}_3 \frac{\underline{v}_3^T \, \underline{v}_3}{2} + \frac{1}{\rho} \underline{\nabla}^{z}_3 \, p = 0 \tag{7.79}$$

Die Absicht dieser Umschreibung ist klar zu erkennen. Wir versuchen vor die drei Ausdrücke auf der linken Seite von (7.77) das NABLA herauszuziehen, um einmal integrieren zu können. So kommen wir dann zur sogenannten BERNOULLIschen Gleichung.

Beachten wir noch, daß wegen der Rotationsfreiheit eine Potentialfunktion existieren muß, so können wir schreiben, wenn wir BILD 7.1 und 7.2 beachten, gemäß (7.30)

$$\underline{v}_3^T = \left(u_0 + \frac{\partial \varphi}{\partial z_1} \, , \, \frac{\partial \varphi}{\partial z_2} \, , \, \frac{\partial \varphi}{\partial z_3} \right) \tag{7.80}$$

Mit diesem Ansatz ist nämlich (7.78) immer identisch erfüllt. Hierin bedeutet $\varphi(\underline{z})$ gemäß Voraussetzung die Potentialfunktion identisch kleiner Störungen. Das heißt

$$u_o \gg \frac{\partial\varphi}{\partial z_1} \; ; \; \frac{\partial\varphi}{\partial z_2} \; ; \; \frac{\partial\varphi}{\partial z_3} \tag{7.81}$$

(7.80) kann man nun mit (7.75) schreiben

$$\underline{v}_3^T = (u_o, 0, 0) + \underline{\nabla}_3 \varphi(\underline{z}) \tag{7.82}$$

Geht man hiermit in (7.79) ein, so kommt

$$\underline{\nabla}_3 \left[\dot{\varphi}(\underline{z}) + \frac{1}{2} \underline{v}_3^T \underline{v}_3 \right] + \frac{1}{\rho} \underline{\nabla}_3 p = 0 \tag{7.83}$$

Um noch beim dritten Term in (7.83) das NABLA herausziehen zu können, müssen wir die LAPLACEsche Formel für die Schallgeschwindigkeit a beachten. Danach gilt:

$$dp = a^2 d\rho$$

$$\frac{\partial p}{\partial t} = a^2 \frac{\partial \rho}{\partial t} \quad \text{oder} \quad \underline{\nabla}_3 p = a^2 \underline{\nabla}_3 \rho \tag{7.84}$$

Mit (7.84) kann man nun folgende Rechnung durchführen

$$\frac{1}{\rho} \underline{\nabla}_3 p = a^2 \frac{\underline{\nabla}_3 \rho}{\rho} = \underline{\nabla}_3 a^2 \ln\rho = \underline{\nabla}_3 a^2 \int_{\rho_o}^{\rho} d\ln\rho$$

$$= \underline{\nabla}_3 a^2 \int_{\rho_o}^{\rho} \frac{d\rho}{\rho} = \underline{\nabla}_3 \int_{p_o}^{p} \frac{dp}{\rho} \tag{7.85}$$

In (7.85) bedeuten p_o und ρ_o das Druck- und das Dichtefeld in der ungestörten Strömung. Mit (7.85) kann man jetzt (7.83) wie folgt schreiben:

$$\underline{\nabla}_3 \left[\dot{\varphi}(\underline{z}) + \frac{1}{2} \underline{v}_3^T \underline{v}_3 + \int_{p_o}^{p} \frac{dp}{\rho} \right] = 0 \tag{7.86}$$

Damit ist unser Ziel erreicht, denn wir können (7.86) integrieren und es kommt dann

$$\dot{\varphi} + \frac{1}{2}\underline{v}_3^T\,\underline{v}_3 + \int_{p_0}^{p} \frac{dp}{\rho} = \frac{1}{2}u_0^2 \tag{7.87}$$

wenn man beachtet, daß das Störpotential weit weg vom Profil Null wird, der Druck p_0 ist und wegen (7.80) $\underline{v}_3^T\,\underline{v}_3 \to u_0^2$ gilt.

Die Gleichung (7.87) nennt man oft die BERNOULLI-KELVIN Gleichung für instationäre, kompressible Strömungen. (7.87) ist mit (7.80) eine Gleichung für die drei Funktionen Geschwindigkeitsstörpotential φ, Druckverteilung p und die Dichte ρ. Um alle drei Funktionen ermitteln zu können, benötigen wir noch zwei weitere Gleichungen.

Als erste betrachten wir, um die Dichte eliminieren zu können, die Zustandsgleichung für adiabatische oder isentrope Zustandsänderungen.

$$\frac{p}{p_0} = \left(\frac{\rho}{\rho_0}\right)^{\varkappa} \tag{7.88}$$

Hierin ist

$$\varkappa = \frac{c_p}{c_v} \tag{7.89}$$

wobei c_p die spezifische Wärme bei konstantem Druck und c_v diejenige bei konstantem Volumen bedeutet.

Nun können wir das Integral in (7.87) berechnen, indem wir mit (7.88) die Funktion $\rho(p)$ einsetzen. So entsteht

$$\int_{p_0}^{p} \frac{dp}{\rho(p)} = \frac{p_0}{\rho_0}\,\frac{\varkappa}{\varkappa-1}\left[\left(\frac{p}{p_0}\right)^{\frac{\varkappa}{\varkappa-1}} - 1\right] \tag{7.90}$$

Setzen wir dieses Integral in die BERNOULLI-KELVIN Gleichung (7.87) ein, so entsteht die gesuchte Beziehung zwischen Geschwindigkeitsfeld und Druckfeld:

$$p(\underline{z}) = p_o \left\{ 1 + \frac{\rho_o}{p_o} \frac{\varkappa-1}{2\varkappa} \left[u_o^2 - \underline{v}_3^T \underline{v}_3 - 2\dot{\varphi} \right] \right\}^{\frac{\varkappa}{\varkappa-1}} \qquad \left[\frac{N}{cm^2}\right] \tag{7.91}$$

Diese Druckverteilung längs der Grenzfläche zwischen Flügel und Strömung muß nun auf den Knotenpunkten des Festkörpers abgesetzt werden, wie wir das schon einmal im Abschnitt 3.4 Formel (3.44) und BILD 3.5 geübt haben.

Setzen wir nun in (7.91) $\underline{v}_3$ nach (7.30), (7.34) und φ nach (7.26) unter Beachtung von (7.54) und (7.81) ein, so erhalten wir folgende Form 1. Ordnung

$$p = p_o \left\{ 1 - \frac{\rho_o}{p_o} \frac{\varkappa-1}{\varkappa} \left[u_o \underline{\psi}_{n^*}^T \underline{\rho}_{n^*} + \underline{\underline{\Phi}}_n^T \underline{\underline{B}}_{nn}^{-1} \underline{\underline{A}}_{nn^*} \dot{\underline{\rho}}_{n^*} \right] \right\}^{\frac{\varkappa}{\varkappa-1}} \tag{7.91a}$$

$\underline{\psi}_{n^*}$ ist der Formfunktionenvektor der Störgeschwindigkeiten. In (7.91a) wurden quadratische Glieder vernachlässigt, weil die Störgeschwindigkeiten gegenüber der homogenen Anströmung als klein angesehen werden dürfen.

Da in der geschweiften Klammer von (7.91a) das Glied nach der 1 sehr klein gegenüber 1 ist, entwickeln wir die geschweifte Klammer als BINOM (vgl. [HÜT-89] Seite 79). Dann kommt

$$p - p_o \approx -\rho_o \left[u_o \underline{\psi}_{n^*}^T \underline{\rho}_{n^*} + \underline{\underline{\Phi}}_n^T \underline{\underline{B}}_{nn}^{-1} \underline{\underline{A}}_{nn^*} \dot{\underline{\rho}}_{n^*} \right]$$

Hieraus wird mit (7.55) und dem Ansatz

$$p - p_o =: \overset{(i)}{\delta p}\, e^{\lambda_i t} \tag{7.91b}$$

für die Abweichungen vom statischen Mitteldruck p_o, wenn man (7.55) beachtet

$$\overset{(i)}{\delta p} = -\rho_o \left[u_o \underline{\psi}_{n^*}^T + \underline{\underline{\Phi}}_n^T \underline{\underline{B}}_{nn}^{-1} \underline{\underline{A}}_{nn^*} \lambda_i \right] \overset{(i)}{\underline{\rho}}_{n^*} \tag{7.91c}$$

So kommt nach (3.44) oder (3.38), wenn wir die Formfunktionsmatrix des

Festkörpers mit $\hat{\underline{\underline{\Phi}}}_{3n}$ bezeichnen, für die Knotenpunktsbelastungen $\underline{P}_l$ (siehe BILD 7.1) durch Generalisierung von $\overset{(i)}{\delta p}$ aus (7.91c) mit $\hat{\underline{\underline{\Phi}}}_{3n}$ für das k-te Element

$$\overset{(i)}{\underline{P}}_4 = \int\limits_{\binom{(k)}{0}} dF\, \hat{\underline{\underline{\Phi}}}^T_{3n} \begin{pmatrix} 0 \\ 0 \\ 0 \\ \overset{(i)}{\delta p} \end{pmatrix} \qquad (7.92)$$

Der Knotenpunktsvektor (7.92) hat an sich n Komponenten. Davon sind aber nur 4, vgl. BILD 3.4 und (3.45), von Null verschieden. Deshalb wurde in (7.92) $\overset{(i)}{\underline{P}}_4$ geschrieben. Diese vier Knotenpunktskräfte wirken gemäß BILD 7.4 auf diejenigen Knotenpunkte von Randelementen des Festkörpers, deren Knotenpunkte auf der Grenzfläche liegen.

Damit haben wir die äußeren Lasten unseres Flügels ermittelt für den Fall, daß sich der Flügel in der Strömung in einer Eigenform bewegt.

Abschließend soll noch erwähnt werden, daß die Gleichungen (7.87) und (7.88) zwei Gleichungen für drei unbekannte Funktionen darstellen. Es fehlt also zur Lösung dieses aerodynamischen, instationären, reibungsfreien, kompressiblen Potentialproblems noch eine Lösungsgleichung.

Diese Gleichung finden wir in der Kontinuitätsgleichung. Nach dem 1. Hauptsatz der Thermodynamik muß gelten, wenn m die Masse bedeutet:

$$\frac{dm}{dt} = \frac{d}{dt} \int\limits_{V(\underline{z})} dV\, \rho(\underline{z}) = 0 \qquad (7.93)$$

Hieraus folgt, wenn man die von der Zeit abhängigen Grenzen des Integrals berücksichtigt, die bekannte Kontinuitätsgleichung zu (vgl. [SZA-56] Seite 381 Formel 18.16)

$$\frac{\partial \rho}{\partial t} + \underline{\nabla}^T_3 (\rho\, \underline{v}_3) = 0 \qquad (7.94)$$

Hieraus entsteht, wenn man die Kommutativität des inneren Produktes beachtet:

$$\frac{1}{\rho}\frac{\partial \rho}{\partial t} + \frac{\underline{v}^T_3}{\rho}\, \underline{\nabla}_3\, \rho + \underline{\nabla}^T_3\, \underline{v}_3 = 0 \qquad (7.95)$$

Wir können nun leicht aus (7.95) mit (7.87) die mit ρ behafteten Glieder eliminieren und bekommen dann eine Gleichung nur für die Geschwindigkeiten des Strömungsfeldes.

Dazu kann man einfach das Integral in (7.87) mit Hilfe von (7.84) so umformen, daß der erste Term von (7.95) entsteht:

$$\frac{1}{a^2}\frac{\partial}{\partial t}\int_{\rho_o}^{\rho}\frac{dp}{\rho} = \frac{\partial}{\partial t}\int_{\rho_o}^{\rho}\frac{d\rho}{\rho} = \frac{\partial}{\partial t}\int_{\rho_o}^{\rho} d\ln\rho = \frac{\partial}{\partial t}\left[\ln\rho - \ln\rho_o\right]$$
$$= \frac{1}{\rho}\frac{\partial\rho}{\partial t} \tag{7.96}$$

Andererseits folgt mit (7.84) für das Integral in (7.87)

$$\frac{\underline{v}_3^T}{a^2}\,\underline{\nabla}_3\int_{p_o}^{p}\frac{dp}{\rho} = \underline{v}_3^T\,\underline{\nabla}_3\left[\ln\rho - \ln\rho_o\right] = \frac{\underline{v}_3^T}{\rho}\,\underline{\nabla}_3\,\rho \tag{7.97}$$

Nun können wir die beiden ersten Terme von (7.95) durch Differentiationen des Integrals in (7.87) ersetzen und dadurch aus (7.95) eine Gleichung nur für die Geschwindigkeiten erhalten. Diese heißt

$$\underline{\nabla}_3^T\,\underline{v}_3 - \frac{1}{a^2}\left[\ddot{\varphi} + \frac{\partial}{\partial t}\left(\underline{v}_3^T\,\underline{v}_3\right) + \underline{v}_3^T\,\underline{\nabla}_3\,\frac{\underline{v}_3^T\,\underline{v}_3}{2}\right] = 0 \tag{7.98}$$

Damit haben wir die nichtlineare Potentialgleichung für instationäre, reibungsfreie (isentrope), kompressible und rotationsfreie Potentialströmungen gewonnen.

Jetzt gilt es diese Gleichung (7.98) zu linearisieren. Dieser Linearisierung liegt der Gedanke zu Grunde, daß es sich um eine homogene Parallelströmung "kleiner Störungen" handelt. Das heißt, wir lassen, wie in der linearen Mechanik bei den Verschiebungen, quadratische Glieder des Störpotentials $\varphi(\underline{z})$ gegenüber linearen oder gegenüber der Anströmungsgeschwindigkeit u_o weg. Mit (7.80) gilt dann [vgl. auch (7.91a)]

$$\underline{v}_3^T\,\underline{v}_3 = u_o^2 + 2\,u_o\,\frac{\partial\varphi}{\partial z_1} \tag{7.99}$$

Diese Gleichung kann man leicht nach der Zeit oder nach dem Ort differenzieren und erhält so unter Beachtung von (7.80) aus (7.98) die von uns im Abschnitt 7.1 benutzten Gleichungen (7.2) mit (7.7) und (7.8).

7.3.4 Der schwingende feste Körper im Fluid (Aeroelastik)

Um nun die Schwingungsbewegungen des Flügels (siehe BILD 7.1) bei Abwesenheit von Volumen- und thermischen Kräften zu beschreiben, können wir die Endgleichung (4.16) benutzen. Danach kommt

$$\underline{\underline{MS}}_{mm}\,\ddot{\underline{d}}_m + \underline{\underline{S}}_{mm}\,\underline{d}_m = \underline{\pi}_m \tag{7.100}$$

Hier sind die Randbedingungen wie in (7.23) schon eingearbeitet.

Als nächstes eliminieren wir wieder die Zeit durch den Ansatz

$$\begin{aligned} \underline{d}_m(\underline{x},t) &= \overset{(o)}{\underline{d}}_m(\underline{x})\,e^{\mu t} \\ \underline{\pi}_m(\underline{x},t) &= \underline{P}_m(x)\,e^{\mu t} \end{aligned} \tag{7.101}$$

Der Eigenwert μ in (7.101) darf nicht mit dem Eigenwert λ aus (7.25) für die freie Schwingung verwechselt werden.

$\mu = \mu' + j\mu''$ ist im allgemeinen ein komplexer Eigenwert, so daß gilt

$$\underline{d}_m = \overset{(o)}{\underline{d}}_m(\underline{x})\,e^{\mu' t}\,[\cos\mu'' t + j\sin\mu'' t] \tag{7.102}$$

Man erkennt sofort aus (7.102), daß es sich, falls $\mu' \gg 0$ ist, um eine angefachte Schwingung handelt. Diesen Fall nennt man "dynamische Instabilität". Geht man jetzt mit (7.101) in (7.100), so entsteht

$$\left(\mu^2\,\underline{\underline{MS}}_{mm} + \underline{\underline{S}}_{mm}\right)\overset{(o)}{\underline{d}}_m = \underline{P}_m \tag{7.103}$$

Die noch unbekannte zeitunabhängige Lösung $\overset{(o)}{\underline{d}}_m$ entwickeln wir nun, was immer möglich ist, nach den Eigenformen des Problems mit den freien Parametern β_i $(i=1,2,\cdots m)$. So entsteht mit (7.25)

$$\overset{(o)}{\underline{d}}_m := \sum_{i=1}^{m} \overset{(i)}{\underline{y}}_m\,\beta_i \tag{7.104}$$

Analog entwickeln wir die allgemeine Kraftverteilung längs des Profils nach den bei den freien Schwingungen im Fluid entstehenden Druckverteilungen gemäß (7.92), also kommt

$$\underline{P}_m := \sum_{i=1}^{m} \overset{(i)}{\underline{P}_m}\, \beta_i \tag{7.105}$$

Dazu denken wir uns den Flügel vom Fluid freigeschnitten. Dann nämlich kann jede Art von Kraftverteilung, die das Fluid auf den Flügel ausüben kann, in der Form von (7.105) dargestellt werden.

Definieren wir nun noch mit

$$\underline{\underline{C}}_{mm} := \left[\overset{(1)}{\underline{y}_m}, \overset{(2)}{\underline{y}_m}, \cdots, \overset{(m)}{\underline{y}_m} \right] \tag{7.106}$$

die sogenannte *orthogonale Modalmatrix* und durch

$$\underline{\underline{\Lambda}}_{mm} := -\left[\overset{(1)}{\underline{P}_m}, \overset{(2)}{\underline{P}_m}, \cdots, \overset{(m)}{\underline{P}_m} \right] \tag{7.107}$$

die Luftkraftmatrix sowie

$$\underline{\beta}_m^T := \left[\beta_1, \beta_2, \cdots, \beta_m \right] \tag{7.108}$$

so kann man (7.103) mit (7.104) und (7.105) schließlich schreiben, wenn man beachtet daß gilt:

$$\sum_{i=1}^{m} \overset{(i)}{\underline{y}_m}\, \beta_i \equiv \underline{\underline{C}}_{mm}\, \underline{\beta}_m \quad \text{und} \quad \sum_{i=1}^{m} \overset{(i)}{\underline{P}_m}\, \beta_i \equiv \underline{\underline{\Lambda}}_{mm}\, \underline{\beta}_m \tag{7.108a}$$

$$\left(\mu^2\, \underline{\underline{MS}}_{mm}\, \underline{\underline{C}}_{mm} + \underline{\underline{S}}_{mm}\, \underline{\underline{C}}_{mm} + \underline{\underline{\Lambda}}_{mm} \right) \underline{\beta}_m = 0 \tag{7.109}$$

(7.109) ist ein homogenes, lineares Gleichungssystem für die β_i in $\underline{\beta}_m$, das nur dann eine von Null verschiedene Lösung hat, wenn die Determinante der Matrix in der runden Klammer von (7.109) Null wird. Aus dieser Forderung ergibt sich der komplexe Eigenwert μ.

Damit haben wir einen Berechnungsweg aufgezeigt, wie man die Bewegungen eines elastischen Flügels in einer Luftströmung studieren kann. Wenn man die β_i aus (7.109) gewonnen hat, ist per constructionem die Gesamtbewegung des Flügels an seinen Knotenpunkten gegeben durch

$$\underline{d}_m(\underline{x}, t) = \sum_{i=1}^{m} \overset{(i)}{\underline{y}_m}\, \beta_i\, e^{\mu t} \equiv \underline{\underline{C}}_{mm}(\underline{x})\, \underline{\beta}_m\, e^{\mu t} \tag{7.110}$$

wenn man (7.101), (7.103), (7.105) und (7.108a) beachtet.

Auf diese Weise wurde die Interaktion von Fluid und festem Körper gelöst; allerdings konnten dabei die Schwingungsformen des Festkörpers wegen der Linearisierung nur bis auf einen Faktor determiniert werden. Für die Praxis ist das wesentliche Ergebnis der Realteil von μ , vgl. (7.102).

Abschließend wollen wir vollständigkeitshalber erwähnen, daß es selbstverständlich auch möglich ist, das Fluidgebiet und den Festkörperbereich *simultan* zu integrieren. Dazu drücken wir als erstes α_j aus (7.42) durch die Festkörperknotenpunktsverschiebungen nebeneinanderliegender Gesamtstrukturknotenpunkte d_j aus (siehe BILD 7.3). So kommt im Sinne kleiner Verformungen

$$\alpha_j \approx \frac{d_{j+1} - d_j}{x_{j+1} - x_j} \tag{7.111}$$

Jetzt eliminieren wir die Zeit analog wie in (7.101) und erhalten:

$$\overset{(o)}{\alpha}_j = \frac{1}{x_{j+1} - x_j} \left[\overset{(o)}{d}_{j+1} - \overset{(o)}{d}_j \right] \tag{7.112}$$

So kommt unter Beachtung von (7.101) mit

$$gs_j := \overset{(o)}{gs}_j \, e^{\mu t} \tag{7.113}$$

aus der dynamischen Randbedingung (7.42) nach Elimination der Zeit

$$\pm \overset{(o)}{gs}_j = \mu \overset{(o)}{d}_j \mp \frac{u_0}{x_{j+1} - x_j} \left(\overset{(o)}{d}_{j+1} - \overset{(o)}{d}_j \right) \qquad (j = 1, 2, \cdots l) \tag{7.114}$$

Aus der Gleichung (7.114) erkennt man leicht, daß sich der schraffierte Bereich von BILD 7.5 nun durch zwei Rechtecksmatrizen $\underline{\underline{D}}_{Nl}$ und $\underline{\underline{D}}^*_{Nl}$ darstellen läßt, nachdem man den Gesamtstrukturknotenpunktsvektor der Grenzfläche zwischen Fluid und Festkörper wie folgt definiert hat

$$\overset{(o)}{\underline{d}}{}_l^T := \left[\overset{(o)}{d}_1, \overset{(o)}{d}_2, \cdots, \overset{(o)}{d}_l \right] \tag{7.114a}$$

Damit kommt aus BILD 7.5 mit (7.113) nach Elimination der Zeit

$$\underline{\underline{F}}_{Nm^*} \overset{(o)}{\underline{gs}}_{m^*} + \left(\mu \, \underline{\underline{D}}_{Nl} + \underline{\underline{D}}^*_{Nl} \right) \overset{(o)}{\underline{d}}_l = 0 \tag{7.115}$$

Die Matrizen $\underline{\underline{D}}_{Nl}$ und $\underline{\underline{D}}^*_{Nl}$ sind einfache Diagonalmatrizen, die man aus (7.114) leicht ermitteln kann. In (7.115) bedeutet

$$\underline{gs}_{m*} = \overset{(o)}{\underline{gs}}_{m*} \, e^{\mu t} \tag{7.116}$$

den Gesamtstrukturknotenpunktsvektor der inneren Strömungspunkte und $\overset{(o)}{\underline{d}}_l$ den Gesamtstrukturknotenpunktsvektor der Grenzfläche (vgl. dazu BILD 7.3) des Flügels.

Als nächstes wenden wir uns der rechten Seite im Gleichungssystem (7.103) zu. Hierzu beachten wir, daß aus (7.91c) unter Beachtung von (7.101) folgt

$$\overset{(o)}{\delta p}(\underline{x}) = -\rho_o \left[u_o \, \underline{\psi}^T_{n*} + \mu \, \underline{\Phi}^T_n \, \underline{\underline{B}}^{-1}_{nn} \, \underline{\underline{A}}_{nn*} \right] \overset{(o)}{\underline{\rho}}_{n*} \tag{7.117}$$

Setzen wir nun diese Formel in (7.92) ein und nehmen als Grenzflächenelemente (siehe BILD 7.3) Quader, so können wir unter Beachung von (3.45) für jedes Element(K) schreiben.

$$\overset{(K)}{\underline{P}}_4 := \int\limits_{\binom{(k)}{0}} dF \begin{bmatrix} \left.\begin{matrix} 0 \\ 0 \\ \vdots \\ 0 \end{matrix}\right\} 16 \text{ mal} \\ \hat{\Phi}_1(\underline{x}) \, \overset{(o)}{\delta p} \\ \hat{\Phi}_2(\underline{x}) \, \overset{(o)}{\delta p} \\ \hat{\Phi}_3(\underline{x}) \, \overset{(o)}{\delta p} \\ \hat{\Phi}_4(\underline{x}) \, \overset{(o)}{\delta p} \\ 0 \\ 0 \\ 0 \\ 0 \end{bmatrix} = \int\limits_{\binom{(k)}{0}} dF \begin{bmatrix} \left.\begin{matrix} \underline{0}^T_{n*} \\ \underline{0}^T_{n*} \\ \vdots \\ \underline{0}^T_{n*} \end{matrix}\right\} 16 \text{ mal} \\ -\rho_o \hat{\Phi}_1 \left[u_o \, \underline{\psi}_i + \mu \, \underline{\Phi}^T_n \, \underline{\underline{B}}^{-1}_{nn} \, \underline{\underline{A}}_{ni} \right] \\ (i=1,2,\cdots n^*) \\ \vdots \\ -\rho_o \hat{\Phi}_4 \left[u_o \, \underline{\psi}_i + \mu \, \underline{\Phi}^T_n \, \underline{\underline{B}}^{-1}_{nn} \, \underline{\underline{A}}_{ni} \right] \\ (i=1,2,\cdots n^*) \end{bmatrix} \cdot \begin{bmatrix} \overset{(o)}{\rho}_1 \\ \overset{(o)}{\rho}_2 \\ \vdots \\ \overset{(o)}{\rho}_{n*} \end{bmatrix} \tag{7.118}$$

Mit den Definitionen und unter Beachtung, daß beim Quaderelement $n^*=24$ gilt:

$$\overset{(K)}{\underline{\underline{P}}}_{4;24} := \int\limits_{\binom{(k)}{0}} dF \, \hat{\Phi}_j \, \psi_i \qquad \begin{matrix} j=1,2,3,4 \text{ Zeilen} \\ i=1,2\cdots 24 \text{ Spalten} \end{matrix} \tag{7.118a}$$

und

$$\overset{(K)*}{\underline{\underline{P}}}_{4;24} := \int_{\binom{(k)}{0}} dF\, \hat{\Phi}_j \underline{\Phi}_n^T \underline{\underline{B}}_{nn}^{-1} \underline{\underline{A}}_{ni} \qquad \begin{matrix} j=1,2,3,4 \mathrel{\hat{=}} \text{Zeilen} \\ i=1,2\cdots 24 \mathrel{\hat{=}} \text{Spalten} \end{matrix} \tag{7.118b}$$

sowie

$$\overset{(o)}{\underline{\rho}}{}_{24}^{T} := \left[\overset{(o)}{\rho}_1, \overset{(o)}{\rho}_2, \ldots, \overset{(o)}{\rho}_{24} \right] \tag{7.118c}$$

kann man (7.118) schreiben

$$\overset{(K)}{\underline{P}}_4 = -\rho_0 \left[u_0 \overset{(K)}{\underline{\underline{P}}}_{4;24} + \mu \overset{(K)*}{\underline{\underline{P}}}_{4;24} \right] \overset{(o)}{\underline{\rho}}_{24} \tag{7.119}$$

Hiermit haben wir die Druckkräfte der Strömung auf den Flügel am K-ten Element ermittelt.

Nun nehmen wir gemäß BILD 7.3 an, die Grenzfläche zwischen Fluid und Festkörper werde durch n Fluidquaderelemente gebildet.

Zur weiteren Bearbeitung bilden wir jetzt folgende Hypermatrizen:

$$\underline{\underline{G}}_{4n;24n} := \begin{bmatrix} \overset{(1)}{\underline{\underline{P}}}_{4;24} & & 0 \\ & \ddots & \\ 0 & & \overset{(n)}{\underline{\underline{P}}}_{4;24} \end{bmatrix} \tag{7.120}$$

und

$$\underline{\underline{G}}^{*}_{4n;24n} := \begin{bmatrix} \overset{(1)*}{\underline{\underline{P}}}_{4;24} & & 0 \\ & \ddots & \\ 0 & & \overset{(n)*}{\underline{\underline{P}}}_{4;24} \end{bmatrix} \tag{7.121}$$

und die Hypervektoren

$$\underline{\pi}^T_{4n} := \left[\overset{(1)}{\underline{P}}{}_4^T, \overset{(2)}{\underline{P}}{}_4^T, \ldots, \overset{(n)}{\underline{P}}{}_4^T \right] \tag{7.122}$$

sowie

$$\overset{(o)T}{\underline{\rho}}_{24n} := \Big[\underbrace{\overset{(o)T}{\underline{\rho}}_{24}}_{(1.\text{Element})}, \quad \underbrace{\overset{(o)T}{\underline{\rho}}_{24}}_{(2.\text{Element})}, \quad \dots, \quad \underbrace{\overset{(o)T}{\underline{\rho}}_{24}}_{(n\text{-tes Element})}\Big] \tag{7.123}$$

Damit können wir (7.119) für alle Randelemente wie folgt notieren:

$$\underline{\pi}_{4n} = -u_o\rho_o\,\underline{\underline{G}}_{4n;24n}\overset{(o)}{\underline{\rho}}_{24n} - \mu\rho_o\,\underline{\underline{G}}^*_{4n;24n}\overset{(o)}{\underline{\rho}}_{24n} \tag{7.124}$$

Analog zu (7.62) können wir jetzt alle Randelemente durch eine BOOLEsche Randelementematrix $\underline{\underline{BR}}_{24n;1}$ zusammenfügen, wenn wir die Anzahl der *Grenzflächengesamtstrukturknotenpunkte* mit e bezeichnen und die Zeit gemäß (7.101) oder (7.116) eliminiert haben.

$$\overset{(o)}{\underline{\rho}}_{24n} = \underline{\underline{BR}}_{24n;1}\overset{(o)}{\underline{gs}}_1 \tag{7.125}$$

Analog zu (4.7) können wir nun noch die Summen der Elementknotenpunktskräfte aus (7.122) zu *Gesamtstrukturknotenpunktskräften* $\underline{P}_1$ gemäß BILD 7.1 oder BILD 7.3 zusammenstellen und erhalten:

$$\underline{P}_1 = \underline{\underline{BR}}^T_{4n;1}\underline{\pi}_{4n} \tag{7.126}$$

Mit (7.125) und (7.126) erhalten wir letztlich aus (7.124) eine Beziehung zwischen den Gesamtstrukturknotenpunktsfluidgeschwindigkeiten und den Gesamtstrukturknotenpunktskräften der Grenzfläche (siehe BILD 7.3).

$$\underline{P}_1 = -u_o\rho_o\underline{\underline{BR}}^T_{4n;1}\underline{\underline{G}}_{4n;24n}\underline{\underline{BR}}_{24n;1}\overset{(o)}{\underline{gs}}_1 - \mu\rho_o\underline{\underline{BR}}^T_{4n;1}\underline{\underline{G}}^*_{4n;24n}\underline{\underline{BR}}_{24n;1}\overset{(o)}{\underline{gs}}_1 \tag{7.127}$$

Mit den Definitionen

$$\underline{\underline{C}}_{11} := \underline{\underline{BR}}^T_{4n;1}\underline{\underline{G}}_{4n;24n}\underline{\underline{BR}}_{24n;1} \tag{7.128}$$

und

$$\underline{\underline{C}}^*_{11} := \underline{\underline{BR}}^T_{4n;1}\underline{\underline{G}}^*_{4n;24n}\underline{\underline{BR}}_{24n;1} \tag{7.128a}$$

kann man nun die Druckkraftverteilung auf der Grenzfläche des Flügels schreiben

$$\underline{P}_1 = -\left[\underline{\underline{C}}_{11}u_o\rho_o + \mu\rho_o\underline{\underline{C}}^*_{11}\right]\overset{(o)}{\underline{gs}}_1 \tag{7.129}$$

Hiermit kommen aus (7.103):

$$\left(\mu^2 \underline{\underline{MS}}_{m-1;m} + \underline{\underline{S}}_{m-1;m}\right)\overset{(o)}{\underline{d}}_m = \underline{0}_{m-1}$$

$$\left(\mu^2 \underline{\underline{MS}}_{l;m} + \underline{\underline{S}}_{l;m}\right)\overset{(o)}{\underline{d}}_m + \left[\underline{\underline{C}}_{ll} u_o \rho_o + \mu \rho_o \underline{\underline{C}}^{*}_{ll}\right]\overset{(o)}{\underline{gs}}_l = \underline{0}_l \qquad (7.130)$$

Jetzt liegen mit (7.115) und (7.130) Matrizengleichungen vor, die sich mit einer Hypergleichung wie folgt formulieren lassen.

Dazu bilden wir als erstes einen Fluid- und Festkörper-Mischvektor der Dimension $(m+m^* + l)$.

$$\underline{rh}^T_{(m+m^*+l)} := \left[\overset{(o)}{\underline{gs}}{}^T_{m^*}\,;\ \overset{(o)}{\underline{gs}}{}^T_l\,;\ \overset{(o)}{\underline{d}}{}^T_{m-1}\,;\ \overset{(o)}{\underline{d}}_l\right] \qquad (7.131)$$

In dem Vektor $(m+m^* +l)$ sind die ersten m^* Komponenten Gesamtstrukturknotenpunktsgeschwindigkeiten im Inneren des Fluids. Die nächsten l Gesamtstrukturknotenpunktsgeschwindigkeiten des Fluids liegen auf der Grenzfläche. Dann haben wir in $\underline{rh}_{(m+m^* +l)}$ die nächsten (m-l) Komponenten, die durch die inneren Festkörperverschiebungen gebildet werden. Letztlich sind die letzten l Komponenten von $\underline{rh}_{(m+m^* +l)}$ die Gesamtstrukturknotenpunktsverschiebungen, die auf der Grenzfläche liegen.

Nun können wir mit der quadratischen Hypermatrix $\underline{\underline{RH}}_{N+m;N+m}(\mu)$ simultan die Matrizengleichungen (7.115) und (7.130) darstellen, wenn wir (7.131) beachten und daß gilt $m^* + l=N$.

$$\underline{\underline{RH}}_{N+m;N+m}(\mu)\ \underline{rh}_{m+N} = 0 \qquad (7.132)$$

wobei gilt

$$\underline{\underline{RH}}_{N+m;N+m}(\mu) := \begin{bmatrix} \overset{(11)}{\underline{\underline{R}}}_{Nm^*} & \underline{\underline{0}}_{Nl} & \underline{\underline{0}}_{N;m-1} & \overset{(14)}{\underline{\underline{R}}}_{Nl} \\ \underline{\underline{0}}_{m-1;m^*} & \underline{\underline{0}}_{m-1;l} & \overset{(23)}{\underline{\underline{R}}}_{m-1;m-1} & \overset{(24)}{\underline{\underline{R}}}_{m-1;l} \\ \underline{\underline{0}}_{lm^*} & \overset{(32)}{\underline{\underline{R}}}_{ll} & \overset{(33)}{\underline{\underline{R}}}_{l;m-1} & \overset{(34)}{\underline{\underline{R}}}_{ll} \end{bmatrix} \qquad (7.133)$$

mit

$$\overset{(11)}{\underline{\underline{R}}}_{Nm^*} := \underline{\underline{F}}_{Nm^*} \qquad \text{aus (7.67)} \tag{7.133a}$$

$$\overset{(14)}{\underline{\underline{R}}}_{Nl} := \mu\, \underline{\underline{D}}_{Nl} + \underline{\underline{D}}^*_{Nl} \qquad \text{aus (7.115)} \tag{7.133b}$$

$$\overset{(23)}{\underline{\underline{R}}}_{m-l;m-l} := \mu^2\, \underline{\underline{MS}}_{m-l;m-l} + \underline{\underline{S}}_{m-l;m-l} \qquad \text{gemäß(7.130)} \tag{7.133c}$$

$$\overset{(24)}{\underline{\underline{R}}}_{m-l;l} := \mu^2\, \underline{\underline{MS}}_{m-l;l} + \underline{\underline{S}}_{m-l;l} \qquad \text{gemäß(7.130)} \tag{7.133d}$$

$$\overset{(32)}{\underline{\underline{R}}}_{ll} := u_o \rho_o \underline{\underline{C}}_{ll} + \mu \rho_o \underline{\underline{C}}^*_{ll} \qquad \text{gemäß(7.130)} \tag{7.133e}$$

$$\overset{(33)}{\underline{\underline{R}}}_{l;m-l} := \mu^2\, \underline{\underline{MS}}_{l;m-l} + \underline{\underline{S}}_{l;m-l} \qquad \text{gemäß(7.130)} \tag{7.133f}$$

und

$$\overset{(34)}{\underline{\underline{R}}}_{ll} := \mu\, \underline{\underline{MS}}_{ll} + \underline{\underline{S}}_{ll} \qquad \text{gemäß(7.130)} \tag{7.133g}$$

$\underline{\underline{MS}}_{ll}$ bedeutet hierbei natürlich die letzten l Zeilen und letzten l Spalten entsprechend der Definiton von $\underline{rh}_{m+N}$. Damit haben wir mit Gleichung (7.132) die Gesamtgleichung (*Flattergleichung*) für den komplexen Eigenwert μ aufgestellt, der aus der Forderung

$$\left| \underline{\underline{RH}}_{N+m;N+m}(\mu) \right| = 0 \tag{7.134}$$

gewonnen wird.

Zur Berechnung der Matrix $\underline{\underline{RH}}_{N+m;N+m}$ aus (7.133) beachte man (7.133a) bis (7.133g). Darin ist $\underline{\underline{D}}_{Nl}$ und $\underline{\underline{D}}^*_{Nl}$ durch (7.114) unter Beachtung von (7.66) gegeben und $\underline{\underline{C}}_{ll}$ sowie $\underline{\underline{C}}^*_{ll}$ wird mit (7.128), (7.128a), (7.120), (7.121), (7.118a) und (7.118b) geliefert.

Dynamische Stabilität liegt dann vor, wenn μ' gemäß (7.102) aus (7.134) für alle u_o kleiner als Null bleibt.

Für praktische Fälle allerdings halten wir den durch (7.109) beschriebenen Weg für zweckmäßiger.

8 BEMERKUNGEN ZUR BOUNDARY ELEMENT METHODE (BEM)

Wir fassen nun den Vektor $\underline{\eta}_r^{(K)} \equiv \underline{\eta}_r$ für K=1 als eine Gewichtsfunktion für den *gesamten* Bereich V auf. Wir definieren $\underline{\eta}_r$ auch nicht mehr gemäß (7.12) als Parameterfunktion, sondern lassen $\underline{\eta}$ vorerst ganz beliebig in V.

Jetzt schreiben wir (7.21) wie folgt:

$$\int_V dV \left(\underline{\eta}_3^T \underline{\underline{\nabla}}_{36}\right) \underbrace{\left(\underline{\underline{\overset{*}{\nabla}}}_{63}\, \underline{\Psi}_3^*\right)}_{\underline{\Psi}_6} = \int_O dF\, \underline{\eta}_3^T \underline{\underline{N}}_{36} \underline{\Psi}_6 + \int_V dV\, \underline{\eta}_3^T \underline{f}_3 \qquad (8.1)$$

Entsprechend der gewählten Nomenklatur von Kapitel 7 bedeuten die runden Klammern auf der linken Seite von (8.1), daß der NABLA-Operator nur auf die Funktionen angewendet wird, die in dieser Klammer stehen und

$$\underline{\underline{\overset{*}{\nabla}}}_{63} = \begin{cases} \underline{\underline{W}}_{66} \underline{\underline{\nabla}}_{36}^T & \text{gemäß (7.5)} \\ \varkappa \underline{\nabla}_3 \text{ oder } \underline{\nabla}_3 & \text{gemäß (7.7)} \\ \underline{\underline{\overset{r}{\nabla}}}_{33} & \text{gemäß (7.9)} \end{cases} \qquad (8.2)$$

während

$$\underline{\Psi}_3^* = \begin{cases} \underline{s}_3 & \text{gemäß (7.5)} \\ \vartheta,\ \varphi \text{ oder } \Psi & \text{gemäß (7.7)} \\ \underline{\overset{\varphi}{\xi}}_3 & \text{gemäß (7.9)} \end{cases} \qquad (8.3)$$

ist (im thermischen, quantenmechanischen oder Strömungsfall ist Ψ^* also ein Skalar).

Damit liegt für dieses Kapitel eine kompakte Darstellung vor, um die Lösung linearer Differentialgleichungen, ausgehend von (8.1) in Verbindung mit (8.2) und (8.3), für alle Problemgruppen der Pyhsik allgemeingültig abzuhandeln.

Wegen (8.2) kann man den GAUßschen Integralsatz gemäß (1.18) auf die linke Seite von (8.1) noch einmal anwenden. Zuerst kommt mit der Kettenregel wieder

$$\int_V dV \left(\underline{\eta}_3^T \underline{\underline{\nabla}}_{36}\right)\left(\underline{\underline{\overset{*}{\nabla}}}_{63}\,\underline{\Psi}_3^*\right) = \int_V dV \left(\left(\underline{\eta}_3^T \underline{\underline{\nabla}}_{36}\right)\underline{\underline{\overset{*}{\nabla}}}_{63}\,\underline{\Psi}_3^*\right) - \int_V dV \left(\left(\underline{\eta}_3^T \underline{\underline{\nabla}}_{36}\right)\underline{\underline{\overset{*}{\nabla}}}_{63}\right)\underline{\Psi}_3^*$$

und so wird

$$-\int_V dV \left(\underline{\eta}_3^T \underline{\underline{\nabla}}_{36}\right)\left(\underline{\underline{\overset{*}{\nabla}}}_{63}\,\underline{\Psi}_3^*\right) = \int_V dV \left(\left(\underline{\eta}_3^T \underline{\underline{\nabla}}_{36}\right)\underline{\underline{\overset{*}{\nabla}}}_{63}\right)\underline{\Psi}_3^* - \int_O dF \left(\underline{\eta}_3^T \underline{\underline{\nabla}}_{36}\right)\underline{\underline{N}}_{63}^*\,\underline{\Psi}_3^* \tag{8.4}$$

wobei

$$\underline{\underline{N}}_{63}^* = \begin{cases} \underline{\underline{W}}_{66}\,\underline{\underline{N}}_{36}^T & \\ \varkappa\,\underline{n}_3 \text{ oder } \underline{n}_3 & \text{gemäß (8.2)} \\ \underline{\underline{N}}_{33} & \end{cases} \tag{8.5}$$

gilt.

Dabei bedeutet analog zu (7.4a), wenn man (1.9) und (1.10) beachtet:

$$\underline{\underline{N}}_{33} := \begin{bmatrix} 0 & n_z & n_y \\ n_z & 0 & -n_x \\ -n_y & n_x & 0 \end{bmatrix} \tag{8.6}$$

Wenn wir nun speziell $\underline{\eta}$ in "V" so wählen, daß gilt:

$$\underline{\underline{\overset{*}{\nabla}}}_{63}^T\,\underline{\underline{\nabla}}_{36}^T\,\underline{\eta}_3 = \underline{\delta}_3(\underline{x}, \underline{\xi}) \tag{8.7}$$

oder

$$\varkappa\,\underline{\nabla}_3^T\,\underline{\nabla}_3\,\eta = \delta(\underline{x}, \underline{\xi}) \tag{8.8}$$

dann gilt mit der DIRAC-Distribution (Einzellast) $\underline{\delta}_3$:

$$\int\limits_V dV \left(\left(\underline{\eta}_3^T \underline{\underline{\nabla}}_{36} \right) \underline{\underline{\overset{*}{\nabla}}}_{63} \right) \underline{\Psi}_3^* = \int\limits_V dV \, \underline{\delta}_3^T(\underline{x}, \underline{\xi}) \, \underline{\Psi}_3^* = \underline{\Psi}_3^*(\underline{x} = \underline{\xi}) \tag{8.9}$$

Mit (8.9) und (8.4) kommt dann aus (8.1) nach Multiplikation mit -1:

$$\underline{\Psi}_3^*(\underline{x} = \underline{\xi}) = \int\limits_O dF \left(\underline{\eta}_3^T \underline{\underline{\nabla}}_{36} \right) \underline{\underline{N}}_{63}^* \underline{\Psi}_3^* - \int\limits_O dF \, \underline{\eta}_3^T \underline{\underline{N}}_{36} \, \underline{\Psi}_6 - \int\limits_V dV \underline{\eta}_3^T \underline{f}_3 \tag{8.10}$$

Gemäß (7.5), (7.7) und (8.3) ist das unbekannte Verschiebungsfeld $\underline{s}_3$ oder der elektrische Vektor $\underline{\mathfrak{E}}_3$ in $\underline{\Psi}_6$ oder $\underline{\Psi}_3$ bzw. $\underline{\Psi}_3^*$ enthalten. Mit (7.7) und (8.3) ist die unbekannte Temperaturverteilung, das Potential oder die Wellenfunktion berücksichtigt. Für *stationäre Fälle* ergibt sich dann aus (7.6), (7.8) und (7.10), daß die unbekannten Felder in $\underline{f}$ nicht mehr wesentlich enthalten sind.

So ist es auf einfache Weise möglich, in (8.10) die unbekannten Felder *nur* längs des Randes durch Formfunktionen und Knotenpunkte anzunähern und dadurch Werte im Inneren zu erhalten!

Wir erkennen also durch (8.7) und (8.8), daß die GREENschen Singularitäten analytisch bestimmt werden müssen (vgl. dazu 2.76).

In statischen und stationären Fällen hat man dann in (8.10) die große Erleichterung, die unbekannten Funktionen nur noch auf dem Rande des Gebietes durch Formfunktionen annähern zu müssen.

So gesehen ist die BEM eine Näherungslösung, in der die GREENsche Singularität mitbenützt wird. Diese Methode ist deshalb teilanalytisch und sehr spezieller Art und nicht annähernd so uniform und allgemein gültig wie die FEM!

TEIL II
NICHTLINEARE PROZESSE

9 NICHTLINEARES VERHALTEN

Die drei Arten von Gleichungen, die die Kontinuumstheorie beherrschen, sind gemäß Abschnitt 1.3 (angeschrieben für den dreidimensionalen Fall):

$$\rho\,\ddot{\underline{s}}_3 = \underline{\underline{\nabla}}_{36}\,\underline{\sigma}_6 + \underline{w}_3 \qquad \text{(vgl. 2.11)} \qquad (9.1)$$

$$\underline{\varepsilon}_6 = \underline{\underline{\nabla}}_{36}^{T}\,\underline{s}_3 \qquad \text{(vgl. 2.31)} \qquad (9.2)$$

$$\underline{\sigma}_6 = \underline{\underline{W}}_{66}\,\underline{\varepsilon}_6 - \alpha_\vartheta\,\vartheta\,\underline{q}_6 \qquad \text{(vgl. 2.74)} \qquad (9.3)$$

wobei $\underline{\underline{\nabla}}_{36}$ den NABLA-Operator, $\underline{\sigma}_6$ den Spannungsvektor, $\underline{w}_3$ den Volumenkraftvektor, $\underline{s}_3$ den Verschiebungsvektor, $\underline{\varepsilon}_6$ den Verzerrungsvektor, $\underline{\underline{W}}_{66}$ die elastische Werkstoffmatrix und $\alpha_\vartheta\,\vartheta\,\underline{q}_6$ den Einfluß der Temperatur darstellen. Diese drei grundlegenden mechanischen Beziehungen bestimmen das Deformationsverhalten in Abhängigkeit von der Belastung. In BILD 9.1 ist beispielhaft nichtlineares Strukturverhalten anhand eines diskretisierten Kragarmes dargestellt.

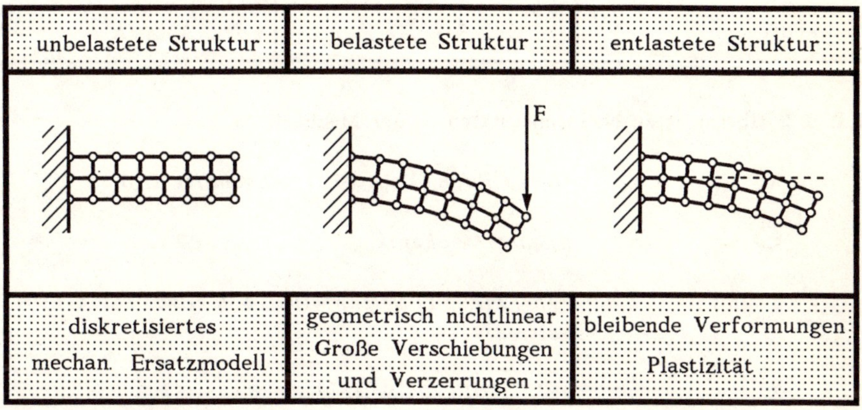

BILD 9.1: Übersicht für nichtlineare Erscheinungen am Kragarm.

Durch geeignete Vorgehensweise kann meist bei derartigen Strukturbelastungen ein Koordinatensystem gewählt werden, von dem aus die Gleichgewichtsbedingungen (9.1) linear bleiben, doch die lineare Form der Verzerrungs-Verschiebungsbeziehungen (9.2) läßt sich nicht mehr aufrechterhalten, und es müssen dann nichtlineare Terme berücksichtigt werden.

Reines *nichtlineares Werkstoffverhalten* gilt für den Fall, der praktisch die größte Bedeutung gewonnen hat, daß nämlich die geometrische Linearität gemäß (9.2) noch aufrechterhalten werden kann, aber das Werkstoffgesetz (9.3) durch andere Relationen ersetzt werden muß. Hier ist der wichtigste Fall die Metallplastizität. Dabei treten in kleinen Bereichen der betrachteten Maschinenkomponenten Verzerrungen auf, die nach Wegnahme der Betriebslasten nicht mehr rückgängig gemacht werden können. Wie wir schon gelernt haben, sind solche Vorgänge nicht reversibel. Daraus folgt die möglicherweise Nichteindeutigkeit nichtlinearer Lösungen (vgl. hierzu [ZIE-84] S. 411).

Wir können vorerst als qualitative Übersicht eine Tabelle gemäß BILD 9.2 zur Unterscheidung von Nichtlinearitäten betrachten:

	klein linear	groß nichtlinear
Verschiebung	O Δ Λ	Ω Σ X
Verzerrung	O Δ Ω Σ Λ	X
Werkstoff	O Ω Σ	Δ X Λ

BILD 9.2: Übersicht zu Nichtlinearitäten in der Mechanik.

X	≙	*dieses Buch, Kapitel 11 Abschnitt 11.8*
O	≙	*lineare Mechanik*
Δ und Ω	≙	*vgl. [ZIE-84] Seiten 411 u. 456 sowie [SZA-65] Seite 319*
Σ	≙	*vgl. [ODE-72] Seite 228, [BAT-86]*
Λ	≙	*vgl. [ODE-72] Seite 255, [BAT-86]*
Ω	≙	*statische Stabilität, [KNO-91], Seite 334*

9.1 Bemerkungen zur geometrischen Nichtlinearität im Kontinuum

Wie wir im Verlauf des Kapitels 9 sehen werden, verwendet man vorteilhaft zur Beschreibung von geometrischen Nichtlinearitäten die LAGRANGE und EULERsche Betrachtungsweise. Dabei wird der unverformte Ausgangszustand (Referenzzustand) durch die LAGRANGE und der verformte Zustand durch die EULERsche Darstellung beschrieben.

Wir definieren also entsprechend BILD 9.3 den *LAGRANGEschen Ortsvektor*

$$X = xe_x + ye_y$$

und den *EULERschen Ortsvektor*

$$Z = (x+u)e_x + (y+v)e_y \equiv z_1e_x + z_2e_y$$

mit $z_1 = x+u$ und $z_2 = y+v$.

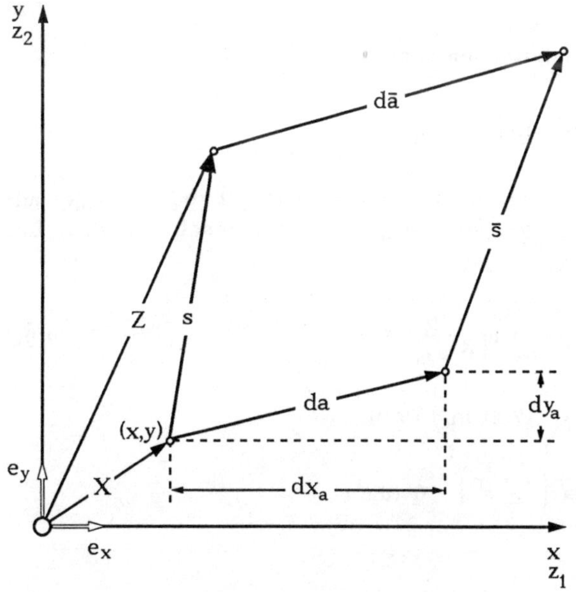

BILD 9.3: Punkt (x,y) mit Umgebung 1. Ordnung (zweidimensional).

Gemäß BILD 9.3 gilt für den Umgebungsvektor, der beliebig klein aber größer Null ist (siehe hierzu Kapitel 11.6 Absatz 2):

$$d\underline{a}^T := (dx_a, dy_a) \qquad \text{mit} \qquad |d\underline{a}| := a \tag{9.4}$$

$$d\bar{\underline{a}} = d\underline{a} + \bar{\underline{s}} - \underline{s} \qquad \text{mit} \qquad |d\bar{\underline{a}}| := a + \Delta a \tag{9.5}$$

wobei:

$$\underline{s}^T := \big(u(x,y,t),\ v(x,y,t)\big) \tag{9.6}$$

und $\bar{\underline{s}}$ nach TAYLOR gegeben ist durch (siehe BILD 9.3)

$$\bar{\underline{s}}(x+dx_a,\ y+dy_a,\ t) = \underline{s}(x,y,t) + \left(\frac{\partial \underline{s}}{\partial x}\right)dx_a + \left(\frac{\partial \underline{s}}{\partial y}\right)dy_a + {}$$
$$+ \frac{1}{2!}\left[\frac{\partial^2 \underline{s}}{\partial x^2}\,dx_a^2 + 2\frac{\partial^2 \underline{s}}{\partial x \partial y}\,dx_a dy_a + \frac{\partial^2 \underline{s}}{\partial y^2}\,dy_a^2\right] + \ldots \tag{9.7}$$

Mit dem zweidimensionalen NABLA-Operator

$$\underline{\nabla}^T := \left(\frac{\partial}{\partial x}, \frac{\partial}{\partial y}\right) \tag{9.8}$$

kann man dann (9.7) folgendermaßen schreiben:

$$\bar{\underline{s}} = \underline{s} + \left(\underline{s}\,\underline{\nabla}^T\right)d\underline{a} + \underline{0}\left(d\underline{a}^2\right) \tag{9.9}$$

Hierin bedeutet $\underline{0}(d\underline{a}^2)$ einen Vektor, der gemäß (9.7) mit dx_a^2, dy_a^2 oder mit $dx_a dy_a$ nach Null geht, falls dx_a oder dy_a nach Null geschickt wird. Das heißt, es gilt

$$\lim_{d\underline{a} \to 0} \frac{\underline{0}}{dx_a} = \lim_{d\underline{a} \to 0} \frac{\underline{0}}{dy_a} = 0 \tag{9.9a}$$

Es ergibt sich nun mit (9.4), (9.5) und (9.9):

$$d\bar{\underline{a}}^T = d\underline{a}^T + d\underline{a}^T\left(\underline{\nabla}\,\underline{s}^T\right) + \underline{0}^T(d\underline{a}^2)$$

und

$$d\bar{\underline{a}} = d\underline{a} + \left(\underline{s}\,\underline{\nabla}^T\right)d\underline{a} + \underline{0}(d\underline{a}^2)\ .$$

Man beachte, die Umgebung ($d\underline{a}$) ist klein, die Verschiebung $\underline{s}$ ist groß!

$$d\underline{\bar{a}}^T\, d\underline{\bar{a}} = \left(a+\Delta a\right)^2 = a^2 + 2d\underline{a}^T \underline{\underline{\Lambda}}\, d\underline{a} + d\underline{a}^T \underline{0} + d\underline{a}^T\left(\underline{\nabla}^T \underline{s}\right)\underline{0} + \underline{0}^T d\underline{a} + \underline{0}^T\left(\underline{s}\,\underline{\nabla}^T\right) d\underline{a} + \underline{0}^T \underline{0} \tag{9.10}$$

wobei

$$\underline{\underline{\Lambda}} := \frac{1}{2}\left[\underline{s}\,\underline{\nabla}^T + \underline{\nabla}\,\underline{s}^T + \left(\underline{\nabla}\,\underline{s}^T\right)\left(\underline{s}\,\underline{\nabla}^T\right)\right] \tag{9.11}$$

die allgemeine, nichtlineare *Dehnungsmatrix* ("GREENscher Verzerrungstensor") bedeutet. Die Elemente λ_{ik} sind *nicht* identisch mit den wirklichen physikalischen Verzerrungen ε_{ik} (vgl. hierzu [BIE-53] S. 18 die Formeln (8), (9) und (10)).

Aus (9.11) erkennt man, daß allgemein gilt:

$$\underline{\underline{\Lambda}}^T \equiv \underline{\underline{\Lambda}} \tag{9.12}$$

es handelt sich also immer um eine symmetrische Matrix.

Betrachten wir jetzt *speziell*

$$d\underline{a}^T \equiv (dx,0,0) \quad \text{mit} \quad |d\underline{a}| \equiv dx \equiv a \tag{9.13}$$

und gemäß (9.5)

$$\lim_{d\underline{a}\to 0} |d\underline{\bar{a}}| = a\left(1 + \lim_{dx\to 0}\frac{\Delta a}{a}\right) \equiv dx(1+\varepsilon_x) \tag{9.14}$$

wobei gilt:

$$\varepsilon_x := \lim_{dx\to 0}\frac{\Delta a}{a} \tag{9.14a}$$

d.h. ε_x ist die *wirkliche* physikalische Verzerrung des Vektors $d\underline{a}$.

An BILD 9.4 kann man deutlich erkennen, daß nun ohne Verschiebung in x-Richtung (also $u \equiv 0$) bei großen Verschiebungen eine von Null verschiedene Verzerrung ε_x auftritt.

Nach BILD 9.4 und Formel (9.14) gilt nämlich:

$$\lim_{dx\to 0} |d\underline{\bar{a}}|^2 = dx^2(1+\varepsilon_x)^2 = dx^2 + dv^2 = dx^2\left(1 + \left(\frac{dv}{dx}\right)^2\right) \tag{9.14b}$$

Hieraus folgt nach Division durch dx^2 und Grenzübergang $dx \to 0$

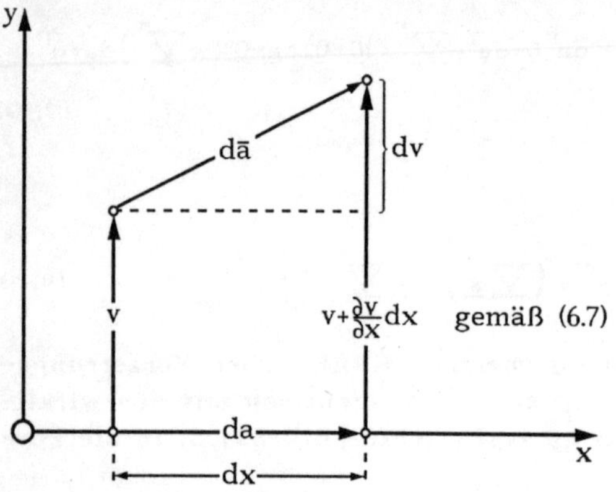

BILD 9.4: Darstellung der betragsmäßigen Änderung des Vektors $d\underline{\bar{a}}$ gegenüber $d\underline{a}$ für den Fall $u(x,y,t) \equiv 0$ und $d\underline{a}$ in x-Richtung.

$$\varepsilon_x = \sqrt{1 + \left(\frac{dv}{dx}\right)^2} - 1 \tag{9.15}$$

d.h. (9.15) ist *exakt*, auch wenn man das TAYLORsche Restglied ansetzen würde (siehe (9.7)).

Aus (9.10) erhält man für den Spezialfall (9.13) und $u \equiv 0$ ($\equiv w$, 3 dim.) das gleiche Ergebnis, wie wir es hier anschaulich hergeleitet haben.

Im Falle sehr kleiner Verzerrungen, d.h. quadratische Ableitungen des Verschiebungsfeldes werden gegenüber 1 vernachlässigt, folgt aus (9.15) $\varepsilon_x \approx 0$, wie man es für $u \equiv 0$ gewohnt ist (vgl. (2.21)).

Im allgemeinen ergibt sich nun aus (9.10) speziell in x-Richtung gemäß (9.13) und (9.14)

$$d\underline{\bar{a}}^T d\underline{\bar{a}} = dx^2 \left(1 + \frac{\Delta a}{a}\right)^2 \tag{9.15a}$$

$$= dx^2 + 2(dx,0,0) \begin{bmatrix} \lambda_{11} & \lambda_{12} & \lambda_{13} \\ \lambda_{12} & \lambda_{22} & \lambda_{23} \\ \lambda_{13} & \lambda_{23} & \lambda_{33} \end{bmatrix} \begin{pmatrix} dx \\ 0 \\ 0 \end{pmatrix} + \bigcirc\!\!\!\!\!0 \tag{9.15b}$$

$$= dx^2 + 2(dx,0,0) \begin{pmatrix} \lambda_{11} \\ \lambda_{12} \\ \lambda_{13} \end{pmatrix} dx + \bigcirc\!\!\!\!\!0 \tag{9.15c}$$

$$= dx^2 + 2dx^2\lambda_{11} + \bigcirc\!\!\!\!\!0 \tag{9.15d}$$

wobei gilt:

$$\textcircled{0} := dx(1,0,0)\,\underline{0} + dx(1,0,0)\left(\underline{\nabla s}^T\right)\underline{0} + dx\,\underline{0}^T\begin{pmatrix}1\\0\\0\end{pmatrix} + \underline{0}^T\left(\underline{s\nabla}^T\right)\begin{pmatrix}1\\0\\0\end{pmatrix}dx + \underline{0}^T\underline{0}$$

Mit (9.9a) kommt hieraus:

$$\lim_{dx \to 0} \frac{\textcircled{0}}{dx^2} = 0 \qquad (9.15e)$$

Daraus folgt mit (9.15a) = (9.15d) unter Beachtung von (9.15e) und (9.14a) für die wirkliche Dehnung nach Division durch dx^2 und anschließendem Grenzübergang $dx \longrightarrow 0$:

$$\varepsilon_x^2 + 2\varepsilon_x - 2\lambda_{11} = 0 \qquad (9.16)$$

Damit wird

$$\varepsilon_x = \sqrt{1 + 2\lambda_{11}} - 1 \qquad (9.17)$$

Hiermit haben wir den Zusammenhang zwischen wirklicher physikalischer Relativverlängerung ε_x und den Komponenten des GREENschen Verzerrungstensors λ_{ik} im Falle großer Verzerrungen angegeben.

Im Falle kleiner Verzerrungen entwickeln wir die Wurzel in (9.17) bis zum ersten Glied nach dem binomischen Lehrsatz und erhalten:

$$\varepsilon_x = 1 + \lambda_{11} - 1 = \lambda_{11} \qquad (9.18)$$

d.h. die wirkliche Verzerrung ist gleich der entsprechenden Komponente der Verzerrungsmatrix bzw. des Verzerrungstensors, wie üblich.

Völlig analog erhält man (vgl. [KUH-87] Seite 18)

$$\varepsilon_y = \sqrt{1 + 2\lambda_{22}} - 1$$

$$\varepsilon_z = \sqrt{1 + 2\lambda_{33}} - 1 \qquad (9.19)$$

Um die Winkelverzerrungen analog zu (2.23) für den Fall endlicher Winkeländerungen auszurechnen, nehmen wir:

$$d\underline{b}^T := (0,dy,0) \quad \text{mit } |d\underline{b}| = dy = b \tag{9.20}$$

analog zu (9.14) und (9.14a) gilt:

$$\lim_{dy \to 0} \frac{|d\bar{\underline{b}}|}{dy} = 1 + \lim_{dy \to 0} \frac{\Delta b}{b} \equiv (1 + \varepsilon_y) \tag{9.21}$$

und es kommt mit BILD 9.5

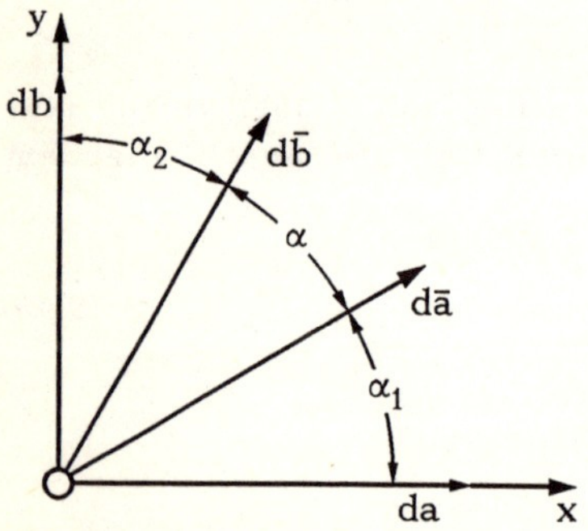

$$\frac{\pi}{2} - (\alpha_1 + \alpha_2) =$$
$$= \frac{\pi}{2} - \gamma_{xy} =: \alpha \ [\text{s.}(2.23)]$$

BILD 9.5: Die Winkel am *verzerrten* Element (siehe BILD 2.3).

für das innere Produkt $d\bar{\underline{a}}^T d\bar{\underline{b}}$ nach Ausführung des Grenzüberganges entsprechend (9.14) und (9.21) folgt

$$\frac{d\bar{\underline{a}}^T \, d\bar{\underline{b}}}{dx \, dy} = (1+\varepsilon_x)(1+\varepsilon_y) \cos\left(\frac{\pi}{2} - \gamma_{xy}\right)$$
$$= (1+\varepsilon_x)(1+\varepsilon_y) \sin(\gamma_{xy}) \tag{9.22}$$

Gemäß (9.5), (9.9), (9.13), (9.20) und der Definition (9.11) ergibt sich mit BILD 9.3 unter Beachtung von:

$$d\bar{\underline{a}}^T = d\underline{a}^T + d\underline{a}^T\left(\underline{\nabla}\, \underline{s}^T\right) + \underline{0}_a^T$$

und

$$d\bar{\underline{b}} = d\underline{b} + \left(\underline{s}\, \underline{\nabla}^T\right) d\underline{b} + \underline{0}_b$$

wobei gemäß (9.7)

$$\underline{0}_a \; := \; \frac{1}{2!}\,\frac{\partial \underline{s}^2}{\partial x^2}\,dx_a^2$$

und

$$\underline{0}_b \; := \; \frac{1}{2!}\,\frac{\partial^2 \underline{s}}{\partial y^2}\,dy_b^2$$

bedeutet.

$$d\underline{\bar{a}}^T d\underline{\bar{b}} \;=\; d\underline{a}^T d\underline{b} + d\underline{a}^T\left[\underline{s}\underline{\nabla}^T + \underline{\nabla}^T\underline{s} + (\underline{\nabla}^T\underline{s})(\underline{s}\underline{\nabla}^T)\right]d\underline{b} + \textcircled{0}_{ab},$$

mit

$$\textcircled{0}_{ab} \;:=\; d\underline{a}^T\underline{0}_b + d\underline{a}^T(\underline{\nabla}\underline{s}^T)\,\underline{0}_b + \underline{0}_{a^T}d\underline{b} + \underline{0}_{a^T}(\underline{s}\underline{\nabla}^T)\,d\underline{b} + \underline{0}_{a^T}\,\underline{0}_b$$

Also gilt:

$$d\underline{\bar{a}}^T d\underline{\bar{b}} = 2(1,0,0)\,\underline{\underline{\Lambda}}\begin{pmatrix}0\\1\\0\end{pmatrix}dxdy + \textcircled{0}_{ab} \qquad (9.23)$$

und damit

$$d\underline{\bar{a}}^T d\underline{\bar{b}} \;=\; 2\,\lambda_{12}\;dxdy \;+\; \textcircled{0}_{ab}$$

wobei

$$\textcircled{0}_{ab} \;:=\; \frac{1}{2}\,(1,0,0)\,\frac{\partial^2\underline{s}}{\partial y^2}\,dxdy^2 + \frac{1}{2}\,(1,0,0)(\underline{\nabla}\underline{s}^T)\frac{\partial^2\underline{s}}{\partial y^2}\,dxdy^2 +$$

$$+\,\frac{1}{2}\,\frac{\partial^2\underline{s}^T}{\partial x^2}\begin{pmatrix}0\\1\\0\end{pmatrix}dx^2dy + \frac{1}{2}\,\frac{\partial^2\underline{s}^T}{\partial x^2}(\underline{s}\underline{\nabla}^T)\begin{pmatrix}0\\1\\0\end{pmatrix}dx^2dy + \frac{1}{4}\,\frac{\partial^2\underline{s}^T}{\partial x^2}\,\frac{\partial\,\underline{s}^2}{\partial y^2}\,dx^2dy^2$$

ist.

Mit (9.22) und (9.23) bekommt man dann exakt, nachdem man durch dxdy dividiert und anschließend den Grenzübergang $dx,dy \longrightarrow 0$ durchgeführt hat:

$$\sin \gamma_{xy} = \frac{2\lambda_{12}}{(1+\varepsilon_x)(1+\varepsilon_y)} \tag{9.24}$$

Für den Sonderfall kleiner Verzerrungen ε_x, ε_y, $\gamma_{xy} \ll 1$ folgt aus (9.24) wieder die bekannte Beziehung $\gamma_{xy} = 2\lambda_{12}$.

Durch (9.24) haben wir wieder eine Beziehung zwischen den Komponenten des Verzerrungstensors $\underline{\underline{\Lambda}}$ und den wahren Winkeländerungen der Koordinatenachsen hergestellt.

Die Beziehung für γ_{yz} und γ_{zx} erhält man aus (9.24) durch zyklisches Vertauschen von x, y, z und 1, 2, 3.

Aus (9.11) kommen nun noch durch Einsetzen von (9.6) und (9.8), wenn man die z-Koordinate ergänzt, die nichtlinearen allgemeinen Beziehungen zwischen dem Verschiebungsfeld u(x,y,z;t), v(x,y,z;t), w(x,y,z;t) und den symmetrischen Komponenten des Verzerrungstensors λ_{ik} zu (vgl. [ZIE-84] S. 471 und [BIE-53] S. 18):

$$\lambda_{11} = \frac{\partial u}{\partial x} + \frac{1}{2}\left\{\left(\frac{\partial u}{\partial x}\right)^2 + \left(\frac{\partial v}{\partial x}\right)^2 + \left(\frac{\partial w}{\partial x}\right)^2\right\} \tag{9.25}$$

$$2\lambda_{12} = \frac{\partial u}{\partial y} + \frac{\partial v}{\partial x} + \left\{\left(\frac{\partial u}{\partial x}\right)\left(\frac{\partial u}{\partial y}\right) + \left(\frac{\partial v}{\partial x}\right)\left(\frac{\partial v}{\partial y}\right) + \left(\frac{\partial w}{\partial x}\right)\left(\frac{\partial w}{\partial y}\right)\right\} \tag{9.26}$$

Die übrigen Komponenten ergeben sich wieder durch zyklisches Vertauschen (vgl. (2.11), (2.22) und (2.26)). In (9.25) und (9.26) sind Starrkörperbewegungen enthalten (zweidimensional), was für die Konvergenz wichtig ist (vgl. [BAT-86] S.185 und 186 sowie Abschnitt 17.3).

z.B. 1) $\left.\begin{aligned} u &= \text{const} \\ v &= \text{const} \end{aligned}\right\}$ *Translation*

2) $\left.\begin{aligned} u &= y\, d\omega \\ v &= -x\, d\omega \end{aligned}\right\}$ *kleine Drehung*

3) $\left.\begin{aligned} u &= -2x \\ v &= -2y \end{aligned}\right\}$ *große Drehung um π*

Hiermit gilt $\lambda_{11} = \lambda_{22} = \lambda_{12} \equiv 0$ und aus $\lambda_{ik} = 0$ folgt $\varepsilon_x = \varepsilon_y = \gamma_{xy} = 0$, also es gibt keine Verzerrungen.

9.2 Geometrische Nichtlinearität bei den finiten Elementen

Wegen der Symmetrie des GREENschen Verzerrungstensors gemäß (9.12) hat die Matrix $\underline{\underline{\Lambda}}$ in drei Dimensionen nur sechs voneinander verschiedene Elemente, die man wieder analog zu (2.29) zu einem Spaltenvektor $\underline{\lambda}_6$ zusammenfassen kann. So kommt mit (2.31), (1.15), (9.11), (9.25) und (9.26):

$$\underline{\lambda}_6 = \underline{\underline{\nabla}}^{T}_{36}\, \underline{s}_3 + \underline{\varphi}_6 \tag{9.27}$$

wobei $\underline{s}_3$ der Verschiebungsvektor nach (2.30) ist, $\underline{\underline{\nabla}}_{36} \equiv \underline{\underline{\nabla}}_{36}$ und

$$\underline{\lambda}^{T}_6 := \left[\lambda_{11}, \lambda_{22}, \lambda_{33}, 2\lambda_{12}, 2\lambda_{23}, 2\lambda_{31}\right] \tag{9.28}$$

sowie

$$\underline{\varphi}_6 := \underline{\underline{A}}_{69}(\underline{s}_3)\; \underline{\Theta}_9(\underline{s}_3) \tag{9.29}$$

Dabei gilt:

$$\underline{\underline{A}}_{69} = \frac{1}{2}\begin{bmatrix} \frac{\partial u}{\partial x} & \frac{\partial v}{\partial x} & \frac{\partial w}{\partial x} & 0 & 0 & 0 & 0 & 0 & 0 \\ 0 & 0 & 0 & \frac{\partial u}{\partial y} & \frac{\partial v}{\partial y} & \frac{\partial w}{\partial y} & 0 & 0 & 0 \\ 0 & 0 & 0 & 0 & 0 & 0 & \frac{\partial u}{\partial z} & \frac{\partial v}{\partial z} & \frac{\partial w}{\partial z} \\ \frac{\partial u}{\partial y} & \frac{\partial v}{\partial y} & \frac{\partial w}{\partial y} & \frac{\partial u}{\partial x} & \frac{\partial v}{\partial x} & \frac{\partial w}{\partial x} & 0 & 0 & 0 \\ 0 & 0 & 0 & \frac{\partial u}{\partial z} & \frac{\partial v}{\partial z} & \frac{\partial w}{\partial z} & \frac{\partial u}{\partial y} & \frac{\partial v}{\partial y} & \frac{\partial w}{\partial y} \\ \frac{\partial u}{\partial z} & \frac{\partial v}{\partial z} & \frac{\partial w}{\partial z} & 0 & 0 & 0 & \frac{\partial u}{\partial x} & \frac{\partial v}{\partial x} & \frac{\partial w}{\partial x} \end{bmatrix} \tag{9.30}$$

$$\equiv \frac{1}{2}\begin{bmatrix} \frac{\partial \underline{s}^{T}_3}{\partial x} & \underline{0}^{T}_3 & \underline{0}^{T}_3 \\ \underline{0}^{T}_3 & \frac{\partial \underline{s}^{T}_3}{\partial y} & \underline{0}^{T}_3 \\ \underline{0}^{T}_3 & \underline{0}^{T}_3 & \frac{\partial \underline{s}^{T}_3}{\partial z} \\ \frac{\partial \underline{s}^{T}_3}{\partial y} & \frac{\partial \underline{s}^{T}_3}{\partial x} & \underline{0}^{T}_3 \\ \underline{0}^{T}_3 & \frac{\partial \underline{s}^{T}_3}{\partial z} & \frac{\partial \underline{s}^{T}_3}{\partial y} \\ \frac{\partial \underline{s}^{T}_3}{\partial z} & \underline{0}^{T}_3 & \frac{\partial \underline{s}^{T}_3}{\partial x} \end{bmatrix} = \underline{\underline{A}}_{69}(\underline{s}_3) \tag{9.31}$$

und:

$$\underline{\Theta}_9^T = \left[\frac{\partial u}{\partial x}, \frac{\partial v}{\partial x}, \frac{\partial w}{\partial x}, \frac{\partial u}{\partial y}, \frac{\partial v}{\partial y}, \frac{\partial w}{\partial y}, \frac{\partial u}{\partial z}, \frac{\partial v}{\partial z}, \frac{\partial w}{\partial z} \right] \tag{9.32}$$

$$\equiv \left[\frac{\partial \underline{s}_3^T}{\partial x}, \frac{\partial \underline{s}_3^T}{\partial y}, \frac{\partial \underline{s}_3^T}{\partial z} \right] = \underline{\Theta}_9^T(\underline{s}_3) \tag{9.33}$$

siehe auch [ZIE-84] S.472.

9.3 Geometrie der Inkrementierung

Bei der späteren Anwendung inkrementeller Methoden benötigen wir $d\underline{\varphi}_6$. Hierbei bezieht sich die Variation oder das Differential "d" auf eine kleine Zunahme der Lasten in der Zeit oder, geometrisch interpretiert, auf eine kleine Zunahme der Verschiebungen $\underline{s}_3$ respektive eine kleine Zunahme $\Delta\underline{r}_n$ der Knotenpunktsverschiebung $\underline{r}_n$ (siehe (3.8)) eines finiten Elementes.

Zur Berechnung des Vektors $d\underline{\varphi}_6$ betrachten wir folgende Definitionen:

$$\hat{\underline{x}} := \frac{\partial \underline{s}_3}{\partial x} \qquad \hat{\underline{y}} := \frac{\partial \underline{s}_3}{\partial y} \qquad \hat{\underline{z}} := \frac{\partial \underline{s}_3}{\partial z} \tag{9.34}$$

Damit wird unter Beachtung von (9.31) und (9.33):

$$\underline{\varphi}_6 = \frac{1}{2} \underbrace{\begin{bmatrix} \hat{\underline{x}}^T & \underline{0}^T & \underline{0}^T \\ \underline{0}^T & \hat{\underline{y}}^T & \underline{0}^T \\ \underline{0}^T & \underline{0}^T & \hat{\underline{z}}^T \\ \hat{\underline{y}}^T & \hat{\underline{x}}^T & \underline{0}^T \\ \underline{0}^T & \hat{\underline{z}}^T & \hat{\underline{y}}^T \\ \hat{\underline{z}}^T & \underline{0}^T & \hat{\underline{x}}^T \end{bmatrix}}_{\underline{\underline{A}}_{69}} \underbrace{\begin{bmatrix} \hat{\underline{x}} \\ \hat{\underline{y}} \\ \hat{\underline{z}} \end{bmatrix}}_{\underline{\Theta}_9} = \frac{1}{2} \begin{bmatrix} \hat{\underline{x}}^T \hat{\underline{x}} \\ \hat{\underline{y}}^T \hat{\underline{y}} \\ \hat{\underline{z}}^T \hat{\underline{z}} \\ \hat{\underline{y}}^T \hat{\underline{x}} + \hat{\underline{x}}^T \hat{\underline{y}} \\ \hat{\underline{z}}^T \hat{\underline{y}} + \hat{\underline{y}}^T \hat{\underline{z}} \\ \hat{\underline{z}}^T \hat{\underline{x}} + \hat{\underline{x}}^T \hat{\underline{z}} \end{bmatrix} \tag{9.35}$$

Wenn man nun berücksichtigt, daß das innere Produkt zweier Vektoren $\underline{a}$ und $\underline{b}$ kommutativ ist, also gilt: $\underline{a}^T\underline{b} = \underline{b}^T\underline{a}$, so erkennt man leicht aus (9.35), daß gilt:

$$d\underline{\underline{A}}_{69}\,\underline{\Theta}_9 = \underline{\underline{A}}_{69}\,d\underline{\Theta}_9 \tag{9.36}$$

Damit wird unter Berücksichtigung von (9.29):

$$d\underline{\varphi}_6 = d\underline{\underline{A}}_{69}\underline{\Theta}_9 + \underline{\underline{A}}_{69}\,d\underline{\Theta}_9 = 2\,\underline{\underline{A}}_{69}\,d\underline{\Theta}_9 \tag{9.37}$$

Setzt man nun gemäß (3.7) für drei Dimensionen wieder

$$\underline{s}_3 = \underline{\underline{\Phi}}_{3n}\underline{r}_n \equiv \underline{\underline{\Phi}}_{3n}(\underline{x})\;\underline{r}_n(t) \tag{9.38}$$

wobei $\underline{\underline{\Phi}}_{3n}$ die Formfunktionsmatrix ist, die nur vom Ort abhängt, und $\underline{r}_n$ den Knotenpunktsverschiebungsvektor darstellt, so kommt für $\underline{\Theta}_9$ aus (9.35) mit (9.34):

$$\underline{\Theta}_9 = \begin{bmatrix} \dfrac{\partial\underline{\underline{\Phi}}_{3n}}{\partial x}\,\underline{r}_n \\[2ex] \dfrac{\partial\underline{\underline{\Phi}}_{3n}}{\partial y}\,\underline{r}_n \\[2ex] \dfrac{\partial\underline{\underline{\Phi}}_{3n}}{\partial z}\,\underline{r}_n \end{bmatrix} \tag{9.39}$$

also:

$$\underline{\Theta}_9 = \underline{\underline{R}}_{9n}\,\underline{r}_n$$

wobei gilt

$$\underline{\underline{R}}_{9n} := \begin{bmatrix} \dfrac{\partial\underline{\underline{\Phi}}_{3n}}{\partial x} \\[2ex] \dfrac{\partial\underline{\underline{\Phi}}_{3n}}{\partial y} \\[2ex] \dfrac{\partial\underline{\underline{\Phi}}_{3n}}{\partial z} \end{bmatrix} \tag{9.40}$$

Wenn wir nun die Differentiation in (9.37), wie schon erwähnt, als *Zuwachs der Knotenpunktsverschiebungen* eines Elementes aufgrund von Zuwachs bei den äußeren Lasten [Inkrement-Verfahren] auffassen, so wird mit (9.39) aus (9.37):

$$d\underline{\varphi}_6 = 2\underline{\underline{A}}_{69}(\underline{r}_n)\,\underline{\underline{R}}_{9n}\,d\underline{r}_n \tag{9.41}$$

Damit kommt aus (9.27) mit (9.38) für den gesamten Verzerrungsvektor $\underline{\lambda}_6$ aus (9.28) als *inkrementelle Änderung:*

$$d\underline{\lambda}_6 = \left(\underline{\underline{\nabla}}^T_{36}\, \underline{\underline{\Phi}}_{3n} + 2\underline{\underline{A}}_{69}(\underline{r}_n)\, \underline{\underline{R}}_{9n} \right) d\underline{r}_n \tag{9.42}$$

Man beachte hierbei, daß wegen des Verschiebungsansatzes (9.38) die Differentiationen nach x, y, z in (9.31) nicht numerisch durchgeführt werden müssen, sondern, wie in $\underline{\Theta}_9$ gemäß (9.39), analytisch ausgeführt werden können.

Im Sinne eines Inkrementverfahrens müssen wir letztlich aus den Inkrementen der Komponenten λ_{ik} der GREENschen Verzerrungsmatrix (9.11) die Veränderungen $\Delta\varepsilon_x$, $\Delta\varepsilon_y$, $\Delta\gamma_{xy}$ (zweidimensional) des physikalischen, wirklichen Verzerrungsvektors (siehe (2.27)) ausrechnen können. Diese wirklichen Verzerrungsänderungen $\Delta\underline{\varepsilon}$ müssen später in ein Werkstoffgesetz von der Struktur (2.72) eingesetzt werden, um aus ihnen Änderungen von Spannungen zu ermitteln.

Dazu differenzieren wir (9.17) und (9.19) und erhalten:

$$\Delta\varepsilon_x = \frac{\Delta\lambda_{11}}{\sqrt{1+2\lambda_{11}}} \qquad \Delta\varepsilon_y = \frac{\Delta\lambda_{22}}{\sqrt{1+2\lambda_{22}}} \tag{9.43}$$

Aus (9.24) kommt durch Variation:

$$\Delta\gamma_{xy} = \frac{2}{C_1}\left(\Delta\lambda_{12} - \frac{\lambda_{12}\Delta\lambda_{11}}{1+2\lambda_{11}} - \frac{\lambda_{12}\Delta\lambda_{22}}{1+2\lambda_{22}} \right) \tag{9.44}$$

wobei

$$C_1 := \left[(1+2\lambda_{22})(1+2\lambda_{11}) - 4\lambda_{12}^2 \right]^{\frac{1}{2}} \tag{9.45}$$

bedeutet.

Also gilt (zweidimensional):

$$\begin{pmatrix} d\varepsilon_x \\ d\varepsilon_y \\ d\gamma_{xy} \end{pmatrix} \equiv d\underline{\varepsilon}_3 = \underline{\underline{U}}_{33} d\underline{\lambda}_3 = \underline{\underline{U}}_{33} \begin{pmatrix} d\lambda_{11} \\ d\lambda_{22} \\ d\lambda_{12} \end{pmatrix} \tag{9.46}$$

wenn die Tangentenmatrix $\underline{\underline{U}} \equiv [u_{ik}]$ wie folgt definiert wird unter Beachtung von (9.43), (9.44) und (9.45) mit $d\underline{\lambda}_3^T := (d\lambda_{11}\,,\, d\lambda_{22}\,,\, 2d\lambda_{12})$ (siehe (9.28)):

$$u_{11} = \frac{1}{\sqrt{1+2\lambda_{11}}} \qquad u_{12} = u_{13} \equiv 0$$

$$u_{22} = \frac{1}{\sqrt{1+2\lambda_{22}}} \qquad u_{21} = u_{23} \equiv 0$$

$$u_{31} = -\frac{2\lambda_{12}}{C_1(1+2\lambda_{11})} \qquad u_{32} = -\frac{2\lambda_{12}}{C_1(1+2\lambda_{22})} \qquad u_{33} = \frac{1}{C_1} \tag{9.47}$$

Auf die gleiche Weise kommt man im Dreidimensionalen zu einer Matrix $\underline{\underline{U}}_{66}\big(\underline{\lambda}_6(\underline{r}_6)\big)$ und es gilt:

$$d\underline{\varepsilon}_6 = \underline{\underline{U}}_{66}\, d\underline{\lambda}_6 \tag{9.48}$$

wobei sich für die Tangentenmatrix folgende Form ergibt:

$$\underline{\underline{U}}_{66} = \begin{bmatrix} u_{11} & 0 & 0 & 0 & 0 & 0 \\ 0 & u_{22} & 0 & 0 & 0 & 0 \\ 0 & 0 & u_{33} & 0 & 0 & 0 \\ u_{41} & u_{42} & 0 & u_{44} & 0 & 0 \\ 0 & u_{52} & u_{53} & 0 & u_{55} & 0 \\ u_{61} & 0 & u_{63} & 0 & 0 & u_{66} \end{bmatrix} \tag{9.48a}$$

Die in (9.48a) eingeführten Abkürzungen nehmen dabei in Analogie zu (9.47) folgende Form an:

$$u_{33} = \frac{1}{\sqrt{1+2\lambda_{33}}}$$

$$u_{52} = -\frac{2\lambda_{23}}{C_2(1+2\lambda_{22})} \qquad u_{53} = -\frac{2\lambda_{23}}{C_2(1+2\lambda_{33})} \qquad u_{55} = \frac{1}{C_2}$$

$$u_{61} = -\frac{2\lambda_{31}}{C_3(1+2\lambda_{11})} \qquad u_{63} = -\frac{2\lambda_{31}}{C_3(1+2\lambda_{33})} \qquad u_{66} = \frac{1}{C_3} \tag{9.48b}$$

wobei u_{11}, u_{22}, u_{41}, u_{42} und u_{44} identisch mit u_{11}, u_{22}, u_{31}, u_{32} und u_{33} im Zweidimensionalen sind.

Desweiteren treten in (9.48b) zur Vereinfachung der Schreibweise Abkürzungen C_2 und C_3 auf, die ausgeschrieben lauten:

$$C_2 := \left[(1+2\lambda_{33})(1+2\lambda_{22}) - 4\lambda_{23}^2\right]^{\frac{1}{2}} \tag{9.48c}$$

$$C_3 := \left[(1+2\lambda_{11})(1+2\lambda_{33})-4\lambda_{31}^2\right]^{\frac{1}{2}} \qquad (9.48d)$$

In Verbindung mit (9.42) wird aus (9.48) schließlich:

$$d\underline{\varepsilon}_6 = \underline{\underline{U}}_{66}\left(\underline{\underline{\nabla}}_{36}^T \underline{\underline{\Phi}}_{3n} + 2\underline{\underline{A}}_{69} \underline{\underline{R}}_{9n}\right)d\underline{r}_n \equiv \underline{\underline{\Sigma}}_{6n}d\underline{r}_n \qquad (9.49)$$

Wir stellen also fest: es existiert immer eine vom Verschiebungszustand eindeutig definierte Rechtecksmatrix $\underline{\underline{\Sigma}}_{6n}$ (Tangentenmatrix) wie folgt:

$$\underline{\underline{\Sigma}}_{6n}(\underline{\lambda}_6;\underline{r}_n) := \underline{\underline{U}}_{66}(\underline{\lambda}_6)\Big(\underbrace{\underline{\underline{\nabla}}_{36}^T \underline{\underline{\Phi}}_{3n}}_{\underline{\underline{B}}_{6n}} + 2\underline{\underline{A}}_{69}(\underline{r}_n)\,\underline{\underline{R}}_{9n}\Big) \qquad (9.50)$$

durch die jedem Zuwachs der Knotenpunktsverschiebungen $d\underline{r}_n$ eine Zunahme der physikalischen Verzerrungen gemäß (2.29) eindeutig zugeordnet ist.

Im Falle der linearen Mechanik geht $\underline{\underline{\Sigma}}_{6n}$ über in die bekannte Kompatibilitätsmatrix $\underline{\underline{B}}_{6n}$ aus (3.23).

10 NICHTLINEARE GEOMETRIE IN BELIEBIGEN PARAMETERRÄUMEN

10.1 Wahre physikalische Verzerrungen und GREENsche Verzerrungen

Stellen wir uns entsprechend BILD 6.1 vor, ein beliebiger Parameterraum würde durch die drei Parameter x^1, x^2, x^3 beschrieben. Der Ortsvektor ist gemäß BILD 6.1 und Formel (6.1) X. Dann gilt

$$dX = \frac{\partial X}{\partial x^k} dx^k \qquad \text{(Summation über k)} \tag{10.1}$$

Mit der Definition der Lokalbasis gemäß (6.2) wird dann aus (10.1)

$$dX = a_k \, dx^k \tag{10.2}$$

Damit ist die Umgebung des Punktes X, die Umgebung erster Ordnung, mittels der Lokalbasis a_k(k=1,2,3) beschrieben.

Durch ein Verschiebungsfeld s_3, siehe z.B. (9.6), verändert sich die Umgebung 1. Ordnung des Punktes X gemäß BILD 9.3 in eine Umgebung $d\bar{x}$ entsprechend Formel (9.5), so daß gilt:

$$d\bar{x} = dX + \bar{s} - s \tag{10.3}$$

Hierin wird mit TAYLOR nach (9.7)

$$\bar{s} = s + \frac{\partial s}{\partial x^i} dx^i + \dots\dots\dots \qquad \text{(Summation über i)} \tag{10.4}$$

Führen wir hier wieder die Definition des ∇-Vektors wie in (6.7) ein,

$$\nabla := a^k \frac{\partial}{\partial x^k} \tag{10.5}$$

so können wir mit (10.2) unter Beachtung von (6.6) die Formel (10.4) schreiben (wobei die Glieder höherer Ordnung gleich weggelassen werden):

$$\bar{s} - s = dX \cdot \nabla \circ s \tag{10.6}$$

Mit dieser Darstellung kommt aus (10.3)

$$d\bar{x} = dX \cdot \left(E + \nabla \circ s \right) \equiv \left(E + s \circ \nabla \right) \cdot dX \tag{10.7}$$

wobei E den Einheitstensor bedeutet. Der kleine Nullkreis in (10.6) oder (10.7) bedeutet eine unbestimmte oder dyadische Verbindung von s mit ∇ oder es darf kein inneres Produkt gebildet werden. (10.7) bedeutet geometrisch interpretiert die Transformation der Umgebung dX in die Umgebung $d\bar{x}$ durch das Verschiebungsfeld s.

Betrachten wir jetzt im Sinne von (10.7) ein zweites Linienelement dY, für das wieder gilt:

$$d\bar{y} = \left(E + s \circ \nabla \right) \cdot dY \tag{10.8}$$

so erhält man durch Multiplikation von (10.7) mit (10.8)

$$d\bar{x} \cdot d\bar{y} = dX \cdot \left[E + 2 \left\{ \frac{1}{2} \{ s \circ \nabla + \nabla \circ s + (\nabla \circ s) \cdot (s \circ \nabla) \} \right\} \right] \cdot dY \tag{10.9}$$

Dabei hat sich wieder gemäß (9.11) der GREENsche Verzerrungstensor gebildet und es gilt wegen (10.9) mit

$$\Lambda := \frac{1}{2} \left\{ s \circ \nabla + \nabla \circ s + (\nabla \circ s) \cdot (s \circ \nabla) \right\} \tag{10.10a}$$

$$d\bar{x} \cdot d\bar{y} = dX \cdot dY + 2 dX \cdot \Lambda \cdot dY \tag{10.10}$$

Für $d\bar{x} \equiv d\bar{y}$ und

$$d\bar{x}^2 = l^2 \left(1 + \frac{\Delta l}{l} \right)^2 \; ; \; dX^2 = l^2 \tag{10.11a}$$

folgt aus (10.10)

$$\frac{\Delta l}{l} = \sqrt{1 + 2 \, \frac{dX \cdot \Lambda \cdot dX}{l^2}} - 1 \tag{10.11}$$

Wählen wir nun in (10.11) unter Beachtung von (10.2) resp. (9.13)

$$dX = \overset{\circ}{a}_1 \, da^1 \tag{10.12}$$

und gehen entsprechend der Definition (9.14) zur Grenze $l \longrightarrow 0$ über, so erhalten wir in beliebigen Koordinaten für die wirkliche physikalische Verzerrung (siehe (9.14a))

$$\varepsilon_{11} = \lim_{l \longrightarrow o} \frac{\Delta l}{l} = \sqrt{1 + 2 \lim_{l \longrightarrow o} \frac{\overset{o}{a}_1 \cdot \Lambda \cdot \overset{o}{a}_1 \, da^1 \, da^1}{l^2}} - 1$$

Mit (10.11a) und (10.12) wird letztlich hieraus

$$\varepsilon_{11} = \sqrt{1 + 2 \overset{o}{a}_1 \cdot \Lambda \cdot \overset{o}{a}_1} - 1 \tag{10.13}$$

Nimmt man jetzt analog zu (6.14)

$$\Lambda = \sum_{i,k=1}^{3} \lambda_{ik} \, \overset{o}{a}_i \circ \overset{o}{a}_k \tag{10.14}$$

so kommt aus (10.13)

$$\varepsilon_{11} = \sqrt{1 + 2 \sum_{i,k=1}^{3} \lambda_{ik} \, (\overset{o}{a}_1 \cdot \overset{o}{a}_i)(\overset{o}{a}_1 \cdot \overset{o}{a}_k)} - 1 \tag{10.15}$$

Diese Formel gilt auch für *nichtorthogonale* Parameter. Man erkennt in (10.15) deutlich, daß dann mehrere λ_{ik} herangezogen werden müssen, um eine wirkliche physikalische Verzerrung darzustellen. Im orthogonalen Fall ergibt sich einfach aus (10.15),

$$\varepsilon_{11} = \sqrt{1 + 2 \lambda_{11}} - 1 \tag{10.16}$$

wie schon in (9.17) für die kartesischen Koordinaten.

Zur Ermittlung der wahren Winkeländerungen definieren wir in (10.10) analog zu (10.11a)

$$d\bar{y}^2 = \mu^2 \left(1 + \frac{\Delta\mu}{\mu}\right)^2 \; ; \; dY^2 = \mu^2 \tag{10.17}$$

Dann folgt aus (10.10) mit (10.11a) und (10.17)

$$\mu \, l \left(1 + \frac{\Delta l}{l}\right)\left(1 + \frac{\Delta\mu}{\mu}\right) \cos\alpha = \mu \, l \cos\alpha_0 + 2 \, dX \cdot \Lambda \cdot dY \tag{10.18}$$

Der Winkel α ist in BILD 9.5 eingetragen, während α_0 den Winkel zwischen dX und dY bedeutet, der im orthogonalen Fall (vgl. (9.22)) $\alpha_0 = \pi/2$ ist. Jetzt wählen wir dX gemäß (10.12) und setzen

$$dY = \overset{\circ}{a}_2 \, da^2 \tag{10.19}$$

Dann kommt aus (10.18) mit (10.12), (10.19) und (10.14), wenn wir noch den Limes l, $\mu \longrightarrow 0{,}0$ bilden und gemäß BILD 9.5

$$\gamma_{12} = \alpha_0 - \alpha \tag{10.20}$$

setzen (man beachte, daß wegen (10.11) und (10.12) gilt: $da^1 = l$ sowie wegen (10.17) und (10.19) richtig ist $da^2 = \mu$):

$$\cos(\alpha_0 - \gamma_{12}) = \frac{\cos\alpha_0}{(1+\varepsilon_{11})(1+\varepsilon_{22})} + 2\,\frac{\sum\limits_{i,k=1} \lambda_{ik}\,(\overset{\circ}{a}_1 \cdot \overset{\circ}{a}_i)(\overset{\circ}{a}_k \cdot \overset{\circ}{a}_2)}{(1+\varepsilon_{11})(1+\varepsilon_{22})} \tag{10.21}$$

Man stellt in (10.21) fest, daß, falls *nichtorthogonale* Parameter vorliegen, die inneren Produkte $(\overset{\circ}{a}_1 \cdot \overset{\circ}{a}_i)$ und $(\overset{\circ}{a}_k \cdot \overset{\circ}{a}_2)$ auch für $i \neq 1$ und $k \neq 2$ verschieden von Null ausfallen werden. Deshalb enthält in einem solchen Fall die rechte Seite von (10.21) auch λ_{ik} mit $i \neq 1$ und $k \neq 2$.

Aus den Formeln (10.15) und (10.21) liest man ab, daß sich alle physikalischen wahren Verzerrungen als eindeutige transzendente Funktionen der λ_{ik} ergeben.

$$\varepsilon_{ii} = f_i(\lambda_{ik}) \; ; \quad \gamma_{ik} = g_i(\lambda_{ik}) \tag{10.22}$$

Aus (10.22) folgt dann, daß für jedes Parameter- oder Koordinatensystem eine Tangentenmatrix (vgl.(9.48)) existieren muß derart, daß gilt:

$$\begin{bmatrix} \Delta\varepsilon_{11} \\ \Delta\varepsilon_{22} \\ \Delta\varepsilon_{33} \\ \Delta\gamma_{12} \\ \Delta\gamma_{23} \\ \Delta\gamma_{31} \end{bmatrix} = \begin{bmatrix} \Delta f_1 \\ \Delta f_2 \\ \Delta f_3 \\ \Delta g_1 \\ \Delta g_2 \\ \Delta g_3 \end{bmatrix} \tag{10.23}$$

Hierin ist

$$\Delta f_i = \sum_{ik} \frac{\partial f_i}{\partial \lambda_{ik}} \Delta\lambda_{ik} \quad \text{und} \quad \Delta g_i = \sum_{ik} \frac{\partial g_i}{\partial \lambda_{ik}} \Delta\lambda_{ik} \tag{10.24}$$

Dann entsteht mit (10.24) unter Beachtung von (9.46) und (9.28)

$$\underline{\Delta\varepsilon}_6 = \begin{bmatrix} \frac{\partial f_i}{\partial\lambda_{11}} & \frac{\partial f_i}{\partial\lambda_{22}} & \frac{\partial f_i}{\partial\lambda_{33}} & \frac{\partial f_i}{\partial\lambda_{12}} & \frac{\partial f_i}{\partial\lambda_{23}} & \frac{\partial f_i}{\partial\lambda_{31}} \\ \frac{\partial g_i}{\partial\lambda_{11}} & \frac{\partial g_i}{\partial\lambda_{22}} & \frac{\partial g_i}{\partial\lambda_{33}} & \frac{\partial g_i}{\partial\lambda_{12}} & \frac{\partial g_i}{\partial\lambda_{23}} & \frac{\partial g_i}{\partial\lambda_{31}} \end{bmatrix}_{66} \underline{\lambda}_6 \equiv \underline{\underline{U}}^*_{66}\, \underline{\Delta\lambda}_6$$

wobei $i = 1,2,3$ (10.25)

Im Spezialfall orthogonaler Koordinaten wird z.B. aus (10.21) mit:

$$\alpha_0 = \frac{\pi}{2}$$

$$\sin\gamma_{12} = \frac{2\,\lambda_{12}}{(1+\varepsilon_{11})(1+\varepsilon_{22})} \tag{10.26}$$

analog zu (9.24).

Bei orthogonalen Koordinaten ist also $\underline{\underline{U}}^*_{66} = \underline{\underline{U}}_{66}$ gemäß (9.48) bzw. im zweidimensionalen Fall $\underline{\underline{U}}^*_{33} = \underline{\underline{U}}_{33}$, denn (10.16) ist gleich (9.17) und (10.26) gleich (9.24).

Allgemein gilt also für beliebige orthogonale Koordinatensysteme die Beziehung (9.46) bzw. (9.48) zwischen den inkrementellen Veränderungen der Komponenten des GREENschen Verzerrungstensors und den inkrementellen Veränderungen der wahren physikalischen Verzerrungen. Es muß dabei darauf geachtet werden, daß gemäß (10.14) die λ_{ik} auf eine normierte Basis bezogen sind, wie sie zum Beispiel in (6.8) definiert worden ist.

Bei nicht orthogonalen Koordinaten muß $\underline{\underline{U}}^*_{66}$ mit (10.15) und (10.21) durch Differentiation aus (10.25) ermittelt werden. Dabei gilt wegen (10.15)

$$f_i = \sqrt{1 + 2\sum_{l,k=1}^{3} \lambda_{lk}\, (\mathring{a}_i \cdot \mathring{a}_l)\,(\mathring{a}_k \cdot \mathring{a}_i)} - 1 \tag{10.27}$$

und mit (10.21) gilt, wenn $i = 1,2,3$ durchläuft

$$g_i = \alpha_0 - \arccos\left\{ \frac{\cos\alpha_0}{(1+f_i)(1+f_{i+1})} + 2\,\frac{\sum_{l,m=1}^{3} \lambda_{lm}\,(\mathring{a}_i \cdot \mathring{a}_l)\,(\mathring{a}_{i+1} \cdot \mathring{a}_m)}{(1+f_i)(1+f_{i+1})} \right\} \tag{10.28}$$

Wenn der Index $i+1 > 3$ wird, beginnen wir wieder bei 1 im Sinne der Permutationen von 1, 2, 3.

Nachdem wir bis jetzt die Beziehungen zwischen den wahren physikalischen Verzerrungen, die im Werkstoffgesetz auftreten (vgl. (10.72)), und den Komponenten λ_{ik} des auf eine normierte Basis $\overset{o}{a}_i$ (i=1,2,3) bezogenen GREENschen Verzerrungstensors betrachtet haben, wenden wir uns anschließend der Darstellung der λ_{ik} durch die Verschiebungen zu. Man vergleicht dazu die Formeln (9.25) und (9.26) im kartesischen Bereich.

10.2 Der GREENsche Verzerrungstensor und die Verschiebungen

Im nichtlinearen Fall, also ohne jede Einschränkung, schreibt sich absolut invariant der GREENsche Verzerrungstensor gemäß (10.10a) (vgl. dazu auch den linearen Fall entsprechend (6.15)):

$$2\Lambda := \nabla \circ s + s \circ \nabla + (\nabla \circ s)(s \circ \nabla) \tag{10.29}$$

In rotationssymmetrischen Zylinderkoordinaten z.B. liefern die beiden ersten Glieder auf der rechten Seite die linearen Terme von λ_{ik}, so wie sie in (6.18) aufgeschrieben sind. Hinzu treten nun die nichtlinearen Terme

$$(\nabla \circ s)(s \circ \nabla) = \left(a^1 \frac{\partial}{\partial r} + a^2 \frac{\partial}{\partial \varphi} + a^3 \frac{\partial}{\partial z} \right) \circ \left[u\,\overset{o}{a}_1 + w\,\overset{o}{a}_3 \right] \cdot \left[u\,\overset{o}{a}_1 + w\,\overset{o}{a}_3 \right] \circ \left(a^1 \frac{\partial}{\partial r} + a^2 \frac{\partial}{\partial \varphi} + a^3 \frac{\partial}{\partial z} \right) \tag{10.30}$$

gemäß (10.10a). Aus (10.30) folgt, wenn wir die linearen Terme aus (6.17) noch hinzufügen, für die λ_{ik} aus (10.14) mit (6.3), (6.4), (6.5) und (6.8):

$$\lambda_{11} = \frac{\partial u}{\partial r} + \frac{1}{2}\left[\left(\frac{\partial u}{\partial r} \right)^2 + \left(\frac{\partial w}{\partial r} \right)^2 \right]$$

$$\lambda_{22} = \frac{u}{r} + \frac{1}{2}\left(\frac{u}{r} \right)^2$$

$$\lambda_{33} = \frac{\partial w}{\partial z} + \frac{1}{2}\left[\left(\frac{\partial w}{\partial z} \right)^2 + \left(\frac{\partial u}{\partial z} \right)^2 \right]$$

$$\lambda_{12} = \lambda_{23} = 0$$

$$2\lambda_{13} = \frac{\partial w}{\partial r} + \frac{\partial u}{\partial z} + \frac{\partial u}{\partial r}\frac{\partial u}{\partial z} + \frac{\partial w}{\partial r}\frac{\partial w}{\partial z} \tag{10.31}$$

Nun benutzen wir wieder den λ-Vektor aus (9.28). Dann kann (10.31) in Matrizen folgendermaßen geschrieben werden, wenn man (6.22) und (6.13) sowie (6.20) beachtet:

$$\underline{\lambda}_6 = \underline{\underline{\Theta}}_{63}\,\underline{s}_3 + \underline{\vartheta}_6 \tag{10.32}$$

Dabei setzen wir entsprechend (9.29) an:

$$\underline{\vartheta}_6 := \underline{\underline{A}}_{69}\,\underline{\Theta}_9 \tag{10.33}$$

Aus (10.31) folgt für $\underline{\underline{A}}_{69}$:

$$\underline{\underline{A}}_{69} := \frac{1}{2}\begin{bmatrix} \frac{\partial u}{\partial r} & 0 & \frac{\partial w}{\partial r} & 0 & 0 & 0 & 0 & 0 & 0 \\ 0 & 0 & 0 & \frac{u}{r} & 0 & 0 & 0 & 0 & 0 \\ 0 & 0 & 0 & 0 & 0 & 0 & \frac{\partial u}{\partial z} & 0 & \frac{\partial w}{\partial z} \\ 0 & 0 & 0 & 0 & 0 & 0 & 0 & 0 & 0 \\ 0 & 0 & 0 & 0 & 0 & 0 & 0 & 0 & 0 \\ \frac{\partial u}{\partial z} & 0 & \frac{\partial w}{\partial z} & 0 & 0 & 0 & \frac{\partial u}{\partial r} & 0 & \frac{\partial w}{\partial r} \end{bmatrix} \tag{10.34}$$

und für $\underline{\Theta}_9$:

$$\underline{\Theta}_9^T := \left[\frac{\partial u}{\partial r},\ 0,\ \frac{\partial w}{\partial r},\ \frac{u}{r},\ 0,\ 0,\ \frac{\partial u}{\partial z},\ 0,\ \frac{\partial w}{\partial z}\right] \tag{10.35}$$

Anschließend führen wir wieder die Formfunktionsmatrix $\underline{\underline{\Phi}}_{3n}(r,z)$, wie in (6.25) respektive (9.38), ein und schreiben:

$$\underline{s}_3 = \underline{\underline{\Phi}}_{3n}(r,z)\ \underline{r}_n(t) \tag{10.36}$$

So kommt aus (10.32) mit (10.35)

$$\underline{\lambda}_6 = \left(\underline{\underline{\Theta}}_{63}\,\underline{\underline{\Phi}}_{3n} + \underline{\underline{A}}_{69}\,\underline{\underline{R}}_{9n}\right)\underline{r}_n(t) \tag{10.37}$$

wobei gemäß (9.40) gilt:

$$\underline{\underline{R}}^T_{9n} := \left[\frac{\partial \underline{\underline{\Phi}}^T_{3n}(r,z)}{\partial r} \; , \; \frac{1}{r} \underline{\underline{\Phi}}^T_{3n}(r,z) \; , \; \frac{\partial \underline{\underline{\Phi}}^T_{3n}(r,z)}{\partial z} \right] \tag{10.38}$$

Bei der Definition von $\underline{\underline{R}}_{9n}$ wurde davon Gebrauch gemacht, daß in $\underline{\underline{A}}_{69}$ aus (10.34) die 2., die 5. und 6. sowie 8. Spalte Null sind. Es gilt nämlich, wie man leicht erkennen kann:

$$\underline{\textcircled{r}}_9 = \underline{\underline{R}}_{9n} \underline{r}_n \equiv \begin{bmatrix} \frac{\partial \underline{s}_3}{\partial r} \\ \frac{1}{r} \underline{s}_3 \\ \frac{\partial \underline{s}_3}{\partial z} \end{bmatrix}$$

Die durch das Produkt $\underline{\underline{R}}_{9n} \underline{r}_n$ zu viel entstehenden Glieder werden durch die Nullspalten in (10.34) wieder korrigiert, weil eben im rotationssymmetrischen Fall der Verschiebungsvektor $\underline{s}$ gemäß (6.13) keine Verschiebungskomponente in Umfangsrichtung hat.

Nun wollen wir uns abschließend noch mit Kugelkoordinaten befassen, wie auch im sechsten Kapitel schon.

10.3 Die Differentialgeometrie der Kugelkoordinaten

Der Ortsvektor für die Kugelkoordinaten ist gemäß (6.30) gegeben und in BILD 6.3 dargestellt. Damit ergibt sich aus den Tangentenvektoren an die Parameterlinien die kovariante Lokalbasis nach (6.2) zu:

$$\begin{aligned} a_1 &:= \frac{\partial X}{\partial r} = \sin\vartheta \cos\varphi\, e_1 + \sin\vartheta \sin\varphi\, e_2 + \cos\vartheta\, e_3 \\ a_2 &:= \frac{\partial X}{\partial \varphi} = -r\sin\vartheta \sin\varphi\, e_1 + r\sin\vartheta \cos\varphi\, e_2 \\ a_3 &:= -\frac{\partial X}{\partial \vartheta} = -r\cos\vartheta \cos\varphi\, e_1 - r\cos\vartheta \sin\varphi\, e_2 + r\sin\vartheta\, e_3 \end{aligned} \tag{10.39}$$

Für die Numerierung der Kugelparameter wurde r, φ und ϑ gewählt. Bei a_3 mußte das Minuszeichen eingeführt werden, damit a_1, a_2 und a_3 ein Rechtssystem bilden (vgl. dazu BILD 6.3).

Aus der kovarianten Lokalbasis (10.39) definieren wir eine orthonormierte Basis wie folgt:

$$\overset{o}{a}_1 := \frac{a_1}{|a_1|} = a_1$$

$$\overset{o}{a}_2 := \frac{a_2}{|a_2|} = \frac{1}{r\sin\vartheta}\, a_2$$

$$\overset{o}{a}_3 := \frac{a_3}{|a_3|} = \frac{1}{r}\, a_3 \tag{10.40}$$

Diese orthonormierte Lokalbasis verwenden wir grundsätzlich, um Spannungstensoren, siehe (6.9), oder Dehnungstensoren, siehe (6.14) und (10.14), sowie Verschiebungsvektoren darzustellen. So ist der Verschiebungsvektor in Kugelkoordinaten also:

$$s = u\overset{o}{a}_1 + v\overset{o}{a}_2 + w\overset{o}{a}_3 \tag{10.41}$$

Durch Verwendung der orthonormierten Basis (10.40) haben die jeweiligen Komponenten die richtigen physikalischen Dimensionen. Außerdem gilt für die Basis $\overset{o}{a}_i$ (i=1,2,3) die Orthogonalitätsbeziehung.

$$\overset{o}{a}_i \cdot \overset{o}{a}_k = \delta_{ik} \quad \text{(Kroneckersymbol)} \tag{10.42}$$

Für die Ableitungen der kovarianten Basis (10.39) nach den Parametern r, φ und ϑ erhält man aus (10.39):

$$\frac{\partial a_1}{\partial r} = 0$$

$$\frac{\partial a_1}{\partial \varphi} = \frac{1}{r}\, a_2$$

$$\frac{\partial a_1}{\partial \vartheta} = -\frac{1}{r}\, a_3 \tag{10.43a}$$

$$\frac{\partial a_2}{\partial r} = \frac{1}{r}\, a_2$$

$$\frac{\partial a_2}{\partial \varphi} = -r\sin^2\vartheta_1 a_1 + \cos\vartheta\sin\vartheta\; a_3$$

$$\frac{\partial a_2}{\partial \vartheta} = \cot\vartheta\; a_2 \tag{10.43b}$$

und

$$\frac{\partial a_3}{\partial r} = \frac{1}{r} a_3$$

$$\frac{\partial a_3}{\partial \varphi} = -\cot\vartheta \, a_2$$

$$\frac{\partial a_3}{\partial \vartheta} = r \, a_1 \tag{10.43c}$$

Aus (10.43a), (10.43b) und (10.43c) kann man mit (10.40) leicht die Ableitungen der normierten Basis ermitteln und erhält:

$$\frac{\partial \mathring{a}_1}{\partial r} = 0$$

$$\frac{\partial \mathring{a}_1}{\partial \varphi} = \sin\vartheta \, \mathring{a}_2$$

$$\frac{\partial \mathring{a}_1}{\partial \vartheta} = - \mathring{a}_3 \tag{10.44a}$$

$$\frac{\partial \mathring{a}_2}{\partial r} = 0$$

$$\frac{\partial \mathring{a}_2}{\partial \varphi} = -\sin\vartheta \, \mathring{a}_1 + \cos\vartheta \, \mathring{a}_3$$

$$\frac{\partial \mathring{a}_2}{\partial \vartheta} = 0 \tag{10.44b}$$

$$\frac{\partial \mathring{a}_3}{\partial r} = 0$$

$$\frac{\partial \mathring{a}_3}{\partial \varphi} = -\cos\vartheta \, \mathring{a}_2$$

$$\frac{\partial \mathring{a}_3}{\partial \vartheta} = \mathring{a}_1 \tag{10.44c}$$

Um später den ∇-Vektor gemäß (10.5) oder (6.7) in Kugelkoordinaten darstellen zu können, benötigen wir die kontravariante Lokalbasis der Kugelkoordinaten, wie sie in (6.5) definiert worden ist. Dazu braucht man den Spat oder den Inhalt des kovarianten Dreibeins (vgl. [HÜT-89] die Seiten A12 bis A14). Mit (10.39) erhält man nach einer kleinen Zwischenrechnung:

$$(a_1 \, a_2 \, a_3) \equiv a_1 \cdot (a_2 \times a_3) = r^2 \sin\vartheta \tag{10.45}$$

Dann kommt aus (6.5) mit (10.39) und (10.40)

$$a^1 = \overset{o}{a}_1$$

$$a^2 = \frac{1}{r\sin\vartheta}\,\overset{o}{a}_2$$

$$a^3 = \frac{1}{r}\,\overset{o}{a}_3 \tag{10.46}$$

Mit (10.46) kann man nun ∇ in Kugelkoordinaten aufschreiben und auf die orthonormierte Basis der Kugelkoordinaten transformieren. Nach (10.5) erhält man mit (10.46):

$$\nabla = a^1\frac{\partial}{\partial r} + a^2\frac{\partial}{\partial\varphi} + a^3\frac{\partial}{\partial\vartheta} \equiv \overset{o}{a}_1\frac{\partial}{\partial r} + \frac{1}{r\sin\vartheta}\,\overset{o}{a}_2\frac{\partial}{\partial\varphi} + \frac{1}{r}\,\overset{o}{a}_3\frac{\partial}{\partial\vartheta} \tag{10.47}$$

10.4 Der nichtlineare GREENsche Verzerrungstensor in Kugelkoordinaten

Der gesuchte GREENsche Verzerrungstensor ist in beliebigen Koordinaten absolut invariant in (10.10a) formuliert. Danach ist als Grundterm von Λ anzusehen:

$$\nabla \circ s \equiv \mathbb{A} \tag{10.48}$$

Mit $\mathbb{A}$ läßt sich also Λ schreiben

$$\Lambda = \frac{1}{2}\left[\mathbb{A} + \overset{T}{\mathbb{A}} + \mathbb{A}\cdot\overset{T}{\mathbb{A}}\right] \tag{10.49}$$

Mit (10.47) und (10.41) ergibt sich für

$$\mathbb{A} = \left(\overset{o}{a}_1\frac{\partial}{\partial r} + \frac{\overset{o}{a}_2}{r\sin\vartheta}\frac{\partial}{\partial\varphi} + \frac{\overset{o}{a}_3}{r}\frac{\partial}{\partial\vartheta}\right)\circ\left(u\overset{o}{a}_1 + v\overset{o}{a}_2 + w\overset{o}{a}_3\right) \tag{10.50}$$

Rechnet man $\mathbb{A}$ nun gemäß (10.50) unter Beachtung von (10.44 a bis c) aus, so erhält man einen zweistufigen Tensor bezogen auf die orthonormierte Basis $\overset{o}{a}_1$, $\overset{o}{a}_2$, $\overset{o}{a}_3$ der Kugelkoordinaten. Führt man zur Vereinfachung der Schreibung zum Beispiel folgende Definition ein:

$$\Big(......\Big)\overset{o}{a}_i \circ \overset{o}{a}_k \;\; =: \;\; \Big(......\Big)_{ik} , \qquad (10.51)$$

so kommt

$$\mathbb{A} = \left(\frac{\partial u}{\partial r}\right)_{11} + \left(\frac{\partial v}{\partial r}\right)_{12} + \left(\frac{\partial w}{\partial r}\right)_{13} + \left(\frac{1}{r\sin\vartheta}\frac{\partial u}{\partial \varphi} - \frac{v}{r}\right)_{21} + \left(\frac{u}{r} + \frac{1}{r\sin\vartheta}\frac{\partial v}{\partial \varphi} - \frac{\cot\vartheta}{r} w\right)_{22} +$$
$$+ \left(\frac{\cot\vartheta}{r} v + \frac{1}{r\sin\vartheta}\frac{\partial w}{\partial \varphi}\right)_{23} + \left(\frac{1}{r}\frac{\partial u}{\partial \vartheta} + \frac{w}{r}\right)_{31} + \left(\frac{1}{r}\frac{\partial v}{\partial \vartheta}\right)_{32} + \left(-\frac{u}{r} + \frac{1}{r}\frac{\partial w}{\partial \vartheta}\right)_{33} \qquad (10.52)$$

Man erkennt sehr leicht, daß man mit $\mathbb{A} + \mathbb{A}^T$ gemäß (10.49) den linearen Teil des GREENschen Verzerrungstensors gewonnen hat, wie er in (6.32) dargestellt ist, denn es gilt mit (6.31) und (10.52), wie man leicht sieht, wenn man die Reihung gemäß (6.33) beachtet

$$\mathbb{A} + \mathbb{A}^T \;\hat{=}\; \underline{\underline{\mathbb{k}}}_{63}\,\underline{s}_3 \qquad (10.53)$$

Nun bilden wir noch den nichtlinearen Teil des GREENschen Verzerrungstensors $\mathbb{A} \cdot \mathbb{A}^T$ gemäß (10.49), indem wir (10.52) mit dem transponierten Tensor multiplizieren. Dann kommt

$$\frac{1}{2}\mathbb{A}\cdot\mathbb{A}^T = \left\{\frac{1}{2}\left(\frac{\partial u}{\partial r}\right)^2 + \frac{1}{2}\left(\frac{\partial v}{\partial r}\right)^2 + \frac{1}{2}\left(\frac{\partial w}{\partial r}\right)^2\right\}_{11} +$$
$$+ \left\{\frac{1}{2}\left(\frac{1}{r\sin\vartheta}\frac{\partial u}{\partial \varphi} - \frac{v}{r}\right)^2 + \frac{1}{2}\left(\frac{u}{r} + \frac{1}{r\sin\vartheta}\frac{\partial v}{\partial \varphi} - \frac{\cot\vartheta}{r} w\right)^2 + \right.$$
$$\left. + \frac{1}{2}\left(\frac{\cot\vartheta}{r} v + \frac{1}{r\sin\vartheta}\frac{\partial w}{\partial \varphi}\right)^2\right\}_{22} +$$
$$+ \left\{\frac{1}{2}\left(\frac{1}{r}\frac{\partial u}{\partial \vartheta} + \frac{w}{r}\right)^2 + \frac{1}{2r^2}\left(\frac{\partial v}{\partial \vartheta}\right)^2 + \frac{1}{2}\left(\frac{1}{r}\frac{\partial w}{\partial \vartheta} - \frac{u}{r}\right)^2\right\}_{33} +$$
$$+ \left\{\frac{1}{2}\frac{\partial u}{\partial r}\left(\frac{1}{r\sin\vartheta}\frac{\partial u}{\partial \varphi} - \frac{v}{r}\right) + \frac{1}{2}\frac{\partial v}{\partial r}\left(\frac{u}{r} + \frac{1}{r\sin\vartheta}\frac{\partial v}{\partial \varphi} - \frac{\cot\vartheta}{r} w\right) + \right.$$
$$\left. + \frac{1}{2}\frac{\partial w}{\partial r}\left(\frac{\cot\vartheta}{r} v + \frac{1}{r\sin\vartheta}\frac{\partial w}{\partial \varphi}\right)\right\}_{12} +$$
$$+ \left\{\frac{1}{2}\left(\frac{1}{r\sin\vartheta}\frac{\partial u}{\partial \varphi} - \frac{v}{r}\right)\left(\frac{1}{r}\frac{\partial u}{\partial \vartheta} + \frac{w}{r}\right) + \frac{1}{2r}\frac{\partial v}{\partial \vartheta}\left(\frac{u}{r} + \frac{1}{r\sin\vartheta}\frac{\partial v}{\partial \varphi} - \frac{\cot\vartheta}{r} w\right) + \right.$$
$$\left. + \frac{1}{2}\left(\frac{\cot\vartheta}{r} v + \frac{1}{r\sin\vartheta}\frac{\partial w}{\partial \varphi}\right)\left(\frac{1}{r}\frac{\partial w}{\partial \vartheta} - \frac{u}{r}\right)\right\}_{23} +$$
$$+ \left\{\frac{1}{2}\frac{\partial w}{\partial r}\left(\frac{1}{r}\frac{\partial w}{\partial \vartheta} - \frac{u}{r}\right) + \frac{1}{2}\frac{\partial u}{\partial r}\left(\frac{1}{r}\frac{\partial u}{\partial \vartheta} + \frac{w}{r}\right) + \frac{1}{2r}\frac{\partial v}{\partial r}\frac{\partial v}{\partial \vartheta}\right\}_{31} \qquad (10.54)$$

Um von der Tensorenschreibweise wieder zu einer Matrizenschreibweise zu gelangen, setzen wir analog zu (10.32) resp. (9.27) wieder einen GREENschen Verzerrungsvektor (9.28) an und schreiben:

$$\underline{\lambda}_6 \;:=\; \underline{\underline{\textcircled{k}}}_{63}\,\underline{s}_3 + \underline{\not{\textcircled{K}}}_6 \tag{10.55}$$

Hierin ist $\underline{\underline{\textcircled{k}}}_{63}$ nach (6.31) oder (10.53) gegeben, und für den nichtlinearen 2. Term in (10.55) setzen wir analog zu (9.29) resp. (10.33) an:

$$\underline{\not{\textcircled{K}}}_6 \;:=\; \underline{\underline{\mathbb{A}}}_{69}\,\underline{\textcircled{k}}_9 \tag{10.56}$$

Es kommt jetzt darauf an, die Komponenten des zweistufigen Tensors in (10.54) durch das Produkt $\underline{\underline{\mathbb{A}}}_{69}\underline{\textcircled{k}}_9$ darzustellen. Man kann schreiben

$$2\,\underline{\underline{\mathbb{A}}}_{69} = \begin{bmatrix} u_r & v_r & w_r & 0 & 0 & 0 & 0 & 0 & 0 \\ 0 & 0 & 0 & \varkappa_1 & \varkappa_2 & \varkappa_3 & 0 & 0 & 0 \\ 0 & 0 & 0 & 0 & 0 & 0 & \varkappa_4 & \frac{1}{r}v_\vartheta & \varkappa_5 \\ 0 & 0 & 0 & u_r & v_r & w_r & 0 & 0 & 0 \\ 0 & 0 & 0 & 0 & \frac{1}{r}v_\vartheta & 0 & \varkappa_1 & 0 & \varkappa_3 \\ 0 & 0 & 0 & 0 & 0 & 0 & u_r & v_r & w_r \end{bmatrix} \tag{10.57}$$

wobei für die Abkürzungen in (10.57) ausgehend von (10.52) gilt:

$$\varkappa_1(r,\varphi,\vartheta) \;:=\; \frac{1}{r\sin\vartheta}u_\varphi - \frac{v}{r}$$

$$\varkappa_2(r,\varphi,\vartheta) \;:=\; \frac{u}{r} + \frac{1}{r\sin\vartheta}v_\varphi - \frac{w}{r}\cot\vartheta$$

$$\varkappa_3(r,\varphi,\vartheta) \;:=\; \frac{v}{r}\cot\vartheta + \frac{1}{r\sin\vartheta}w_\varphi$$

$$\varkappa_4(r,\varphi,\vartheta) \;:=\; \frac{1}{r}u_\vartheta + \frac{w}{r}$$

$$\varkappa_5(r,\varphi,\vartheta) \;:=\; \frac{1}{r}w_\vartheta - \frac{u}{r} \tag{10.57a}$$

mit der nachfolgend aufgeführten Schreibung für die partiellen Ableitungen der Verschiebungen entsprechend den Kugelkoordinaten.

$$u_r = \frac{\partial u}{\partial r} \qquad v_r = \frac{\partial v}{\partial r} \qquad w_r = \frac{\partial w}{\partial r}$$

$$u_\varphi = \frac{\partial u}{\partial \varphi} \qquad v_\varphi = \frac{\partial v}{\partial \varphi} \qquad w_\varphi = \frac{\partial w}{\partial \varphi}$$

$$u_\vartheta = \frac{\partial u}{\partial \vartheta} \qquad v_\vartheta = \frac{\partial v}{\partial \vartheta} \qquad w_\vartheta = \frac{\partial w}{\partial \vartheta} \tag{10.57b}$$

Der neunkomponentige Vektor $\underline{\textcircled{k}}_9$ hat damit folgendes Aussehen:

$$\underline{\textcircled{k}}_9 := \begin{bmatrix} u_r \\ v_r \\ w_r \\ \varkappa_1 \\ \varkappa_2 \\ \varkappa_3 \\ \varkappa_4 \\ \frac{1}{r} v_\vartheta \\ \varkappa_5 \end{bmatrix} \tag{10.58}$$

Das Produkt von (10.58) mit (10.57) ergibt, wie man leicht verifizieren kann, die Komponenten des Tensors aus (10.54) in der Reihung des Vektors $\underline{\lambda}_6$. Im weiteren kommt es nun darauf an, den Vektor $\underline{\textcircled{k}}_9$ aus (10.58) so einzuteilen und umzuschreiben, daß die Komponenten u, v, w des Verschiebungsvektors in jeweils drei aufeinanderfolgenden Komponenten von $\underline{\textcircled{k}}_9$ auftreten, damit wir den Vektor $\underline{s}_3$ einführen können und mit ihm gemäß (9.38) resp. (10.36) die Formfunktionsmatrix.

Dazu zerlegen wir $\underline{\textcircled{k}}_9$ in vier Einzelvektoren, derart, daß gilt:

$$\underline{\textcircled{k}}_9 = \overset{(1)}{\underline{\textcircled{k}}}_9 + \overset{(2)}{\underline{\textcircled{k}}}_9 + \overset{(3)}{\underline{\textcircled{k}}}_9 + \overset{(4)}{\underline{\textcircled{k}}}_9 \tag{10.59}$$

und es ist

$$\overset{(1)}{\underline{\textcircled{k}}}{}_9^T := \left[u_r , v_r , w_r ; 0,0,0 ; 0,0,0 \right] \tag{10.60a}$$

$$\underline{\textcircled{k}}_9^{(2)T} := \frac{1}{r\sin\vartheta}\left[0,0,0\,;\,u_\varphi\,,\,v_\varphi\,,\,w_\varphi\,;\,0,0,0\right] \tag{10.60b}$$

$$\underline{\textcircled{k}}_9^{(3)T} := \frac{1}{r}\left[0,0,0\,;\,0,0,0\,;\,u_\vartheta\,,\,v_\vartheta\,,\,w_\vartheta\right] \tag{10.60c}$$

Rechnet man mit (10.60a), (10.60b), (10.60c) und (10.58) $\underline{\textcircled{K}}_9$ aus, so erhält man leicht

$$\underline{\textcircled{k}}_9^{(4)T} = \frac{1}{r}\left[\underline{O}_3^T\,,\,-v\,,\,u-\cot\vartheta\,w\,,\,\cot\vartheta\,v\,,\,w\,,\,0\,,\,-u\right] \tag{10.61}$$

Nun kann man noch leicht eine nichtsinguläre Matrix $\underline{\underline{\hat{\Theta}}}_{99}$ definieren, daß gilt:

$$\begin{bmatrix} u\\ v\\ w\\ u\\ v\\ w\\ u\\ v\\ w \end{bmatrix} = \underline{\underline{\hat{\Theta}}}_{99}\,\underline{\textcircled{k}}_9^{(4)}\,r = \begin{bmatrix} \underline{s}_3\\ \underline{s}_3\\ \underline{s}_3 \end{bmatrix} =: \underline{\hat{s}}_9 \tag{10.62}$$

Hieraus ergibt sich $\underline{\underline{\hat{\Theta}}}_{99}$ zu:

$$\begin{bmatrix} u\\ v\\ w\\ u\\ v\\ w\\ u\\ v\\ w \end{bmatrix} = \underbrace{\begin{bmatrix} 1 & 0 & 0 & 0 & 0 & 0 & 0 & 0 & -1\\ 0 & 1 & 0 & -1 & 0 & 0 & 0 & 0 & 0\\ 0 & 0 & 1 & 0 & 0 & 0 & 1 & 0 & 0\\ 0 & 0 & 0 & 1 & 0 & \tan\vartheta & 0 & 0 & -1\\ 0 & 0 & 0 & -1 & 1 & 0 & \cot\vartheta & 0 & 1\\ 0 & 0 & 0 & \cot\vartheta & 0 & 1 & 1 & 0 & 0\\ 0 & 0 & 0 & 0 & \tan\vartheta & 0 & 1 & 0 & \tan\vartheta-1\\ 0 & 0 & 0 & -1 & 0 & 0 & 0 & 1 & 0\\ 0 & 0 & 0 & 0 & 1 & 0 & 1+\cot\vartheta & 0 & 1 \end{bmatrix}}_{\underline{\underline{\hat{\Theta}}}_{99}} \underbrace{\begin{bmatrix} 0\\ 0\\ 0\\ -v\\ u-\cot\vartheta\,w\\ \cot\vartheta\,v\\ w\\ 0\\ -u \end{bmatrix}}_{r\,\underline{\textcircled{k}}_9^{(4)}} \tag{10.63}$$

Die Determinante von $\underline{\underline{\hat{\Theta}}}_{99}$ errechnet sich zu:

$$\left| \underline{\underline{\hat{\Theta}}}_{99} \right| = 2 \, \frac{2\cos 2\vartheta + \sin 2\vartheta}{1 + \cos 2\vartheta} \neq 0 \tag{10.64}$$

und existiert außer bei $\vartheta = \frac{\pi}{2}$ immer.

Dann ergibt sich aus (10.62)

$$\overset{(4)}{\underline{\textcircled{k}}}_9 = \frac{1}{r} \, \underline{\underline{\hat{\Theta}}}_{99}^{-1} \, \underline{\hat{s}}_9 \tag{10.65}$$

Nun können wir $\underline{\textcircled{k}}_9$ aus (10.58), unter Beachtung von (10.59), (10.60a), (10.60b), (10.60c) und (10.65), wie folgt darstellen:

$$\underline{\textcircled{k}}_9 = \begin{bmatrix} \frac{\partial \underline{s}_3}{\partial r} \\ \underline{0}_3 \\ \underline{0}_3 \end{bmatrix} + \frac{1}{r\sin\vartheta} \begin{bmatrix} \underline{0}_3 \\ \frac{\partial \underline{s}_3}{\partial \varphi} \\ \underline{0}_3 \end{bmatrix} + \frac{1}{r} \begin{bmatrix} \underline{0}_3 \\ \underline{0}_3 \\ \frac{\partial \underline{s}}{\partial \vartheta} \end{bmatrix} + \frac{1}{r} \, \underline{\underline{\hat{\Theta}}}_{99}^{-1} \begin{bmatrix} \underline{s}_3 \\ \underline{s}_3 \\ \underline{s}_3 \end{bmatrix} \tag{10.66}$$

Führen wir jetzt wieder eine Formfunktionsmatrix und einen Knotenpunktsvektor $\underline{r}_n$ gemäß (10.36) in (10.66) ein, so läßt sich die Form (10.56) in Kugelkoordinaten also wie folgt schreiben:

$$\underline{\textcircled{K}}_6 = \underline{\underline{A}}_{69} \left[\overset{(1)}{\underline{\underline{R}}}_{9n} + \frac{1}{r\sin\vartheta} \overset{(2)}{\underline{\underline{R}}}_{9n} + \frac{1}{r} \overset{(3)}{\underline{\underline{R}}}_{9n} + \frac{1}{r} \, \underline{\underline{\hat{\Theta}}}_{99}^{-1} \overset{(4)}{\underline{\underline{R}}}_{9n} \right] \underline{r}_n \tag{10.67}$$

Hierin bedeutet mit (10.60a) und (10.66)

$$\overset{(1)}{\underline{\underline{R}}}_{9n} := \begin{bmatrix} \frac{\partial \underline{\underline{\Phi}}_{3n}(r,\varphi,\vartheta)}{\partial r} \\ \underline{\underline{0}}_{3n} \\ \underline{\underline{0}}_{3n} \end{bmatrix} \tag{10.68}$$

$$\overset{(2)}{\underline{\underline{R}}}_{9n} := \begin{bmatrix} \underline{\underline{0}}_{3n} \\ \frac{\partial \underline{\underline{\Phi}}_{3n}(r,\varphi,\vartheta)}{\partial \varphi} \\ \underline{\underline{0}}_{3n} \end{bmatrix} \tag{10.69}$$

$$\overset{(3)}{\underline{\underline{R}}}_{9n} := \begin{bmatrix} \underline{\underline{0}}_{3n} \\ \underline{\underline{0}}_{3n} \\ \dfrac{\partial \underline{\underline{\Phi}}_{3n}(r,\varphi,\vartheta)}{\partial \vartheta} \end{bmatrix} \tag{10.70}$$

und

$$\overset{(4)}{\underline{\underline{R}}}_{9n} := \begin{bmatrix} \underline{\underline{\Phi}}_{3n}(r,\varphi,\vartheta) \\ \underline{\underline{\Phi}}_{3n}(r,\varphi,\vartheta) \\ \underline{\underline{\Phi}}_{3n}(r,\varphi,\vartheta) \end{bmatrix} \tag{10.71}$$

Mit den Formeln (10.67), (10.68), (10.69), (10.70), (10.71) sowie (10.55) mit (6.31) ist nun der nichtlineare GREENsche Verzerrungstensor in Kugelkoordinaten dargestellt in der Form

$$\underline{\lambda}_6 = \left[\underline{\underline{\textcircled{k}}}_{63}\, \underline{\underline{\Phi}}_{3n} + \underline{\underline{\mathbb{A}}}_{69} \left(\overset{(1)}{\underline{\underline{R}}}_{9n} + \frac{1}{r \sin\vartheta} \overset{(2)}{\underline{\underline{R}}}_{9n} + \frac{1}{r} \overset{(3)}{\underline{\underline{R}}}_{9n} + \frac{1}{r} \underline{\underline{\hat{\Theta}}}^{-1}_{99} \overset{(4)}{\underline{\underline{R}}}_{9n} \right) \right] \underline{r}_n \tag{10.72}$$

Abschließend erkennt man, daß man die Methode der finiten Elemente letztlich immer in Matrizen formulieren muß, weil die Formfunktionsmatrix eine Rechtecksmatrix ist und dazu passend der Knotenpunktsverschiebungsvektor $\underline{r}_n$ eine Dimension meist sehr viel größer als drei hat. Damit ist gesagt, daß $\underline{r}_n$ kein mathematisches Objekt der Vektoranalysis sein kann, denn ein Vektor, wie z.B. s in (10.41), hat immer nur drei Komponenten. Wie man beim Übergang z.B. von (6.17) auf (6.21) oder von (9.54) auf (9.55) erkennt, ist eine Übersetzung der Tensoren der Mechanik in Matrizen immer möglich und letztlich zur Einführung der Formfunktionsmatrix $\underline{\underline{\Phi}}_{3n}$ und des Knotenpunktsvektors $\underline{r}_n$ unumgänglich.

Wir wollen uns noch mit einer Besonderheit in krummlinigen Koordinaten befassen. Dazu betrachten wir ein ebenes Vierpunktelement in krummlinigen Koordinaten gemäß BILD 10.1.

Da die Verschiebungen an den Knotenpunkten wegen (10.41) mit (6.2) längs der Tangenten an die Parameterlinien erfolgen, sind gemäß BILD 10.1 die Verschiebungen an diesen Knotenpunkten (r_1, r_2, r_3, r_4) nicht notwendig parallel, wie wir es bisher gewohnt waren, wenn wir mit kartesischen Koordinaten arbeiteten.

Letztlich soll noch bemerkt werden, daß mit den gleichen Methoden und Strategien, wie sie hier angewendet worden sind, auch *nichtorthogonale Parameterräume* behandelt werden können. Allerdings wachsen dann die

Formelmengen noch um einiges an.

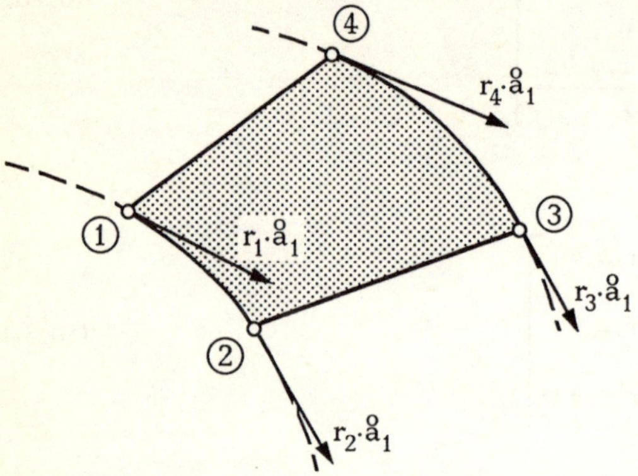

BILD 10.1: Knotenpunktsverschiebungen in krummlinigen Koordinaten (n=4).

10.5 Geometrie der Inkrementierung in nichtkartesischen Koordinaten

Zur Inkrementierung benötigen wir analog zu (9.42) $d\underline{\lambda}_6$ aus (10.72). Da im Falle der Kugelkoordinaten aber (9.36) nicht gilt, muß $d\underline{\lambda}_6$ anders gewonnen werden. Dazu machen wir aus dem Tensor zweiter Stufe $1/2\,\boldsymbol{\Lambda} \cdot \boldsymbol{\Lambda}^T$ gemäß (10.54) einen sechskomponentigen Spaltenvektor $\boldsymbol{\lambda}_6$. Das ist immer möglich, da $1/2\,\boldsymbol{\Lambda} \cdot \boldsymbol{\Lambda}^T$ ein symmetrischer Tensor ist. So erhält man mit der Bezeichnungsweise aus (10.54) und der kompakten Schreibung (10.57a) und (10.57b)

$$\boldsymbol{\lambda}_6 := \frac{1}{2} \begin{bmatrix} u_r^2 + v_r^2 + w_r^2 \\ x_1^2 + x_2^2 + x_3^2 \\ x_4^2 + \frac{1}{r^2} v_\vartheta^2 + x_5^2 \\ u_r x_1 + v_r x_2 + w_r x_3 \\ x_1 x_4 + \frac{1}{r} v_\vartheta x_2 + x_3 x_5 \\ w_r x_5 + u_r x_4 + \frac{1}{r} v_r v_\vartheta \end{bmatrix} \tag{10.73}$$

Jetzt beachten wir, daß der Methode der finiten Elemente entsprechend gemäß (3.3) und (3.4) gilt:

$$u(r,\varphi,\vartheta) = \sum_{i=1}^{n} \Phi_i(r,\varphi,\vartheta)\, r_i$$

$$v(r,\varphi,\vartheta) = \sum_{i=1}^{n} \Phi_i(r,\varphi,\vartheta)\, r_{i+n}$$

$$w(r,\varphi,\vartheta) = \sum_{i=1}^{n} \Phi_i(r,\varphi,\vartheta)\, r_{i+2n} \qquad (10.74)$$

Geht man nun mit (10.74) in (10.73) und variiert nach den Knotenpunktsverschiebungen r_i, um $d\underline{\lambda}_6$ zu bilden, so erhält man:

$$d\underline{\lambda}_6 = \underline{\underline{L}}(r,\varphi,\vartheta)_{6,3n}\, d\underline{r}_{3n} \qquad (10.75)$$

wobei sich die Matrix $\underline{\underline{L}}_{6,3n}$ aus (10.73), (10.57a) und (10.57b) unter Beachtung der Reihung der Knotenpunktsverschiebungen in $\mathring{a}_1$, $\mathring{a}_2$ und $\mathring{a}_3$- Richtung ergibt.

Vorab allerdings wollen wir noch den sich aus den Ansätzen (10.74) ergebenden Knotenpunktsverschiebungsvektor $\underline{r}_{3n}$ behandeln.

$$\underline{r}_{3n}^T = \left[r_1, r_2, \ldots\, r_n;\, r_{n+1} \ldots\ldots r_{2n};\, r_{2n+1} \ldots\ldots r_{3n}\right] \qquad (10.76)$$

Hierin bedeuten die ersten n Werte die Knotenpunktsverschiebungen in $\mathring{a}_1$ Richtung (vgl. u in (10.41) und (10.74)) sowie BILD 10.1 in Verbindung mit (10.41)). Die zweiten n Verschiebungswerte in (10.76) sind die Verschiebungen v an den Knotenpunkten gemäß (10.74). Letztlich sind die letzten n Werte in (10.76) die n Verschiebungen in $\mathring{a}_3$ Richtung von $w(r,\varphi,\vartheta)$ gemäß (10.74).

Mit der Definition von $\underline{\underline{L}}_{6,3n}$ aus (10.75) und der Aufteilung des Knotenpunktsverschiebungsvektors $\underline{r}_{3n}$ entsprechend (10.76) nimmt die Matrix $\underline{\underline{L}}_{6,3n}$ das Aussehen von (10.77) an. Somit kann die Matrix $\underline{\underline{L}}_{6,3n}$ vereinfacht und auf kleinerem Raum aufgeschrieben werden, wobei für die drei Spalten der Matrix folgende Vereinbarung bezüglich des Laufindex l gelten soll:

In der 1. Spalte läuft l von 1 bis n, in der 2. Spalte von n+1 bis 2n und in der 3. Spalte der Matrix $\underline{\underline{L}}_{6,3n}$ läuft l von 2n+1 bis 3n.

$$
\underline{\underline{L}}_{6,3n} = \begin{bmatrix}
u_r \frac{\partial \Phi_1}{\partial r} & v_r \frac{\partial \Phi_1}{\partial r} & w_r \frac{\partial \Phi_1}{\partial r} \\
\frac{x_1}{r \sin\vartheta} \frac{\partial \Phi_1}{\partial \varphi} + \frac{x_2}{r} \Phi_1 & -\frac{x_1}{r} \Phi_1 + \frac{x_2}{r \sin\vartheta} \frac{\partial \Phi_1}{\partial \varphi} + \frac{x_3 \cot\vartheta}{r} \Phi_1 & -\frac{x_2 \cot\vartheta}{r} \Phi_1 + \frac{x_3}{r \sin\vartheta} \frac{\partial \Phi_1}{\partial \varphi} \\
\frac{x_4}{r} \frac{\partial \Phi_1}{\partial \vartheta} - \frac{x_5}{r} \Phi_1 & \frac{v_\vartheta}{r^2} \frac{\partial \Phi_1}{\partial \vartheta} & \frac{x_4}{r} \Phi_1 + \frac{x_5}{r} \frac{\partial \Phi_1}{\partial \vartheta} \\
\frac{x_1}{2} \frac{\partial \Phi_1}{\partial r} + \frac{u_r}{2r \sin\vartheta} \frac{\partial \Phi_1}{\partial \varphi} + \frac{v_r}{2r} \Phi_1 & -\frac{u_r}{2r} \Phi_1 + \frac{v_r}{2r \sin\vartheta} \frac{\partial \Phi_1}{\partial \varphi} + \frac{x_2}{2} \frac{\partial \Phi_1}{\partial r} + \frac{w_r \cot\vartheta}{2r} \Phi_1 & -\frac{v_r \cot\vartheta}{2r} \Phi_1 + \frac{w_r}{2r \sin\vartheta} \frac{\partial \Phi_1}{\partial \varphi} + \frac{x_3}{2} \frac{\partial \Phi_1}{\partial r} \\
\frac{x_1}{2r} \frac{\partial \Phi_1}{\partial \vartheta} + \frac{x_4}{2r \sin\vartheta} \frac{\partial \Phi_1}{\partial \varphi} + \frac{v_\vartheta}{2r^2} \Phi_1 - \frac{x_3}{2r} \Phi_1 & -\frac{x_4}{2r} \Phi_1 + \frac{v_\vartheta}{2r^2 \sin\vartheta} \frac{\partial \Phi_1}{\partial \varphi} + \frac{x_2}{2r} \frac{\partial \Phi_1}{\partial \vartheta} + \frac{x_5 \cot\vartheta}{2r} \Phi_1 & \frac{x_1}{2r} \Phi_1 - \frac{v_\vartheta \cot\vartheta}{2r^2} \Phi_1 + \frac{x_3}{2r} \frac{\partial \Phi_1}{\partial \vartheta} + \frac{x_5}{2r \sin\vartheta} \frac{\partial \Phi_1}{\partial \varphi} \\
\frac{u_r}{2r} \frac{\partial \Phi_1}{\partial \vartheta} - \frac{w_r}{2r} \Phi_1 + \frac{x_4}{2} \frac{\partial \Phi_1}{\partial r} & \frac{v_r}{2r} \frac{\partial \Phi_1}{\partial \vartheta} + \frac{v_\vartheta}{2r} \frac{\partial \Phi_1}{\partial r} & \frac{w_r}{2r} \frac{\partial \Phi_1}{\partial \vartheta} + \frac{x_5}{2} \frac{\partial \Phi_1}{\partial r} + \frac{u_r}{2r} \Phi_1
\end{bmatrix}
$$

Aus (10.55) ergibt sich nun mit (10.36)

$$d\underline{\lambda}_6 = \underline{\underline{Ⓚ}}_{63}\,\underline{\underline{\Phi}}_{3,3n}\,d\underline{r}_{3n} + d\underline{\gamma}^{(K)}_6 \qquad (10.78)$$

Beim Vergleich von (10.54) mit (10.55) erkennt man, daß gilt, wenn man (10.49) beachtet:

$$d\underline{\gamma}^{(K)}_6 = d\underline{\lambda}_6 \mathrel{\hat{=}} d\left[\frac{1}{2}\mathbb{A}\cdot\mathbb{A}^T\right] \qquad (10.79)$$

Mit (10.75) kommt dann:

$$d\underline{\lambda}_6 = \left[\underline{\underline{Ⓚ}}_{63}\,\underline{\underline{\Phi}}_{3,3n} + \underline{\underline{L}}_{6,3n}\right]d\underline{r}_{3n} \qquad (10.80)$$

Im Abschnitt 10.1 wurde gezeigt, daß wir für die Tangentialbeziehung von wahren physikalischen Verzerrungen und GREENschen Verzerrungsmaßen in Kugelkoordinaten die bekannte Matrix $\underline{\underline{U}}_{66}$ gemäß (9.48) und (9.48a) benutzen können. Damit gilt in Kugelkoordinaten folgende inkrementelle Formel gemäß (10.80) und (9.48):

$$d\underline{\varepsilon}_6 = \underline{\underline{U}}_{66}\left[\underline{\underline{Ⓚ}}_{63}\,\underline{\underline{\Phi}}_{3,3n} + \underline{\underline{L}}_{6,3n}\right]d\underline{r}_{3n} \qquad (10.81)$$

Hierin ist $\underline{\underline{Ⓚ}}_{63}$ gemäß (6.31) gegeben und $\underline{\underline{L}}_{6,3n}$ in (10.77) aufgeschrieben. Jetzt kann also mit Hilfe von (10.81) ein inkrementelles Werkstoffgesetz auch in Kugelkoordinaten formuliert werden.

11 GLEICHGEWICHT UND SPANNUNGEN BEI GROSSER VERFORMUNG

11.1 Die Parameterräume

Gemäß BILD 9.3 gilt für die beiden Ortsvektoren X und Z, die die Bewegungen eines Körperpunktes beschreiben (zweidimensional):

$$z_1 e_x + z_2 e_y \equiv Z = X + s(X,t) \tag{11.1}$$

Dabei bezeichnet man Z(X,t) als den EULERschen und X(Z,t) als den LAGRANGEschen Ortsvektor (vgl. dazu [MAL-69] S. 156 die Formeln 4.5.1a und 4.5.1b).

In kartesischen Koordinaten ergibt sich aus (11.1) mit (9.6) in zwei Dimensionen:

$$\begin{aligned} f(x,y,t) &:= z_1(x,y,t) = x + u(x,y,t) \\ g(x,y,t) &:= z_2(x,y,t) = y + v(x,y,t) \end{aligned} \tag{11.2}$$

Hieraus folgt für eine Funktion, die von den EULERschen Koordinaten z_1 und z_2 abhängt:

$$\begin{aligned} \frac{\partial}{\partial x} &= \left(\frac{\partial}{\partial z_1}\right)\left(\frac{\partial z_1}{\partial x}\right) + \left(\frac{\partial}{\partial z_2}\right)\left(\frac{\partial z_2}{\partial x}\right) \\ \frac{\partial}{\partial y} &= \left(\frac{\partial}{\partial z_1}\right)\left(\frac{\partial z_1}{\partial y}\right) + \left(\frac{\partial}{\partial z_2}\right)\left(\frac{\partial z_2}{\partial y}\right) \end{aligned} \tag{11.3}$$

Im Falle der linearen Mechanik reichte der LAGRANGEsche Parameterraum zur Beschreibung der Körperzustände vollkommen aus. Jetzt ist es zweckmäßig, den EULERschen Raum mit zu betrachten (vgl. dazu auch BILD 11.1). Deshalb definieren wir neben $\underline{\nabla}_2^T$ aus (1.5) gemäß:

$$\underline{\nabla\!\!\!\!\nabla}_2^T := \left(\frac{\partial}{\partial x}, \frac{\partial}{\partial y}\right) \tag{11.4}$$

nun noch

$$\underline{\overset{z}{\nabla}}{}_2^T \quad := \quad \left(\frac{\partial}{\partial z_1}, \frac{\partial}{\partial z_2} \right) \tag{11.5}$$

Wenn im Sinne der linearen Mechanik die Verzerrungsgrößen (vgl. (2.21) (2.22) und 2.26)) $\partial u/\partial x$, $\partial u/\partial y$, $\partial v/\partial x$, $\partial v/\partial y$ als näherungsweise infinitesimal klein aufgefaßt werden dürfen, dann folgt aus (11.2) für die Anwendung in (11.3):

$$\frac{\partial z_1}{\partial x} :\approx 1 \qquad \frac{\partial z_1}{\partial y} :\approx 0$$

$$\frac{\partial z_2}{\partial x} :\approx 0 \qquad \frac{\partial z_2}{\partial y} :\approx 1 \tag{11.6}$$

Mit (11.6) folgt dann für den linearen Fall aus (11.3):

$$\frac{\partial}{\partial x} \approx \frac{\partial}{\partial z_1} \qquad \text{und} \qquad \frac{\partial}{\partial y} \approx \frac{\partial}{\partial z_2}$$

und damit gemäß (11.4) und (11.5)

$$\underline{\overset{x}{\nabla}}{}_2 \approx \underline{\overset{z}{\nabla}}{}_2 \tag{11.7}$$

im linearen Fall.

Für die Inversion von (11.2) gilt bekanntlich, daß die Funktionaldeterminante

$$D := \begin{vmatrix} \frac{\partial f}{\partial x} & \frac{\partial f}{\partial y} \\ \frac{\partial g}{\partial x} & \frac{\partial g}{\partial y} \end{vmatrix} \tag{11.8}$$

ungleich Null sein muß.

Aus (11.2) kommt für die Determinante der Abbildung:

$$D = 1 + \frac{\partial u}{\partial x} + \frac{\partial v}{\partial y} + \begin{vmatrix} \frac{\partial u}{\partial x} & \frac{\partial u}{\partial y} \\ \frac{\partial v}{\partial x} & \frac{\partial v}{\partial y} \end{vmatrix} \tag{11.9}$$

Hieraus erkennt man, daß die Beziehungen zwischen dem EULERschen und dem LAGRANGEschen Parameterraum dann eindeutig sind, wenn $D \neq 0$ gilt, was meist der Fall ist.

Mit (11.4) und (11.5) läßt sich (11.3) schreiben:

$$\begin{pmatrix} \frac{\partial}{\partial x} \\ \frac{\partial}{\partial y} \end{pmatrix} = \begin{bmatrix} \frac{\partial z_1}{\partial x} & \frac{\partial z_2}{\partial x} \\ \frac{\partial z_1}{\partial y} & \frac{\partial z_2}{\partial y} \end{bmatrix} \begin{pmatrix} \frac{\partial}{\partial z_1} \\ \frac{\partial}{\partial z_2} \end{pmatrix} \tag{11.10}$$

d.h. es gilt:

$$\underline{\overset{x}{\nabla}} = \underline{\underline{J}}\, \underline{\overset{z}{\nabla}} \tag{11.11}$$

wobei:

$$\underline{\underline{J}} = \begin{bmatrix} \frac{\partial z_1}{\partial x} & \frac{\partial z_2}{\partial x} \\ \frac{\partial z_1}{\partial y} & \frac{\partial z_2}{\partial y} \end{bmatrix} \tag{11.12}$$

die JACOBI-Matrix ist.

Damit bekommt man also:

$$\underline{\overset{z}{\nabla}} = \underline{\underline{J}}^{-1}\, \underline{\overset{x}{\nabla}} \tag{11.13}$$

d.h. wir können $\underline{\overset{z}{\nabla}}$ auch auf eine Funktion anwenden, die im LAGRANGEschen Raum in den diesbezüglichen Koordinaten definiert ist.

Also können die Operatoren des einen Parameterraums auf Funktionen des anderen Raumes angewendet werden. Selbstverständlich gelten für die Operatorenmatrizen (1.9) oder (1.15) analoge Aussagen wegen der eindeutigen Zuordnung des LAGRANGEschen zum EULERschen Parameterraum.

11.2 Das Gleichgewicht

Für das gelagerte Kontinuum gemäß BILD 11.1 gilt im $\underline{z}$-Raum bei jeder äußeren Belastung in jedem Punkt des Körpers die Gleichgewichtsbedingung gemäß (2.10) oder (2.11). Wir belasten den Körper von $\mu = 0$ bis $\mu = \mu^*$

(Endlastpunkt). Es gilt also (siehe auch BILD 11.1):

$$0 \le \mu \le \mu^* \text{ und } l_i(\mu) \text{ wobei } l_i(\mu^*) = 1 \qquad (11.14)$$

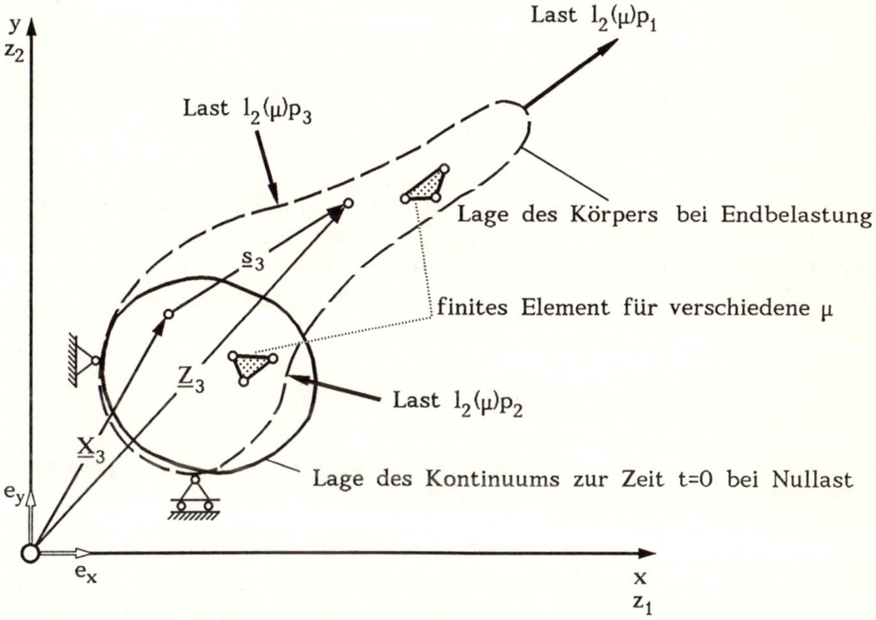

BILD 11.1: Veränderung des Kontinuums bei angreifenden Lasten.

Indem wir den Lastparameter μ langsam in Schritten von $\Delta\mu$ bis $\mu = \mu^*$ steigern, haben wir eine inkrementelle Vorgehensweise eingeführt, wobei es immer möglich ist, diesen Lastparameter mit der Zeit zu identifizieren, also $\mu \equiv t$ zu setzen.

Wir definieren $l_i(\mu)$ als Skalierungsfunktionen für die Lasten. Für die Volumenkräfte verwenden wir die Bezeichnung $l_1(\mu)$, für die äußeren Lasten $l_2(\mu)$ und für die Temperaturkräfte $l_3(\mu)$. Die $l_i(\mu)$ müssen bei den Lastannahmen festgelegt werden.

Gemäß (2.11) oder (9.1) gilt im z-Raum für einen beliebigen Punkt

$$\underline{\underline{\nabla}}_{36}\,\underline{\sigma}_6(\underline{z}_3,t) = -l_1(\mu)\,\underline{w}_3(\underline{z}_3,t) + \rho\,\ddot{\underline{s}}_3(\underline{x}_3,t) \qquad (11.15)$$

(CAUCHY-NEWTONsche Gleichung). Dabei ergibt sich $\underline{\underline{\nabla}}_{36}$, indem man in

(1.15) x, y, z durch z_1, z_2 und z_3 ersetzt.

Für die EULERschen Koordinaten nach (11.1) und (11.2) ergibt sich jetzt eine zusätzliche Abhängigkeit vom Parameter μ, also kommt in drei Dimensionen:

$$\underline{z}_3(\underline{x}_3, \mu) = \underline{x}_3 + \underline{s}_3(\underline{x}_3, \mu) \tag{11.16}$$

Gesucht sind alle Funktionen, also Knotenpunktsverschiebungen und Spannungen, an der Stelle μ^*.

Das von uns benutzte virtuelle Verschiebungssystem gemäß (2.77) suchen wir nun so aus, daß es bei allen Laststufen $\Delta\mu$ gleich ist, also *nicht* von μ abhängt. Das erreichen wir dadurch, indem wir $\delta\underline{v}_2$ gemäß (2.77) im LAGRANGEschen Parameterraum beschreiben und mit einer Formfunktionsmatrix $\underline{\underline{\Phi}}$ aus (3.9) mit (3.34) für ein Element (hier zweidimensional) ansetzen:

$$\delta\underline{v}_2 := \underline{\underline{\Phi}}_{2n}(\underline{x}_2)\delta\underline{\varrho}_n \tag{11.17}$$

Das Vektorfeld (11.17) kann auch ohne den geometrischen oder physikalischen Bezug auf ein virtuelles Verschiebungsfeld definiert werden, solange es nur hinreichend oft integrabel differenzierbar ist.

Hierbei hängt der virtuelle Knotenpunktsverschiebungsvektor $\delta\underline{\varrho}_n$ *nicht* von μ oder der Zeit ab. Der aktuelle Knotenpunktsverschiebungsvektor $\underline{r}_n$ aus (9.38) dagegen ist eine Funktion von μ oder der Zeit.

In BILD 11.2 ist ein und dasselbe finite Element für den Wert des Lastparameters $\mu = 0$ und den Vollastwert $\mu = \mu^*$ dargestellt.

In (11.15) benötigen wir die Matrix $\underline{\underline{\overset{z}{\nabla}}}_{23}$, die später auf die Formfunktionenmatrix $\underline{\underline{\Phi}}_{3n}(x,y)$ angewendet werden muß. Deshalb bilden wir gemäß (11.13) mit (11.12), (11.8), (11.4), (11.5) und (11.2) explizit in zwei Dimensionen aus (11.3):

$$\frac{\partial}{\partial z_1} = \frac{1}{D}\left[\left(\frac{\partial z_2}{\partial y}\right)\left(\frac{\partial}{\partial x}\right) - \left(\frac{\partial z_2}{\partial x}\right)\left(\frac{\partial}{\partial y}\right)\right]$$
$$\frac{\partial}{\partial z_2} = \frac{1}{D}\left[-\left(\frac{\partial z_1}{\partial y}\right)\left(\frac{\partial}{\partial x}\right) + \left(\frac{\partial z_1}{\partial x}\right)\left(\frac{\partial}{\partial y}\right)\right] \tag{11.18}$$

Man erkennt deutlich, daß wegen (11.2) und (11.16) gilt:

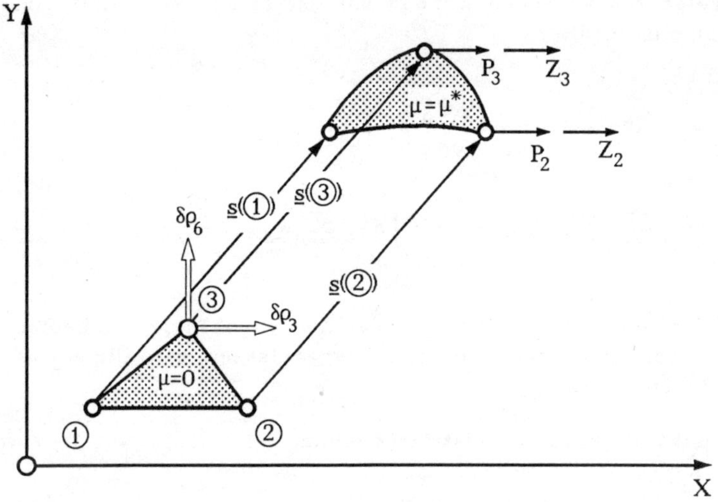

BILD 11.2: Dasselbe finite Element ohne Last ($\mu = 0$) und bei Endlast ($\mu = \mu^*$).

$$\underline{\underline{\nabla}}^{z}_{23} = \underline{\underline{\nabla}}^{z}_{23}(x,y,\mu) \tag{11.19}$$

d.h. die Operatorenmatrix aus (1.9) oder (1.15) hängt im EULERschen Raum vom Belastungszustand ab.

Nun multiplizieren wir die Gleichgewichtsbeziehung (11.15) mit dem unendlich kleinen Verschiebungsfeld (11.18) (virtuelles Verschiebungsfeld) und benutzen der Übersichtlichkeit halber nur zwei Dimensionen. So kommt:

$$\delta\underline{\rho}_n^T \left[\underline{\underline{\Phi}}_{2n}^T(\underline{x}_2) \left(\underline{\underline{\nabla}}^{z}_{23}\, \underline{\sigma}_3(\underline{z}_2,t) \right) - \rho\, \underline{\underline{\Phi}}_{2n}^T\, \ddot{\underline{s}}_2 + \underline{\underline{\Phi}}_{2n}^T(\underline{x}_2)\, \underline{w}_2(\underline{z}_2,t)\, l_1(\mu) \right] = 0 \tag{11.20}$$

(die runden Klammern bedeuten u.a. die Anwendung der NABLA-Matrix nur auf den *in der* Klammer stehenden Term).

Jetzt gilt nach den Regeln der Differentialrechnung:

$$\left(\underline{\underline{\Phi}}_{2n}^T\, \underline{\underline{\nabla}}^{z}_{23}\, \underline{\sigma}_3 \right) - \left(\underline{\underline{\Phi}}_{2n}^T\, \underline{\underline{\nabla}}^{z}_{23} \right) \underline{\sigma}_3 = \underline{\underline{\Phi}}_{2n}^T \left(\underline{\underline{\nabla}}^{z}_{23}\, \underline{\sigma}_3 \right) \tag{11.21}$$

Wir multiplizieren jetzt (11.20) mit dV_z, dem Volumenelement im EULERschen Raum, und integrieren über ein finites Element (BILD 11.1) in seiner jeweiligen ausgelenkten Lage und wenden vor der Integration (11.21) an. Damit ergibt sich mit (9.38):

$$\int\limits_{V(\mu)} dV_z \left(\underline{\underline{\Phi}}_{2n}^T \ \underline{\underline{\nabla}}_{23} \right) \underline{\sigma}_3 + \int\limits_{V(\mu)} dV_z \ \rho \ \underline{\underline{\Phi}}_{2n}^T \ \underline{\underline{\Phi}}_{2n} \ddot{\underline{r}}_n =$$

$$\int\limits_{V(\mu)} dV_z \left(\underline{\underline{\Phi}}_{2n}^T \ \underline{\underline{\nabla}}_{23} \ \underline{\sigma}_3 \right) + l_1(\mu) \int\limits_{V(\mu)} dV_z \ \underline{\underline{\Phi}}_{2n}^T \underline{w}_2 \tag{11.22}$$

Hierbei wurde der unendlich kleine, von der Zeit unabhängige beliebige Knotenpunktsverschiebungsvektor $\delta\underline{\rho}_n$ gleich weggelassen, also die eckige Klammer in (11.20) Null gesetzt.

Wir definieren jetzt die Rechtecksmatrix (zweidimensional):

$$\underline{\underline{H}}_{n3}(\underline{x},\mu) \quad := \quad \left[\underline{\underline{\nabla}}_{23}^T(\underline{x},\mu) \ \underline{\underline{\Phi}}_{2n}(\underline{x}) \right]^T \tag{11.23}$$

Hierin ist $\underline{\underline{\nabla}}_{23}$ gemäß (1.9) gegeben, wenn man x durch z_1 und y durch z_2 ersetzt und dann (11.19) berücksichtigt (siehe auch (11.5)).

Nun wenden wir auf (11.22) wieder den Integralsatz gemäß (1.18) an und bekommen mit (3.24)

$$\underline{\underline{M}}_{nn} \ddot{\underline{r}}_n + \int\limits_{V(\mu)} dV_z \ \underline{\underline{H}}_{n3}(\underline{x},\mu) \underline{\sigma}_3 = \int\limits_{O(\mu)} dF_z \ \underline{\underline{\Phi}}_{2n}^T \underline{\underline{N}}_{23} \ \underline{\sigma}_3 + l_1(\mu) \int\limits_{V(\mu)} dV_z \ \underline{\underline{\Phi}}_{2n}^T \underline{w}_2 \tag{11.24}$$

Dabei gilt, wenn man den Massenerhaltungssatz (11.31) beachtet

$$\int\limits_{V(\mu)} dV_z \ \rho(\underline{z},t) \ \underline{\underline{\Phi}}_{2n}^T \underline{\underline{\Phi}}_{2n} = \int\limits_{\substack{V \\ \text{(Element} \\ \text{unverformt)}}} dV_x \ \rho_0 \ \underline{\underline{\Phi}}_{2n}^T \ \underline{\underline{\Phi}}_{2n} =: \underline{\underline{M}}_{nn} \tag{11.24a}$$

Mit (2.18), (3.37) und (3.38) kommt aus (11.24):

$$\underline{\underline{M}}_{nn} \ddot{\underline{r}}_n + \int\limits_{V(\mu)} dV_z \ \underline{\underline{H}}_{n3}(\underline{x},\mu) \underline{\sigma}_3 = l_2(\mu) \underline{P}_n(\mu) + l_1(\mu) \underline{Z}_n(\mu) \tag{11.25}$$

Hierin bedeutet also $l_2 \underline{P}_n + l_1 \underline{Z}_n$ die am finiten Element bei der Laststufe μ oder zur Zeit t angreifenden Knotenpunktskräfte, aufgeteilt nach generalisierten Spannungen und generalisierten Volumenskräften.

Dabei beachten wir, daß $\underline{\underline{H}}_{n3}$ jeweils an den Stellen im Element bekannt ist, wo die Verschiebungsfunktionen errechnet wurden.

Zur Ermittlung von $\underline{\underline{\nabla}}^{Z}_{23}(\underline{x},\mu)$ benötigt man nämlich gemäß (11.19) und (11.2) die Verschiebungsfunktionen:

$$u(\underline{x},\mu) \qquad\qquad v(\underline{x},\mu) \tag{11.26}$$

als Komponenten des Verschiebungsvektors $\underline{s}(\underline{x},\mu)$ aus (11.16) bzw. (9.38). Die Formfunktionsmatrix $\underline{\underline{\Phi}}_{2n}$, die von μ unabhängig ist, ist bekannt. Also kennen wir wegen (11.23) die Matrix $\underline{\underline{H}}_{n3}$ an jedem errechneten Lastpunkt und somit zu jedem Zeitpunkt Δt bzw. Lastschritt $\Delta\mu$.

Man erkennt jetzt aus (11.25), daß die Rechtecksmatrix $\underline{\underline{H}}_{n3}$ gemäß (11.23) die *Urform der Kompatibilitätsmatrix* in (3.41) bzw. von (3.13a) ist.

Die Knotenpunktslasten des Elementes ${}^{1}_{2}\underline{P}_{n}$ und ${}^{1}_{1}\underline{Z}_{n}$ (siehe BILD 11.2) sind uns gegeben, so daß in (11.25) nur noch eine Beziehung zwischen den Spannungen $\underline{\sigma}_3$ und dem Verschiebungsvektor $\underline{s}_2$ fehlt, um $u(\underline{x},\mu)$ und $v(\underline{x},\mu)$ im Inkrementverfahren berechnen bzw. wegen (9.38) den Vektor $\underline{r}_n$ bestimmen zu können.

Um (11.25) im LAGRANGEschen Raum zu integrieren, bemerken wir, daß mit (11.2) gilt (zweidimensional, $dxdy = dV_x$):

$$dV_z = \left| \left(\frac{\partial Z}{\partial x} \right) \times \left(\frac{\partial Z}{\partial y} \right) \right| 1\, dxdy \tag{11.27}$$

Mit (11.16) und (6.5) sowie (11.2) wird:

$$Z = z_1 e_x + z_2 e_y \tag{11.28}$$

$$\frac{\partial Z}{\partial x} = \left[1 + \frac{\partial u(x,\mu)}{\partial x} \right] e_x + \left[\frac{\partial v(x,\mu)}{\partial x} \right] e_y \tag{11.29}$$

$$\frac{\partial Z}{\partial y} = \left[\frac{\partial u(x,\mu)}{\partial y} \right] e_x + \left[1 + \frac{\partial v(x,\mu)}{\partial y} \right] e_y \tag{11.30}$$

Damit kommt aus (11.27) mit (11.9):

$$dV_z = D(\underline{x},\mu) dV_x \equiv \frac{\rho_0}{\rho} dV_x$$

$$dm = \rho dV_z = \rho_0 dV_x \quad \text{(Massenerhaltungssatz)} \tag{11.31}$$

worin D die Funktionaldeterminante der Abbildung (11.2) vom LAGRANGEschen in den EULERschen Raum bedeutet und ρ_0 bzw. ρ die Dichten sind.

Damit wird aus (11.25) (zweidimensional):

$$\underline{\underline{M}}_{nn}\,\ddot{\underline{r}}_n + \int\limits_{\substack{\text{(Element}\\ \text{unverformt)}}} dV_x\, D(\underline{x},\mu)\,\underline{\underline{H}}_{n3}(\underline{x},\mu)\,\underline{\sigma}_3 = l_2(\mu)\underline{P}_n + l_1(\mu)\underline{Z}_n \qquad (11.32a)$$

Das Integral in (11.32a) ist numerisch, z.B. nach GAUß, zu lösen. Dafür ist es wichtig, daß der Integrationsbereich V im Referenzraum - LAGRANGE-schem Raum - liegt, also konstant ist für alle Lastzustände.

Zur besseren Anwendung von (11.32a) beachten wir, daß (zweidimensional) mit (1.9) wegen (11.1) gilt:

$$\underline{\underline{\nabla}}^{z}_{23} := \begin{bmatrix} \frac{\partial}{\partial z_1} & 0 & \frac{\partial}{\partial z_2} \\ 0 & \frac{\partial}{\partial z_2} & \frac{\partial}{\partial z_1} \end{bmatrix} \qquad (11.32b)$$

Unter Verwendung von (11.18) und (11.2) wird hiermit aus (11.23), wenn man noch (3.9) beachtet:

$$D\underline{\underline{H}}_{n3} =: \hat{\underline{\underline{H}}}_{n3} \equiv \left[\hat{h}_{lm}\right] \quad (l=1,\ldots,n;\ m=1,2,3) \qquad (11.32c)$$

Mit den Bezeichnungen aus (11.54) bis (11.57) kann man dann z.B im Falle eines *ebenen Dreieckselementes* schreiben:

$$\hat{h}_{l1} = \begin{cases} (1+v_y)\dfrac{\partial\Phi_l}{\partial x} - v_x\dfrac{\partial\Phi_l}{\partial y} & \textit{für } l = 1,2,3 \\ 0 & \textit{für } l = 4,5,6 \end{cases} \qquad (11.32d)$$

$$\hat{h}_{l2} = \begin{cases} 0 & \textit{für } l = 1,2,3 \\ -u_y\dfrac{\partial\Phi_{l-3}}{\partial x} + (1+u_x)\dfrac{\partial\Phi_{l-3}}{\partial y} & \textit{für } l = 4,5,6 \end{cases} \qquad (11.32e)$$

$$\hat{h}_{l3} = \begin{cases} -u_y\dfrac{\partial\Phi_l}{\partial x} + (1+u_x)\dfrac{\partial\Phi_l}{\partial y} & \textit{für } l = 1,2,3 \\ (1+v_y)\dfrac{\partial\Phi_{l-3}}{\partial x} - v_x\dfrac{\partial\Phi_{l-3}}{\partial y} & \textit{für } l = 4,5,6 \end{cases} \qquad (11.32f)$$

Mit (3.3) und (3.4) erkennt man schnell, daß die $\hat{h}_{lm}$ lineare Funktionen der Knotenpunktsverschiebungen $r_i (i = 1,2, \ldots, n)$ sind.

So kann man nun (11.32a) einfach und explizit schreiben, wenn man (11.24a) beachtet:

$$\underset{\substack{\text{(Element}\\ \text{unverformt)}}}{\int} dV_x \, \rho_0 \, \underline{\underline{\Phi}}_{2n}^T \, \underline{\underline{\Phi}}_{2n} \, \ddot{\underline{r}}_n + \underset{\substack{\text{(Element}\\ \text{unverformt)}}}{\int} dV_x \, \underline{\underline{\hat{H}}}_{n3} \, \underline{\sigma}_3 = l_2 \, \underline{P}_n + l_1 \underline{Z}_n \qquad (11.32)$$

wobei die Elemente $\hat{h}_{lm}$ im Spezialfall eines ebenen Dreieckselementes gemäß (11.32d) bis (11.32f) gegeben sind.

11.3 Die Spannungen

Wir betrachten in BILD 11.3 einen infinitesimalen Vektor dZ mit Umgebung erster Ordnung und berechnen ihn mit (11.29) und (11.30) zu:

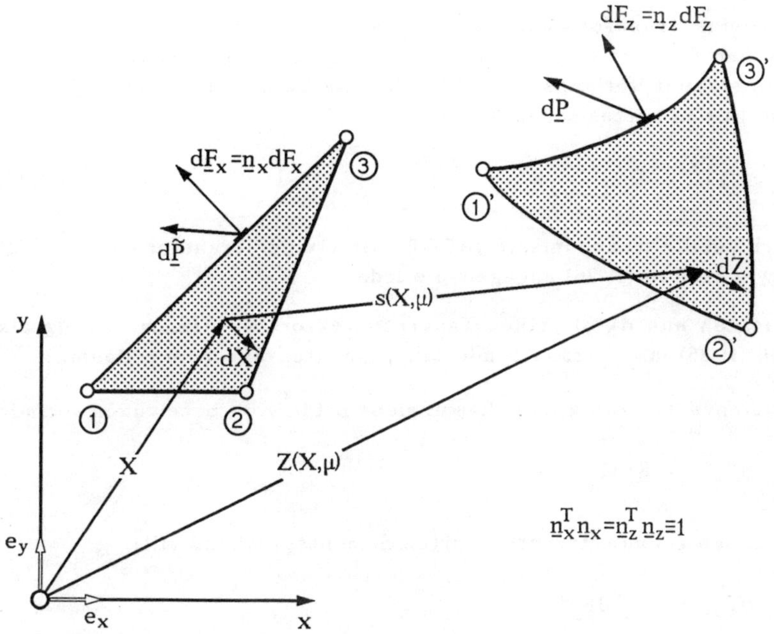

BILD 11.3: Kräfte am finiten Element.

$$dZ = \left(\frac{\partial Z}{\partial x}\right) dx + \left(\frac{\partial Z}{\partial y}\right) dy =$$

$$= \left[\left(1 + \frac{\partial u}{\partial x}\right) dx + \left(\frac{\partial u}{\partial y}\right) dy\right] e_x + \left[\left(\frac{\partial v}{\partial x}\right) dx + \left(1 + \frac{\partial v}{\partial y}\right) dy\right] e_y \tag{11.33}$$

Mit:

$$d\underline{x}^T := (dx, dy) \quad \text{oder} \quad dX = dx e_x + dy e_y \qquad d\underline{z}^T := (dz_1, dz_2) \tag{11.34}$$

kann man (11.33) in Matrizen (zweidimensional) ohne Dimensionsindex an den Matrizen schreiben:

$$d\underline{z} = \underline{\underline{Q}}(\underline{x}, \mu) d\underline{x} \tag{11.35}$$

wobei mit (11.12) gilt:

$$\underline{\underline{Q}} := \begin{bmatrix} 1 + \frac{\partial u}{\partial x} & \frac{\partial u}{\partial y} \\ \frac{\partial v}{\partial x} & 1 + \frac{\partial v}{\partial y} \end{bmatrix} \equiv \underline{\underline{J}}^T \tag{11.36}$$

$\underline{\underline{Q}}$ ist also eine Transformationsmatrix, die den Vektor $d\underline{x}$ aus dem LAGRANGEschen Raum in den Vektor $d\underline{z}$ in den EULERschen Raum transformiert. Man erkennt übrigens mit (11.9), daß die Determinante von $\underline{\underline{Q}}$ gleich D ist, also gilt in kartesischen Koordinaten

$$|\underline{\underline{Q}}| = D \tag{11.37}$$

und es sich um die transponierte JACOBI-Matrix der Transformation (11.2) handelt, wie auch in (11.36) angegeben wurde.

Wir betrachten nun $d\underline{x}$ als einen Tangentenvektor im $\underline{x}$-Raum und $d\underline{z}$ als den gemäß (11.35) mit $\underline{\underline{Q}}$ transformierten Tangentenvektor im $\underline{z}$-Raum.

Den Normalenvektor zu $d\underline{x}$ im $\underline{x}$-Raum, siehe BILD 11.3 , bezeichnen wir mit

$$d\underline{F}_x = \underline{n}_x dF_x$$

und den in den $\underline{z}$-Raum transformierten dementsprechend mit:

$$d\underline{F}_z = \underline{n}_z \, dF_z$$

(vgl. auch BILD 1.3 und BILD 11.3).

Damit können wir nun die Transformationsmatrix für die Normalenvektoren definieren.

$$d\underline{F}_z = \hat{\underline{\underline{Q}}}\, d\underline{F}_x \tag{11.38}$$

Da die Normalenvektoren auf den Tangentenvektoren senkrecht stehen, muß gelten, wenn man (11.35) und (11.38) beachtet:

$$d\underline{z}^T d\underline{F}_z = d\underline{x}^T \underline{\underline{Q}}^T \hat{\underline{\underline{Q}}}\, d\underline{F}_x \equiv 0 \tag{11.39}$$

wenn $d\underline{z}$ als Randtangentenvektor aufgefaßt wird.

Hieraus folgt:

$$\hat{\underline{\underline{Q}}} \equiv \left(\underline{\underline{Q}}^T\right)^{-1} C_O \tag{11.40}$$

da im LAGRANGEschen Raum gilt:

$$d\underline{x}^T\, d\underline{F}_x \equiv 0$$

In (11.40) ist C_O ein skalarer Faktor ungleich Null.

Aus (11.40) erkennt man mit (11.38), daß

$$d\underline{F}_z = \left(\underline{\underline{Q}}^T\right)^{-1} d\underline{F}_x\, C_O \tag{11.41}$$

richtig ist.

Der Spannungsvektor $\underline{\sigma}_3(\underline{z})$ in (7.32) stammt aus der Gleichgewichtsbedingung (11.15) im EULERschen Raum (EULERsche Spannungsmatrix bzw. -Vektor). Unsere Dehnungsmatrix (9.11) und der Verzerrungstensor (9.28) hingegen sind wegen (9.8) und (9.6) im LAGRANGEschen Parameterraum definiert, da sie sich auf den unverformten Körper beziehen.

Durch ein Werkstoffgesetz werden wir später $\underline{\sigma}$ in (11.32) (siehe BILD 11.5) durch Knotenpunktsverschiebungen gemäß (9.49) ersetzen. Dazu aber benötigen wir einen Spannungsvektor bzw. eine symmetrische Spannungsmatrix im LAGRANGEschen Raum (vgl. [MAL-69] Seite 221).

Nun nennen wir die zu definierende Spannungsmatrix im LAGRANGEschen-Raum $\overset{o}{\underline{\underline{T}}}$ (vgl. dazu (1.4)).

$\overset{o}{\underline{\underline{T}}}$ ist eine Funktion von $\underline{x}$ und dem Lastparameter μ. Ihr Definitionsgebiet sei das unverformte Element, siehe BILDer 11.2 und 11.3, in dem keine reale Spannung herrscht. Deshalb wird auch $\overset{\circ}{\underline{\underline{T}}}$ oft als die PIOLA-KIRCHHOFFsche Pseudospannung bezeichnet. Im Grunde ist $\overset{\circ}{\underline{\underline{T}}}$ nur ein geeignetes Substitut. Wir setzen an mit einer noch unbekannten Transformationsmatrix $\underline{\underline{L}}$.

$$\overset{\circ}{\underline{\underline{T}}} := \underline{\underline{L}}^T \underline{\underline{T}} \, \underline{\underline{L}} \tag{11.42}$$

wobei $\underline{\underline{T}}$ die symmetrische Spannungsmatrix des Spannungsvektors $\underline{\sigma}$ aus (11.32) im EULERschen Raum bedeutet.

Jetzt bilden wir zur Ermittlung von $\underline{\underline{L}}$ aus (11.42):

$$\overset{\circ}{\underline{\underline{T}}} \, \underline{\underline{L}}^{-1} = \underline{\underline{L}}^T \underline{\underline{T}}$$

Diese Gleichung multiplizieren wir von rechts mit dem Normalenvektor $d\underline{F}_z$ aus (11.41). Dann kommt, wenn man (2.17) und die Bezeichnungen aus BILD 11.3 beachtet:

$$C_O \overset{\circ}{\underline{\underline{T}}} \, \underline{\underline{L}}^{-1} \underline{\underline{Q}}^{T-1} d\underline{F}_x = \underline{\underline{L}}^T \underline{\underline{T}} \, d\underline{F}_z = \underline{\underline{L}}^T d\underline{P} \tag{11.43}$$

Da nun $\overset{\circ}{\underline{\underline{T}}}$, wie definiert, eine *Spannungsmatrix* im LAGRANGEschen Raum ist, gilt mit den Bezeichnungen aus BILD 11.3 und der Randspannungsformel (2.17):

$$\overset{\circ}{\underline{\underline{T}}} \, d\underline{F}_x = d\underline{\tilde{P}} \tag{11.44}$$

Also ist folgende Beziehung wegen (11.43) richtig:

$$C_O \underline{\underline{L}}^{-1} \underline{\underline{Q}}^{T-1} = \underline{\underline{E}}$$

d.h.

$$\underline{\underline{L}} = \underline{\underline{Q}}^{T-1} C_O \tag{11.45}$$

und es kommt mit (11.43) und (11.44):

$$d\underline{\tilde{P}} = \underline{\underline{L}}^T \underline{\underline{T}} \, d\underline{F}_z = \underline{\underline{L}}^T d\underline{P}$$

Damit wird nach (11.45):

$$d\underline{\tilde{P}} = \underline{\underline{Q}}^{-1} d\underline{P} \, C_O \tag{11.46}$$

Wegen (11.42) gilt nun also mit (11.45):

$$\underline{\underline{T}}(\underline{z},\mu) = \underline{\underline{Q}}\,\overset{o}{\underline{\underline{T}}}(\underline{x},\mu)\,\underline{\underline{Q}}^T \frac{1}{C_o^2} \tag{11.47}$$

(vgl. [MAL-69] S.223 Formel S.3.26), wobei $\underline{\underline{Q}}$ gemäß (11.36) im Falle kartesischer Koordinaten gegeben ist.

Der skalare Faktor C_o in (11.47) kann als koordinatenbezogener Normierungsfaktor angesehen werden.

Durch die aufgestellte Bedingungsgleichung (11.39) ist $\hat{\underline{\underline{Q}}}$ nur bis auf einen skalaren Faktor zu bestimmen.

Wir legen C_o so fest, daß sich am Probestab gemäß BILD 11.4 die richtige Beziehung zwischen technischer und wirklicher Spannung ergibt. Wir können nämlich am Probestab leicht beide Spannungen explizit ermitteln.

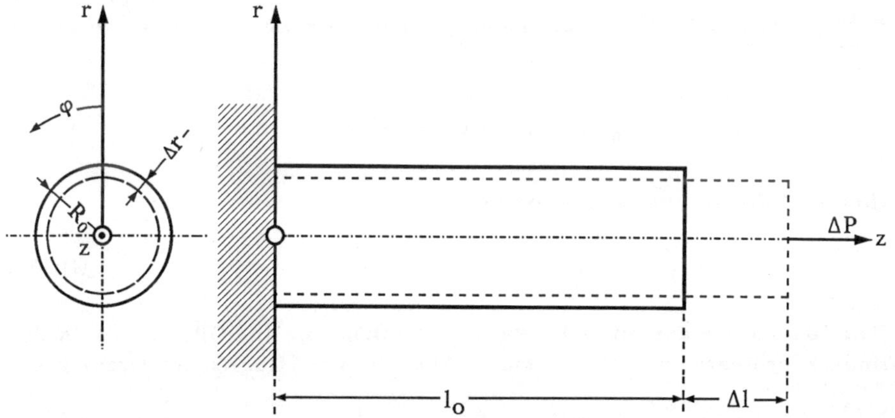

BILD 11.4: Der Probestab in Zylinderkoordinaten.

So erkennt man aus BILD 11.4 sofort, daß sich für die wirkliche reale Spannung ergibt:

$$\Delta\sigma_z = \frac{\Delta P}{(R_o-\Delta r)^2\pi} = \frac{1}{\left(1-\frac{\Delta r}{R_o}\right)^2}\,\frac{\Delta P}{\pi R_o^2} = \frac{\Delta\overset{o}{\sigma}_z}{\left(1-\frac{\Delta r}{R_o}\right)^2} \tag{11.47a}$$

Um die Formel (11.47) anwenden zu können, benötigen wir das gesamte Verschiebungsfeld des Probestabes.

Dazu beachten wir, daß am Probestab für die Verschiebung in radialer Richtung gilt u = u(r) und für die Verschiebung in z-Richtung (vgl. BILD 11.4) w = w(z).

Nun erkennt man weiter, daß für große Verformungen mit (10.16) und (10.31) für den Probestab gilt:

$$\varepsilon_r = \sqrt{1+2\frac{\partial u}{\partial r} + \left(\frac{\partial u}{\partial r}\right)^2} \;-1 = \frac{\partial u}{\partial r} \equiv u_r$$

$$\varepsilon_z = \sqrt{1+2\frac{\partial w}{\partial z} + \left(\frac{\partial w}{\partial z}\right)^2} \;-1 = \frac{\partial w}{\partial z} \equiv w_z \tag{11.47b}$$

Da nun beim Spannungszustand des Probestabes nur eine und zwar konstante Spannung $\Delta\sigma_z$ gemäß (11.47a) existiert, folgt sofort aus dem plastischen Werkstoffgesetz (11.107), daß ε_r und ε_z konstant, also unabhängig von r und z, sein müssen. Das heißt wegen (11.47b), daß

$$u_r = \text{const. und } w_z = \text{const.}$$

richtig ist. Beachtet man die Randbedingungen nach BILD 11.4, so erhält man:

$$u(r) = -\frac{\Delta r}{R_0}\, r \quad \text{und} \quad w(z) = \frac{\Delta l}{l_0}\, z \tag{11.47c}$$

Hieraus folgt die Beziehung am Probestab

$$r(1+u_r) = r + u \tag{11.47d}$$

Nun können wir auf einfache Weise mit (11.33) die JACOBI-Matrix in Zylinderkoordinaten ermitteln. Dazu gehen wir vom EULERschen Ortsvektor

$$Z = X + s \tag{11.47e}$$

aus, wobei gemäß (6.1) gilt:

$$X = r\,\mathring{a}_1 + z\,\mathring{a}_3 \tag{11.47f}$$

und nach (6.13)

$$s = u(r)\,\mathring{a}_1 + w(z)\,\mathring{a}_3 \tag{11.47g}$$

Mit (11.47f) und (11.47g) kommt aus (11.47e):

$$Z = \{r+u(r)\}\,\mathring{a}_1(\varphi) + \{z+w(z)\}\,\mathring{a}_3 \tag{11.47h}$$

Unter Beachtung von (6.4) und (6.8) errechnet man:

$$\frac{\partial Z}{\partial r} = \left(1+u_r\right) \overset{\circ}{a}_1$$

$$\frac{\partial Z}{\partial \varphi} = \left(r+u(r)\right) \overset{\circ}{a}_2$$

$$\frac{\partial Z}{\partial z} = \left(1+w_z\right) \overset{\circ}{a}_3 \tag{11.47i}$$

So ergibt sich für den Vektor dZ nach (11.33):

$$dZ = \frac{\partial Z}{\partial r}\, dr + \frac{\partial Z}{\partial \varphi}\, d\varphi + \frac{\partial Z}{\partial z}\, dz$$

$$= \left(1+u_r\right)\overset{\circ}{a}_1\, dr + \left(r+u\right)\overset{\circ}{a}_2\, d\varphi + \left(1+w_z\right)\overset{\circ}{a}_3\, dz \tag{11.47k}$$

Da $\overset{\circ}{a}_i$ (i = 1, 2, 3) ein Orthonormal-System bildet, kann man (11.47k) analog zu (11.35) in Matrizen schreiben:

$$d\underline{z}_3 = \underline{\underline{Q}}_{33}\, d\underline{x}_3 \tag{11.47l}$$

wobei

$$\underline{\underline{Q}}_{33} := \begin{bmatrix} 1+u_r & 0 & 0 \\ 0 & \frac{1}{r}\left(r+u\right) & 0 \\ 0 & 0 & 1+w_z \end{bmatrix} \tag{11.47m}$$

$$d\underline{x}^T := \left(dr,\ r d\varphi,\ dz\right) \tag{11.47n}$$

und

$$d\underline{z}^T := \left(dz_1,\ dz_2,\ dz_3\right) \tag{11.47o}$$

Aus (11.47k) erkennt man, daß man die Matrix $\underline{\underline{Q}}_{33}$ oder die transponierte JACOBI-Matrix gemäß (11.36) als JACOBI-Tensor wie folgt schreiben kann:

$$dZ = Z \circ \overset{\leftarrow}{\nabla} \cdot dX \equiv Q \cdot dX$$

wenn man das unbestimmte Produkt gemäß (6.9) benutzt. Also gilt koordinatenfrei geschrieben:

$$Z \circ \overset{\circ}{\nabla} =: Q \tag{11.47p}$$

Man verifiziert leicht, daß unter Verwendung von Z aus (11.47h) und mit

$$\overset{\circ}{\nabla} = \overset{\circ}{a}_1 \frac{\partial}{\partial r} + \frac{\overset{\circ}{a}_2}{r} \frac{\partial}{\partial \varphi} + \overset{\circ}{a}_3 \frac{\partial}{\partial z}$$

gemäß (6.7) der folgende Tensor 2. Stufe aus (11.47p) entsteht:

$$Q = (1 + u_r)\, \overset{\circ}{a}_1 \circ \overset{\circ}{a}_1 + \frac{r+u}{r}\, \overset{\circ}{a}_2 \circ \overset{\circ}{a}_2 + (1 + w_z)\, \overset{\circ}{a}_3 \circ \overset{\circ}{a}_3$$

Diesem Tensor zugeordnet ist die schon bekannte Matrix (11.47m).

Nun erhalten wir mit (11.47m) aus (11.47):

$$\Delta\sigma_z = (1 + w_z)^2\, \Delta\overset{\circ}{\sigma}_z \frac{1}{C_o^2} \tag{11.47q}$$

Mit (11.47c) und (11.47a) kommt hieraus für den Skalar C_o

$$\frac{\Delta\overset{\circ}{\sigma}_z}{(1+u_r)^2} = (1+w_z)^2\, \Delta\overset{\circ}{\sigma}_z \frac{1}{C_o^2}$$

oder

$$C_o = (1+u_r)(1+w_z) \tag{11.47r}$$

Nun kann man aus BILD 11.4 ablesen, daß für die Dichten gilt:

$$\frac{\rho_o}{\rho} = \left(1 - \frac{\Delta r}{R_o}\right)^2 \left(1 + \frac{\Delta l}{l_o}\right) = \frac{V}{V_o} \tag{11.47s}$$

So kommt mit (11.47r) und (11.47c) für das Produkt als Binom

$$C_o \frac{\rho}{\rho_o} = \frac{1}{1 - \frac{\Delta r}{R_o}} \approx 1 + \frac{\Delta r}{R_o} \approx 1$$

Also gilt mit hinreichender Genauigkeit:

$$C_o \approx \frac{\rho_o}{\rho} \tag{11.47t}$$

und aus (11.47) wird letztlich jetzt für alle Koordinatensysteme gültig:

$$\underline{\underline{T}}_{33} = \left(\frac{\rho}{\rho_0}\right)^2 \underline{\underline{Q}}_{33}\, \mathring{\underline{\underline{T}}}_{33}\, \underline{\underline{Q}}^T_{33} \tag{11.47v}$$

Die Transformationsmatrix $\underline{\underline{L}}$ wurde so konstruiert, daß die PIOLA-KIRCHHOFFschen Pseudospannungen $\mathring{\underline{\underline{T}}}$ die Randspannungsformel (11.44) im LAGRANGEschen Raum befriedigten.

Nun muß noch geprüft werden, ob es sich bei den Pseudospannungen um Gleichgewichtsspannungen gemäß (11.15) handelt.

Dazu transformieren wir (11.15) vom EULERschen in den LAGRANGEschen Raum. Mit (1.11) und (11.5) wird aus (11.15), wenn man noch der Einfachheit halber die Dimensionen wegläßt:

$$\underline{\underline{\overset{z}{\nabla}}}\,\underline{\sigma} + l_1 \underline{w} \equiv \underline{\underline{T}}\,\underline{\overset{z}{\nabla}} + l_1(\mu)\underline{w} = \rho\ddot{\underline{s}} \tag{11.48}$$

Mit (11.13) und (11.36) kommt hieraus:

$$\underline{\underline{T}}\,\underline{\underline{Q}}^{T-1}\,\underline{\overset{x}{\nabla}} + l_1(\mu)\underline{w} = \rho\ddot{\underline{s}} \tag{11.49}$$

wobei der NABLA-Operator auf $\underline{\underline{T}}$ anzuwenden ist.

Transformiert auf die PIOLA-KIRCHHOFFschen Spannungen nach (11.47), wird hieraus:

$$\frac{\rho}{\rho_0}\,\underline{\underline{Q}}\left(\mathring{\underline{\underline{T}}}\,\underline{\overset{x}{\nabla}}\right) + l_1(\mu)\underline{w} = \rho\ddot{\underline{s}} \tag{11.50}$$

oder, unter Berücksichtigung von (11.31):

$$\mathring{\underline{\underline{T}}}\,\underline{\overset{x}{\nabla}} + l_1(\mu)\mathring{\underline{w}} = \rho\ddot{\mathring{\underline{s}}} \tag{11.51}$$

wobei analog zu (11.46) gilt:

$$\mathring{\underline{w}} = \underline{\underline{Q}}^{-1}\underline{w}\frac{\rho_0}{\rho} \quad \text{und} \quad \ddot{\mathring{\underline{s}}} = \underline{\underline{Q}}^{-1}\ddot{\underline{s}}\frac{\rho_0}{\rho} \tag{11.52}$$

Also sind die Spannungen $\mathring{\underline{\underline{T}}}$ *Gleichgewichtsspannungen* im Referenzraum und können über die Transformation (11.47r) anstelle der EULERschen Spannungen benutzt werden.

Nach diesem Nachweis müssen wir noch die Transformation (11.47r) auf

Spannungsvektoren, wie wir sie bei den finiten Elementen benötigen, umschreiben.

Dazu schreiben wir (11.47) mit (11.36) aus. Wir führen vorher noch die Bezeichnungen ein:

$$\underline{\underline{\overset{\circ}{T}}} := \begin{bmatrix} \overset{\circ}{\sigma}_x & \overset{\circ}{\tau}_{xy} \\ \overset{\circ}{\tau}_{xy} & \overset{\circ}{\sigma}_y \end{bmatrix} \tag{11.53}$$

und:

$$\frac{\partial u}{\partial x} \equiv u_x \tag{11.54}$$

$$\frac{\partial u}{\partial y} \equiv u_y \tag{11.55}$$

$$\frac{\partial v}{\partial x} \equiv v_x \tag{11.56}$$

$$\frac{\partial v}{\partial y} \equiv v_y \tag{11.57}$$

Damit kommt aus (11.47r):

$$\underline{\underline{T}} = \left(\frac{\rho}{\rho_o}\right)^2 \begin{bmatrix} 1+u_x & u_y \\ v_x & 1+v_y \end{bmatrix} \begin{bmatrix} \overset{\circ}{\sigma}_x & \overset{\circ}{\tau}_{xy} \\ \overset{\circ}{\tau}_{xy} & \overset{\circ}{\sigma}_y \end{bmatrix} \begin{bmatrix} 1+u_x & v_x \\ u_y & 1+v_y \end{bmatrix} \tag{11.58}$$

Hieraus folgt unter Beachtung von (1.4):

$$\begin{aligned} \left(\frac{\rho_o}{\rho}\right)^2 \sigma_x &= (1+u_x)^2\, \overset{\circ}{\sigma}_x + u_y^2\, \overset{\circ}{\sigma}_y + 2u_y(1+u_x)\, \overset{\circ}{\tau}_{xy} \\ \left(\frac{\rho_o}{\rho}\right)^2 \sigma_y &= v_x^2\, \overset{\circ}{\sigma}_x + (1+v_y)^2\, \overset{\circ}{\sigma}_y + 2v_x(1+v_y)\, \overset{\circ}{\tau}_{xy} \\ \left(\frac{\rho_o}{\rho}\right)^2 \tau_{xy} &= v_x(1+u_x)\overset{\circ}{\sigma}_x + u_y(1+v_y)\overset{\circ}{\sigma}_y + \left[u_y v_x + (1+u_x)(1+v_y)\right]\overset{\circ}{\tau}_{xy} \end{aligned} \tag{11.59}$$

Mit:

$$\underline{\sigma}^T(\underline{z},\underline{r}(\mu)) := (\sigma_x, \sigma_y, \tau_{xy}) \tag{11.60}$$

und:

$$\underline{\overset{\circ}{\sigma}}^T(\underline{x},\underline{r}(\mu)) := (\overset{\circ}{\sigma}_x, \overset{\circ}{\sigma}_y, \overset{\circ}{\tau}_{xy}) \tag{11.61}$$

folgt:

$$\underline{\sigma}(\underline{z},\underline{r}) \quad := \quad \underline{\underline{X}}(\underline{x},\underline{r}(\mu))\; \overset{\circ}{\underline{\sigma}}(\underline{x},\underline{r})\left(\frac{\rho}{\rho_0}\right)^2 \tag{11.62}$$

wobei (zweidimensional) gilt:

$$\underline{\underline{X}}_{33} := \begin{bmatrix} (1+u_x)^2 & u_y^2 & 2u_y(1+u_x) \\ v_x^2 & (1+v_y)^2 & 2v_x(1+v_y) \\ v_x(1+u_x) & u_y(1+v_y) & u_y v_x+(1+u_x)(1+v_y) \end{bmatrix} \tag{11.63}$$

Die Matrix $\underline{\underline{X}}_{66}$ (für drei Dimensionen) kann man auf völlig gleichem Weg ableiten. Dazu muß man nur in (11.33) mit dreidimensionalen Orts- und Verschiebungsvektoren beginnen und bekommt dann in (11.36) eine dreidimensionale Transformationsmatrix $\underline{\underline{Q}}_{33}$. In (11.47) muß man dann auch die dreidimensionalen Spannungsmatrizen benutzen und in (11.58) $\underline{\underline{T}}_{33}$ sowie $\overset{\circ}{\underline{\underline{T}}}_{33}$ verwenden. Die Spannungsvektoren (11.60) und (11.61) sind dann gemäß (1.14) dreidimensional anzuschreiben und man bekommt so $\underline{\underline{X}}_{66}$.

$$_{66} = \begin{bmatrix} (1+u_x)^2 & u_y^2 & u_z^2 & 2u_y(1+u_x) & 2u_y u_z & 2u_z \\ v_x^2 & (1+v_y)^2 & v_z^2 & 2v_x(1+v_y) & 2v_z(1+v_y) & 2v_x v_z \\ w_x^2 & w_y^2 & (1+w_z)^2 & 2w_x w_y & 2w_y(1+w_z) & 2w_x(1+w_z) \\ v_x(1+u_x) & u_y(1+v_y) & u_z v_z & u_y v_x+(1+u_x)(1+v_y) & u_y v_z+u_z(1+v_y) & u_z v_x+v_z(1+u_x) \\ v_x w_x & w_y(1+v_y) & v_z(1+w_z) & v_x w_y+w_x(1+v_y) & v_z w_y+(1+v_y)(1+w_z) & v_z w_x+v_x(1+w_z) \\ w_x(1+u_x) & u_y w_y & u_z(1+w_z) & u_y w_x+w_y(1+u_x) & u_z w_y+u_y(1+w_z) & u_z w_x+(1+u_x)(1+w_z) \end{bmatrix} \tag{11.63a}$$

Wir bemerken abschließend noch: aus (1.11) folgt:

$$\underline{\underline{\nabla}}^{(z)}\,\underline{\sigma} = \underline{\underline{T}}\;\underline{\nabla}^{(z)}$$

und mit (11.47) wird

$$\underline{\underline{\nabla_z}}\,\underline{\sigma} = \underline{\underline{Q}}\,\underline{\underline{\mathring{T}}}\,\underline{\underline{Q}}^T\,\underline{\underline{\nabla_z}}\left(\frac{\rho}{\rho_0}\right)^2$$

Mit (11.36) kommt aus (11.13):

$$\underline{\underline{\nabla_z}}\,\underline{\sigma} = \underline{\underline{Q}}\,\underline{\underline{\mathring{T}}}\,\underline{\underline{Q}}^T\left(\underline{\underline{Q}}^T\right)^{-1}\underline{\underline{\nabla_x}}\left(\frac{\rho}{\rho_0}\right)^2$$

Durch (11.62) entsteht:

$$\left(\frac{\rho}{\rho_0}\right)^2\left(\underline{\underline{Q}}^{-1}\,\underline{\underline{\nabla_z}}\,\underline{\underline{X}}\right)\underline{\mathring{\sigma}} = \underline{\underline{\mathring{T}}}\,\underline{\underline{\nabla_x}}\left(\frac{\rho}{\rho_0}\right)^2$$

Der Vergleich mit der Identität (1.11) liefert dann

$$\left(\underline{\underline{Q}}^{-1}\,\underline{\underline{\nabla_z}}\,\underline{\underline{X}}\right) = \underline{\underline{\nabla_x}}$$

Also gilt:

$$\underline{\underline{\nabla_z}} = \underline{\underline{Q}}\,\underline{\underline{\nabla_x}}\,\underline{\underline{X}}^{-1} \tag{11.63b}$$

als Analogon zu (11.13).

Damit haben wir eine Transformation der Operatorenmatrizen vom EULERschen in den LAGRANGEschen Raum und umgekehrt gewonnen.

Führen wir nun (11.62) in (11.32a) ein, so erhalten wir mit (11.24a):

$$\underline{\underline{M}}_{nn}\ddot{\underline{r}}_n + \int_V dV_x\,\underline{\underline{\hat{H}}}_{n3}(\underline{x},\underline{r})\,\underline{\underline{X}}_{33}(\underline{x},\underline{r})\,\underline{\mathring{\sigma}}_3(\underline{x},\underline{r})\left(\frac{\rho}{\rho_0}\right)^2 = l_2(\mu)\underline{P}_n + l_1(\mu)\underline{Z}_n \tag{11.64}$$

Unter Beachtung von (11.63b), (11.32c) und (11.23) kommt (zweidimensional geschrieben):

$$\underline{\underline{\mathring{B}}}_{n3}(\underline{x},\underline{r}) := \left(\frac{\rho}{\rho_0}\right)^2\underline{\underline{\hat{H}}}_{n3}\,\underline{\underline{X}}_{33} \equiv \left[\mathring{b}_{lm}\right] =: D\left(\frac{\rho}{\rho_0}\right)^2\underline{\underline{\Phi}}^T_{2n}\,\underline{\underline{Q}}_{22}\,\underline{\underline{\nabla_x}}_{23} \tag{11.65}$$

wobei l von 1 bis n und m von 1 bis 3 läuft. Damit ergibt sich die folgende Form der nichtlinearen Gleichgewichtsbedingung im *Referenzraum*:

$$\underline{\underline{M}}_{nn}\ddot{\underline{r}}_n + \int_{\substack{V \\ \text{(Element} \\ \text{unverformt)}}} dV_x\,\underline{\underline{\mathring{B}}}_{n3}(\underline{x},\underline{r})\,\underline{\mathring{\sigma}}_3(\underline{x},\underline{r}) = l_2(\mu)\underline{P}_n + l_1(\mu)\underline{Z} \tag{11.66}$$

Hierin ist die Matrix $\overset{\circ}{\underline{\underline{B}}}_{n3}$ gemäß (11.65) und (11.63) mit (11.36) an jeder Stelle im Element und für jede Elementknotenpunktsverschiebung $\underline{r}_i$ (i = 1,...,n) gegeben (vgl. Formel 19.1 in [ZIE-89] S. 457). Die Abhängigkeit der Matrix $\overset{\circ}{\underline{\underline{B}}}_{n3}$ von den Knotenpunktsverschiebungen $\underline{r}_i$, nach denen im nächsten Abschnitt variiert werden muß, ist im Zähler biquadratisch und im Nenner in der 6. Potenz. Für diese Variation ist es sehr erleichternd, daß in (11.66) das Integrationsgebiet keine Funktion des Verschiebungsfeldes ist (unverformtes Element). Deshalb brauchen im nächsten Abschnitt bei der Variation nach dem Knotenpunktsverschiebungsvektor die Integrationsgrenzen nicht mitberücksichtigt zu werden.

In der linearen Mechanik geht $\overset{\circ}{\underline{\underline{B}}}_{n3}$ in die Kompatibilitätsmatrix (vgl. auch (3.41)) $\underline{\underline{B}}^T_{3n}$ aus (3.13) bzw. (3.13a) über.

11.4 Das Gleichgewicht bei großen Verformungen in beliebigen Parameterräumen

Wir wollen hier als exemplarischen Beispielsfall für nichtkartesische Koordinaten die Kugelkoordinaten betrachten. Als Systemskizze dazu soll BILD 11.5 (zweidimensional gezeichnet) dienen:

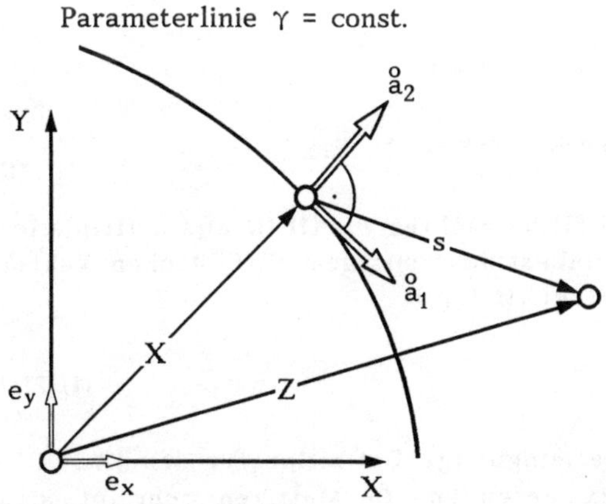

BILD 11.5: Das Lokalkoordinatensystem $\overset{\circ}{a}_1$ und $\overset{\circ}{a}_2$ für den LAGRANGEschen Ortsvektor X, den EULERschen Ortsvektor Z und den Verschiebungsvektor s.

Aus BILD 11.5 erkennt man, daß gilt:

$$X = r\, \overset{\circ}{a}_1 \tag{11.67}$$

Mit s aus (10.41) erhält man dann:

$$\begin{aligned} Z = X + s &= (r+u)\,\overset{o}{a}_1 + v\,\overset{o}{a}_2 + w\,\overset{o}{a}_3 \\ &\equiv \zeta_1 a_1 + \zeta_2 a_2 + \zeta_3 a_3 \end{aligned} \tag{11.68}$$

Beachtet man (10.40), so kommt aus (11.68)

$$\begin{aligned} & & & \textit{Dimension} \\ \zeta_1(r,\varphi,\vartheta;t) &= r + u(r,\varphi,\vartheta;t) & & [cm] \\ \zeta_2(r,\varphi,\vartheta;t) &= \frac{v(r,\varphi,\vartheta;t)}{r\sin\vartheta} & & [0] \\ \zeta_3(r,\varphi,\vartheta;t) &= \frac{w(r,\varphi,\vartheta;t)}{r} & & [0] \end{aligned} \tag{11.69}$$

Der ∇ - Operator des EULERschen Raumes in Kugelkoordinaten ist dann mit (11.1), (11.5), (11.68) und (6.7) resp. (10.47) wie folgt zu notieren:

$$\overset{z}{\nabla} := a^1 \frac{\partial}{\partial\zeta_1} + a^2 \frac{\partial}{\partial\zeta_2} + a^3 \frac{\partial}{\partial\zeta_3} \tag{11.70}$$

Hiermit gilt wieder für den Ortsvektor $z(r,\varphi,\vartheta;t)$ des EULERschen Raumes in Kugelkoordinaten gemäß (6.7a), wenn man (11.68), (10.40) und (10.46) beachtet:

$$\begin{aligned} \overset{z}{\nabla} \circ Z &\equiv a^1 \circ a_1 + a^2 \circ a_2 + a^3 \circ a_3 \\ &\equiv \overset{o}{a}_1 \circ \overset{o}{a}_1 + \overset{o}{a}_2 \circ \overset{o}{a}_2 + \overset{o}{a}_3 \circ \overset{o}{a}_3 \equiv E_{33} \end{aligned} \tag{11.71}$$

Als Anwendung der Gleichung (11.71) betrachten wir (11.11) und multiplizieren diese Gleichung von rechts unbestimmt mit dem EULERschen Vektor Z. So kommt in Tensoren wieder (vgl. (11.47p))

$$\overset{x}{\nabla} \circ Z =: J = Q^T \tag{11.71a}$$

Damit haben wir eine neue allgemeingültige Definition für den JACOBI-Tensor oder die JACOBI-Matrix gefunden. In Matrizen schreibt sich (11.71a) folgendermaßen:

$$\underline{\overset{x}{\nabla}}\ \underline{z}^T = \underline{\underline{J}} \tag{11.71b}$$

Dann ist gemäß (11.36)

$$\underline{\underline{Q}} = z \underline{\nabla}^{T} \qquad (11.71c)$$

Man kann die Gleichung (11.67) auch analytisch ableiten. Dazu berechnet man aus (10.39) durch Inversion der Systemmatrix drei Vektorfunktionen:

$$e_1 = f_1(a_1, a_2, a_3)$$

$$e_2 = f_2(a_1, a_2, a_3)$$

$$e_3 = f_3(a_1, a_2, a_3) \qquad (11.72)$$

Setzt man die kartesischen Basisvektoren e_1, e_2 und e_3 aus (11.72) in den Ortsvektor X des LAGRANGEschen Raumes aus (6.30) ein, so erhält man auch (11.67).

Als nächstes stellen wir uns die Aufgabe, die Gleichgewichtsbedingung in der Form von (11.25) in Kugelkoordinaten abzuleiten. Dazu müssen wir die Matrix $\underline{\underline{H}}_{n6}$ aus (11.25) in Kugelkoordinaten kennenlernen. Zur Lösung dieser Aufgabe greifen wir auf die Abschnitte 6.2 und 6.3 zurück.

Wenn wir für das Gleichgewicht im EULERschen Raum von (11.15), allerdings in invarianter Schreibung wie in (2.9), ausgehen, müssen wir für $\underline{\nabla}$ in (2.9) $\underline{\overset{z}{\nabla}}$ setzen.

So erhalten wir dann für Kugelkoordinaten das Prinzip der virtuellen Verrückungen in der Form (6.43) oder (6.45), wobei die Integrale über ein deformiertes finites Element im EULERraum zu erstrecken sind. Demgemäß muß $\delta\underline{\varepsilon}_6$ in (6.43) durch die Operatorenmatrix $\underline{\underline{\Theta}}_{63}$ aus (6.32) dargestellt werden. Es handelt sich hierbei wegen (6.40) um virtuelle und kleine Verzerrungen im Sinne der linearen Theorie. Im Falle der Kugelkoordinaten muß deshalb $\underline{\underline{\overset{k}{\Theta}}}_{63}$ aus (6.31) verwendet werden. Allerdings muß man jetzt beachten, daß es sich in (11.23) nicht um wirkliche Verzerrungen wie in (6.27) handelt, weil der zu verwendende ∇- Operator derjenige aus dem EULERschen Raum ist, nämlich $\underline{\overset{z}{\nabla}}$. Vergleicht man $\underline{\overset{x}{\nabla}}$ gemäß (6.7) und (10.47) mit $\underline{\overset{z}{\nabla}}$ aus (11.70), so erkennt man, daß man in $\underline{\underline{\overset{k}{\Theta}}}_{63}$ aus (6.31) nur dr durch $d\zeta_1$, $d\varphi$ durch $d\zeta_2$ und $d\vartheta$ durch $d\zeta_3$ zu ersetzen braucht, um $\underline{\underline{\overset{k}{H}}}$ aus (11.23) in Kugelkoordinaten zu erhalten. Durch Vergleich von (6.43) mit (11.24) unter Beachtung von (6.27) stellt man fest, daß im EULERschen Raum mit (11.23) gilt:

$$\delta\underline{\varrho}_n^T \underline{\underline{\overset{k}{H}}}_{n6} := \delta\underline{\varepsilon}_6^T = \left[\underline{\underline{\widehat{\overset{k}{\Theta}}}}_{63} \, \underline{\underline{\Phi}}_{3n} \, \delta\underline{\varrho}_n^T \right] \qquad (11.73)$$

wobei wegen (6.31) gilt:

$$\hat{\underline{\underline{\Theta}}}^{(k)}_{63} := \begin{bmatrix} \frac{\partial}{\partial \zeta_1} & 0 & 0 \\ \frac{1}{r} & \frac{1}{r \sin\vartheta}\frac{\partial}{\partial \zeta_2} & -\frac{\cot\vartheta}{r} \\ -\frac{1}{r} & 0 & \frac{1}{r}\frac{\partial}{\partial \zeta_3} \\ \frac{1}{r \sin\vartheta}\frac{\partial}{\partial \zeta_2} & \frac{\partial}{\partial \zeta_1} - \frac{1}{r} & 0 \\ 0 & \frac{\cot\vartheta}{r} + \frac{1}{r}\frac{\partial}{\partial \zeta_3} & \frac{1}{r \sin\vartheta}\frac{\partial}{\partial \zeta_2} \\ \frac{1}{r}\frac{\partial}{\partial \zeta_3} & 0 & \frac{\partial}{\partial \zeta_1} + \frac{1}{r} \end{bmatrix} \tag{11.73 a}$$

Da wir nun davon ausgehen müssen, daß die Formfunktionsmatrix $\underline{\underline{\Phi}}_{3n}(r,\varphi,\vartheta)$ in (11.73) von den LAGRANGEschen Kugelkoordinaten r,φ,ϑ des unverformten Elementes abhängt, müssen die Differentiationen nach $d\zeta_1$, $d\zeta_2$, $d\zeta_3$ noch durch solche nach dr, $d\varphi$, $d\vartheta$ ausgedrückt werden. Das gleiche Problem trat schon einmal in (11.23) bei der Definition der Matrix $\underline{\underline{H}}_{n3}$ auf. Es gilt nämlich mit (11.39) analog zu (11.23) nun:

$$\overset{k}{\underline{\underline{H}}}_{n6}(r,\varphi,\vartheta) := \left[\hat{\underline{\underline{\Theta}}}^{(k)}_{63} \, \underline{\underline{\Phi}}_{3n} \right]^T \tag{11.74}$$

Entsprechend wie in (11.3) gilt nach den Regeln der Differentialrechnung:

$$\begin{aligned} \frac{\partial}{\partial r} &= \frac{\partial \zeta_1}{\partial r}\frac{\partial}{\partial \zeta_1} + \frac{\partial \zeta_2}{\partial r}\frac{\partial}{\partial \zeta_2} + \frac{\partial \zeta_3}{\partial r}\frac{\partial}{\partial \zeta_3} \\ \frac{\partial}{\partial \varphi} &= \frac{\partial \zeta_1}{\partial \varphi}\frac{\partial}{\partial \zeta_1} + \frac{\partial \zeta_2}{\partial \varphi}\frac{\partial}{\partial \zeta_2} + \frac{\partial \zeta_3}{\partial \varphi}\frac{\partial}{\partial \zeta_3} \\ \frac{\partial}{\partial \vartheta} &= \frac{\partial \zeta_1}{\partial \vartheta}\frac{\partial}{\partial \zeta_1} + \frac{\partial \zeta_1}{\partial \vartheta}\frac{\partial}{\partial \zeta_2} + \frac{\partial \zeta_3}{\partial \vartheta}\frac{\partial}{\partial \zeta_3} \end{aligned} \tag{11.75}$$

Mit (11.69) kommt hieraus:

$$\begin{aligned} \frac{\partial}{\partial r} &= \left(1+u_r\right)\frac{\partial}{\partial \zeta_1} + \frac{1}{r \sin\vartheta}\left(v_r - \frac{v}{r}\right)\frac{\partial}{\partial \zeta_2} + \frac{1}{r}\left(w_r - \frac{w}{r}\right)\frac{\partial}{\partial \zeta_3} \\ \frac{\partial}{\partial \varphi} &= u_\varphi \frac{\partial}{\partial \zeta_1} + \frac{1}{r \sin\vartheta} v_\varphi \frac{\partial}{\partial \zeta_2} + \frac{1}{r} w_\varphi \frac{\partial}{\partial \zeta_3} \\ \frac{\partial}{\partial \vartheta} &= u_\vartheta \frac{\partial}{\partial \zeta_1} + \frac{1}{r \sin\vartheta}\left(v_\vartheta - \cot\vartheta \, v\right)\frac{\partial}{\partial \zeta_2} + \frac{1}{r} w_\vartheta \frac{\partial}{\partial \zeta_3} \end{aligned} \tag{11.76}$$

wobei die Abkürzungen gelten, (vgl. (10.57b)):

$$
\begin{aligned}
u_r &= \frac{\partial u}{\partial r}\,; & u_\varphi &= \frac{\partial u}{\partial \varphi}\,; & u_\vartheta &= \frac{\partial u}{\partial \vartheta}\\
v_r &= \frac{\partial u}{\partial r}\,; & v_\varphi &= \frac{\partial v}{\partial \varphi}\,; & v_\vartheta &= \frac{\partial v}{\partial \vartheta}\\
w_r &= \frac{\partial w}{\partial r}\,; & w_\varphi &= \frac{\partial w}{\partial \varphi}\,; & w_\vartheta &= \frac{\partial w}{\partial \vartheta}
\end{aligned}
\qquad (11.76\ a)
$$

Die Systemmatrix von (11.76) ist die JACOBI-Matrix der Abbildung (11.69).

$$
\underline{\underline{J}}_{33} := \begin{bmatrix} 1 + u_r & \frac{1}{r\sin\vartheta}\left(v_r - \frac{v}{r}\right) & \frac{1}{r}\left(w_r - \frac{w}{r}\right) \\ u_\varphi & \frac{1}{r\sin\vartheta}\, v_\varphi & \frac{w_\varphi}{r} \\ u_\vartheta & \frac{1}{r\sin\vartheta}\left(v_\vartheta - \cot\vartheta\, v\right) & \frac{w_\vartheta}{r} \end{bmatrix} \qquad (11.77)
$$

Aus (11.76) kann man nun durch Inversion der Systemmatrix leicht drei lineare Differentialoperatoren O_1, O_2 und O_3 ermitteln, so daß gilt:

$$
\begin{aligned}
\frac{\partial}{\partial \zeta_1} &= \frac{1}{D}\, O_1\!\left(\frac{\partial}{\partial r}, \frac{\partial}{\partial \varphi}, \frac{\partial}{\partial \vartheta}\right)\\
\frac{\partial}{\partial \zeta_2} &= \frac{1}{D}\, O_2\!\left(\frac{\partial}{\partial r}, \frac{\partial}{\partial \varphi}, \frac{\partial}{\partial \vartheta}\right)\\
\frac{\partial}{\partial \zeta_3} &= \frac{1}{D}\, O_3\!\left(\frac{\partial}{\partial r}, \frac{\partial}{\partial \varphi}, \frac{\partial}{\partial \vartheta}\right)
\end{aligned}
\qquad (11.78)
$$

Hierbei ist D die Funktionaldeterminante der Abbildung (11.69) und die O_i (i=1,2,3) in (11.78) ergeben sich, wie schon erwähnt, aus der Inversion der JACOBI-Matrix (11.69). Mit (11.78) kann man nun in (11.73) eingehen und dann $\underline{\underline{\widehat{\textcircled{k}}}}_{63}$ in (11.74) auf $\underline{\underline{\Phi}}_{3n}(r,\varphi,\vartheta)$ leicht anwenden.

Das ist wieder die Vorgehensweise, wie sie schon einmal im Zweidimensionalen in (11.19) bzw. in (11.32 d) und (11.32 f) praktiziert worden ist.

Mit (11.74), unter Beachtung von (11.73 a) und (11.78), ist also dreidimensional die Matrix $\underline{\underline{\overset{k}{\mathbf{H}}}}_{n6}(r,\varphi,\vartheta)$ in (11.25) in Kugelkoordinaten bekannt. Jetzt bestimmen wir zur Integration in (11.25) analog zu (11.27) und (11.31) dV_Z in Kugelkoordinaten. Dazu ist es zweckmäßig, den Ortsvektor Z des EULERschen Raumes gemäß (11.68) auf die orthonormierte Basis $\overset{\circ}{a}_1$, $\overset{\circ}{a}_2$, $\overset{\circ}{a}_3$ der Kugelkoordinaten zu beziehen. Mit (10.40) kommt dann aus (11.68):

$$
Z = \zeta_1\, \overset{\circ}{a}_1 + r\sin\vartheta\, \zeta_2\, \overset{\circ}{a}_2 + r\, \zeta_3\, \overset{\circ}{a}_3 \qquad (11.79)
$$

Damit erhält man für das Spat, also für das Volumenelement des EULERschen Raumes in Kugelkoordinaten (vgl. dazu [HÜT-89] Seite A14):

$$dV_Z := \frac{\partial Z}{\partial r} \cdot \left(\frac{\partial Z}{\partial \varphi} \times \frac{\partial Z}{\partial \vartheta}\right) dr\, d\varphi\, d\vartheta \tag{11.80}$$

Für $\frac{\partial Z}{\partial r}$ erhält man nun aus (11.79) mit (11.69) und (10.44a bis c) unter Beachtung von (11.76a):

$$\frac{\partial Z}{\partial r} = \left(1+u_r\right) \mathring{a}_1 + v_r\, \mathring{a}_2 + w_r\, \mathring{a}_3 \tag{11.81}$$

und

$$\frac{\partial Z}{\partial \varphi} = \left(u_\varphi - \sin\vartheta\, v\right)\mathring{a}_1 + \left(r\sin\vartheta + u\sin\vartheta + v_\varphi - w\cos\vartheta\right)\mathring{a}_2 + \left(v\cos\vartheta + w_\varphi\right)\mathring{a}_3 \tag{11.82}$$

sowie

$$\frac{\partial Z}{(-\partial\vartheta)} = -\left(u_\vartheta + w\right) \mathring{a}_1 - v_\vartheta \mathring{a}_2 + \left(r+u-w_\vartheta\right) \mathring{a}_3 \tag{11.83}$$

In (11.83) mußte nach $(-\partial\vartheta)$ differenziert werden, damit die Tangentialvektoren, wie in (10.39), ein Rechtssystem bilden. Während in (11.31) die Funktionaldeterminante von (11.2) auftrat, ist das bei Kugelkoordinaten nicht mehr der Fall, weil hierbei die Basisvektoren vom Ort abhängen.

Mit (11.81), (11.82) und (11.83) kann man nun leicht in (11.80) eingehen und dV_Z in Kugelkoordinaten ausdrücken.

Definiert man noch die Determinante der Komponenten oder Vorzahlen von $\mathring{a}_1$, $\mathring{a}_2$, $\mathring{a}_3$ in (11.81), (11.82) und (11.83) (Spat-Determinante) zu,

$$S := \begin{vmatrix} 1+u_r & v_r & w_r \\ u_\varphi - v\sin\vartheta & \begin{matrix}(r+u)\sin\vartheta + \\ +v_\varphi - w\cos\vartheta\end{matrix} & w_\varphi + v\cos\vartheta \\ -u_\vartheta - w & -v_\vartheta & u+r-w_\vartheta \end{vmatrix} \tag{11.84}$$

so gilt mit dieser Spat-Determinante gemäß [HÜT-89] Seite A14 und (11.21) sowie BILD 6.3

$$dV_Z = S(r,\varphi,\vartheta)\, dr\, d\varphi\, d\vartheta = \frac{\rho_0}{\rho}\, dV_X \qquad [cm^3] \tag{11.85}$$

da die $\mathring{a}_i$ (i= 1,2,3) ein orthonormiertes Basissystem sind.

Nach den bisher getroffenen Vorbereitungen ist es nun möglich mit (11.74) und (11.85) die Gleichgewichtsaussage (11.25) bzw. (11.32a) unter Beachtung von (11.24a) und (10.45) in Kugelkoordinaten wie folgt aufzuschreiben:

$$\underbrace{\int\limits_{\substack{V\\(\text{Element}\\\text{unverformt})}} dr\,d\varphi\,d\vartheta\; r^2\sin\vartheta\;\underline{\underline{\Phi}}^T_{3n}(r,\varphi,\vartheta)\,\underline{\underline{\Phi}}_{3n}(r,\varphi,\vartheta)\,\rho_o}_{\underline{\underline{M}}_{nn}}\;\underline{\ddot{r}}_n\; +$$

$$+\int\limits_{\substack{V\\(\text{Element}\\\text{unverformt})}} dr\,d\varphi\,d\vartheta\, S(r,\varphi,\vartheta)\;\overset{k}{\underline{\underline{H}}}_{n6}(r,\varphi,\vartheta)\,\underline{\sigma}_6 = l_2\,\underline{P}_n + l_1\,\underline{Z}_n \tag{11.86}$$

In (11.86) ist nun wieder der Spannungsvektor $\underline{\sigma}_6$ aus dem EULERschen Raum (CAUCHY- Spannungen) in die PIOLA-KIRCHHOFFschen Pseudospannungen des LAGRANGEschen Raumes in Kugelkoordinaten zu überführen.

Es handelt sich also darum, die $\underline{\underline{X}}$-Matrix aus (11.63) in Kugelkoordinaten zu ermitteln.

Dazu bilden wir, wie in (11.33), jetzt nur in Kugelkoordinaten aus (11.68):

$$dZ = \frac{\partial Z}{\partial r}dr + \frac{\partial Z}{\partial \varphi}d\varphi + \frac{\partial Z}{\partial \vartheta}d\vartheta \tag{11.87}$$

Mit (11.81), (11.82) und (11.83) kommt hieraus:

$$\begin{aligned} dZ = {} & \left[(1+u_r)\,dr + (u_\varphi - v\sin\vartheta)d\varphi - (u_\vartheta + w)d\vartheta\right]\overset{o}{a}_1 \\ & + \left[v_r\,dr + (r\sin\vartheta + u\sin\vartheta + v_\varphi - w\cos\vartheta)d\varphi - v_\vartheta\,d\vartheta\right]\overset{o}{a}_2 \\ & + \left[w_r\,dr + (v\cos\vartheta + w_\varphi)\,d\varphi + (r+u-w_\vartheta)d\vartheta\right]\overset{o}{a}_3 \end{aligned} \tag{11.88}$$

Um nun zu einer zu (11.35) analogen Matrizengleichung zu gelangen, bilden wir mit (11.67) unter Beachtung von (10.44a), (10.44b) und (10.44c):

$$dX = \frac{\partial X}{\partial r}dr + \frac{\partial X}{\partial \varphi}d\varphi + \frac{\partial X}{\partial \vartheta}d\vartheta = \overset{o}{a}_1 dr + r\sin\vartheta\,\overset{o}{a}_2 d\varphi - r\overset{o}{a}_3 d\vartheta \tag{11.89}$$

Unter Beachtung von (11.88) und (11.89) ist folgende Matrizenbeziehung richtig,

$$d\underline{z}_3 = \underline{\underline{Ⓚ}}_{33}\, d\underline{x}_3 \tag{11.90}$$

wenn

$$\underline{\underline{Ⓚ}}_{33} := \begin{bmatrix} 1+u_r & \varkappa_1 & -\varkappa_4 \\ v_r & \varkappa_{2'} & -\frac{v_\vartheta}{r} \\ w_r & \varkappa_3 & \varkappa_{5'} \end{bmatrix} \tag{11.90a}$$

wobei wir bei Betrachtung der einzelnen Elemente der Matrix $\underline{\underline{Ⓚ}}_{33}$ in Übereinstimmung mit (10.57a) folgende Abkürzungen wiederverwenden wollen:

$$\varkappa_1(r,\varphi,\vartheta) := \frac{1}{r\sin\vartheta}u_\varphi - \frac{v}{r}$$

$$\varkappa_2(r,\varphi,\vartheta) := \frac{u}{r} + \frac{1}{r\sin\vartheta}v_\varphi - \frac{w}{r}\cot\vartheta$$

$$\varkappa_3(r,\varphi,\vartheta) := \frac{v}{r}\cot\vartheta + \frac{1}{r\sin\vartheta}w_\varphi$$

$$\varkappa_4(r,\varphi,\vartheta) := \frac{1}{r}u_\vartheta + \frac{w}{r}$$

$$\varkappa_5(r,\varphi,\vartheta) := \frac{1}{r}w_\vartheta - \frac{u}{r}$$

mit

$$\varkappa_{2'} = 1+\varkappa_2 \qquad \text{und} \qquad \varkappa_{5'} = 1-\varkappa_5 \tag{11.91}$$

Nun folgt durch Matrizenrechnungen wie im Abschnitt 11.3 für die Transformation der Normalenvektoren gemäß (11.41)

$$d\underline{F}_z = \underline{\underline{Ⓚ}}_{33}^{T^{-1}}\, d\underline{F}_x\, C_o \tag{11.92}$$

Bezüglich des Rechnens einerseits mit Tensoren und andererseits mit Matrizen soll an dieser Stelle resümierend festgestellt werden:

Immer dann innerhalb eines Ableitungsganges, wenn keine Differentiationen von Tensoren mehr erforderlich sind, kann man auf Matrizen übergehen, falls die Tensoren auf orthonormierte Lokalbasen bezogen sind. Dann nämlich stellen die Verknüpfungsregeln der Matrizenrechnung (Addition, Subtraktion, Multiplikation, Inversion) die Bildungsgesetze für die Komponenten bei den Verknüpfungsoperationen dar.

Wegen des eben formulierten Satzes folgt aus (11.90) die Beziehung (11.92). Auf die gleiche Weise folgt mit dem Ansatz (11.42) für die PIOLA-KIRCH-HOFFschen Pseudospannungen die Formel (11.47r), so daß gilt:

$$\underline{\underline{T}}_{33} = \underline{\underline{ⓚ}}_{33}\, \underline{\underline{\overset{o}{T}}}_{33}\, \underline{\underline{ⓚ}}^{T}_{33} \left(\frac{\rho}{\rho_0}\right)^2 \tag{11.93}$$

wobei entsprechend (6.9) unter Beachtung von (10.40) gilt:

$$\begin{aligned}\underline{\underline{T}} := {} & \sigma_r\, \overset{o}{a}_1 \circ \overset{o}{a}_1 + \sigma_\varphi\, \overset{o}{a}_2 \circ \overset{o}{a}_2 + \sigma_\vartheta\, \overset{o}{a}_3 \circ \overset{o}{a}_3 + \tau_{r\varphi}\left(\overset{o}{a}_1 \circ \overset{o}{a}_2 + \overset{o}{a}_2 \circ \overset{o}{a}_1\right) + \\ & + \tau_{\varphi\vartheta}\left(\overset{o}{a}_2 \circ \overset{o}{a}_3 + \overset{o}{a}_3 \circ \overset{o}{a}_2\right) + \tau_{\vartheta r}\left(\overset{o}{a}_3 \circ \overset{o}{a}_1 + \overset{o}{a}_1 \circ \overset{o}{a}_3\right)\end{aligned} \tag{11.94}$$

Die zu diesem Tensor 2. Stufe in Kugelkoordinaten zugehörige Spannungsmatrix aus (11.93) ist definiert durch:

$$\underline{\underline{\overset{o}{T}}}_{33} := \begin{bmatrix} \overset{o}{\sigma}_r & \overset{o}{\tau}_{r\varphi} & \overset{o}{\tau}_{\vartheta r} \\ \overset{o}{\tau}_{r\varphi} & \overset{o}{\sigma}_\varphi & \overset{o}{\tau}_{\varphi\vartheta} \\ \overset{o}{\tau}_{\vartheta r} & \overset{o}{\sigma}_{\varphi\vartheta} & \overset{o}{\tau}_{\vartheta} \end{bmatrix} \tag{11.95}$$

Analog ist $\underline{\underline{T}}_{33}$ gegeben. Setzt man nun in (11.93) die Spannungsmatrizen gemäß (11.95) und die Matrix $\underline{\underline{ⓚ}}_{33}$ gemäß (11.90 a) ein, so erhält man eine Abbildung des Spannungsvektors,

$$\underline{\overset{o}{\sigma}}{}^T_6 := \left[\overset{o}{\sigma}_r,\ \overset{o}{\sigma}_\varphi,\ \overset{o}{\sigma}_\vartheta,\ \overset{o}{\tau}_{r\varphi},\ \overset{o}{\tau}_{\varphi\vartheta},\ \overset{o}{\tau}_{\vartheta r}\right] \tag{11.96}$$

auf

$$\underline{\sigma}^T_6 := \left[\sigma_r,\ \sigma_\varphi,\ \sigma_\vartheta,\ \tau_{r\varphi},\ \tau_{\varphi\vartheta},\ \tau_{\vartheta r}\right] \tag{11.97}$$

mit der nachfolgend aufgeführten Transformationsmatrix $\underline{\underline{\hat{X}}}_{66}(r,\varphi,\vartheta)$, analog zu (11.63), wobei wir die Abkürzungen aus (11.76a) und (10.57a) (siehe auch (11.90b) bis (11.90e)) und

$$\varkappa_6 = 1 + u_r \tag{11.98a}$$

benutzen,

$$\hat{\underline{\underline{X}}}_{66} = \begin{bmatrix} \varkappa_6^2 & \varkappa_1^2 & \varkappa_4^2 & 2\varkappa_1\varkappa_6 & -2\varkappa_1\varkappa_4 & -2\varkappa_4\varkappa_6 \\ v_r^2 & \varkappa_{2'}^2 & \left(\frac{v_\vartheta}{r}\right)^2 & 2\varkappa_{2'}v_r & -2\varkappa_{2'}\frac{v_\vartheta}{r} & -2\frac{v_\vartheta v_r}{r} \\ w_r^2 & \varkappa_3^2 & \varkappa_{5'}^2 & 2\varkappa_3 w_r & 2\varkappa_3\varkappa_{5'} & 2\varkappa_{5'}w_r \\ \varkappa_6 v_r & \varkappa_1\varkappa_{2'} & \frac{1}{r}\varkappa_4 v_\vartheta & \varkappa_1 v_r + \varkappa_{2'}\varkappa_6 & -\varkappa_{2'}\varkappa_4 - \varkappa_1\frac{v_\vartheta}{r} & -\varkappa_4 v_r + \varkappa_6\frac{v_\vartheta}{r} \\ w_r v_r & \varkappa_{2'}\varkappa_3 & -\varkappa_{5'}\frac{v_\vartheta}{r} & \varkappa_{2'}w_r + \varkappa_3 v_r & -\varkappa_3\frac{v_\vartheta}{r} + \varkappa_{2'}\varkappa_{5'} & -\frac{w_r v_\vartheta}{r} + \varkappa_{5'}v_r \\ w_r\varkappa_6 & \varkappa_1\varkappa_3 & -\varkappa_4\varkappa_{5'} & \varkappa_3\varkappa_6 + \varkappa_1 w_r & \varkappa_1\varkappa_{5'} - \varkappa_3\varkappa_4 & \varkappa_{5'}\varkappa_6 - \varkappa_4 w_r \end{bmatrix} \qquad (11.98)$$

so daß gilt:

$$\underline{\sigma}_6 = \hat{\underline{\underline{X}}}_{66}\,\mathring{\underline{\sigma}}_6\left(\frac{\rho}{\rho_0}\right)^2 \qquad (11.99)$$

Wenn wir nun wieder eine neue Matrix im LAGRANGEschen Raum der Kugelkoordinaten unter Beachtung von (11.84), (11.74) und (11.98) definieren,

$$\mathring{\underline{\underline{B}}}^{\kappa}_{n6} \;:=\; s\,\underline{\underline{H}}^{k}_{n6}\,\hat{\underline{\underline{X}}}_{66}\left(\frac{\rho}{\rho_0}\right)^2 \qquad (11.100)$$

so können wir (11.86) schreiben:

$$\underline{\underline{M}}_{nn}\ddot{\underline{r}}_n + \int\limits_{\substack{V\\ \text{(Element}\\ \text{unverformt)}}} dr\,d\varphi\,d\vartheta\;\mathring{\underline{\underline{B}}}^{\kappa}_{n6}\,\mathring{\underline{\sigma}}_6 \;=\; l_2\underline{P}_n + l_1\underline{Z}_n \qquad (11.101)$$

Auf diese Weise ist auch in Kugelkoordinaten wieder die Form (11.66) erreicht, und es kann im nächsten Abschnitt inkrementiert werden.

Für die Knotenpunktskraftvektoren $\underline{P}_n$ und $\underline{Z}_n$ in (11.101) ist analoges zu beachten, was in BILD 10.1 zu den Knotenpunktsverschiebungen gesagt wurde.

11.5 Die Inkrementierung

Wir stellen uns nun vor, daß entsprechend den BILDern 11.1 und 11.2 die äußeren Lasten langsam schrittweise von Null auf Endlast gesteigert werden, indem wir den Lastparameter μ von 0 auf μ^* steigern. Das geschieht durch sukzessive Erhöhung um $\Delta\mu$. Wenn sich μ um einen kleinen Betrag $\Delta\mu$ erhöht, dann nehmen die Elementknotenpunktsverschiebungen r_i $(i = 1,\dots,n)$ um Δr_i zu. Analog zu (3.8) definieren wir deshalb:

$$\Delta \underline{r}_n^T = (\Delta r_1, \dots, \Delta r_n) \tag{11.102}$$

In der nichtlinearen Mechanik ist die Inkrementierung unabdingbar, weil es sich im allgemeinen um irreversible Vorgänge handelt. Außerdem haben wir im 9. Kapitel festgestellt, daß sich eine Formulierung in matrizieller Form gemäß (9.49) nur für *kleine* Zuwächse von physikalischen Verzerrungen und Knotenpunktsveränderungen vermöge Laständerungen ableiten läßt, wobei die Tangentenmatrix $\underline{\underline{\Sigma}}_{6n}$ aus (9.50) eine Rolle spielt.

Vor der Variation von (11.66) setzen wir noch

$$\mu \equiv t \mathrel{\hat{=}} \text{Zeit}, \tag{11.102a}$$

d.h. wir identifizieren den Lastparameter μ mit der Zeit, weil das Aufbringen von Lasten ohnehin nur in der Zeit stattfinden kann. Durch die Analyse der Lastannahmen muß festgelegt werden, um welche Funktionen $l_i(t)$ $(i=1,2,3)$ es sich handelt. In den kommenden Gleichungen bedeutet also die Lastvariation letztlich eine Differentiation nach der Zeit.

Deshalb variieren wir zur Inkrementierung (11.66) nach $\mu = t$ oder r_i und erhalten:

$$\underline{\underline{M}}_{nn}\ddot{\underline{r}}_n \Delta t + \underbrace{\int dV_x\, \Delta\mathring{\underline{\underline{B}}}_{n3}\mathring{\underline{\sigma}}_3}_{\text{(Element unverformt)}} + \underbrace{\int dV_x\, \mathring{\underline{\underline{B}}}_{n3}\Delta\mathring{\underline{\sigma}}_3}_{\text{(Element unverformt)}} = \Delta t\left(\dot{l}_2\underline{P}_n + l_2\dot{\underline{P}}_n + \dot{l}_1\underline{Z}_n + l_1\dot{\underline{Z}}_n\right) \tag{11.103}$$

Nun errechnet sich zunächst:

$$\Delta\mathring{\underline{\underline{B}}}_{n3}\mathring{\underline{\sigma}}_3 = \sum_{i=1}^{n}\left(\frac{\partial\mathring{\underline{\underline{B}}}_{n3}}{\partial r_i}\right)\Delta r_i\,\mathring{\underline{\sigma}}_3$$

Mit (11.61) und (11.102) kommt hieraus, wenn man die Definition (11.65) beachtet:

$$\Delta \underline{\underline{\overset{o}{B}}}_{n3}\,\underline{\overset{o}{\sigma}}_3 = \sum_{i=1}^{n}\left[\left(\frac{\partial \overset{o}{b}_{l1}}{\partial r_i}\right)\overset{o}{\sigma}_x + \left(\frac{\partial \overset{o}{b}_{l2}}{\partial r_i}\right)\overset{o}{\sigma}_y + \left(\frac{\partial \overset{o}{b}_{l3}}{\partial r_i}\right)\overset{o}{\tau}_{xy}\right]\Delta r_i \tag{11.104}$$

wobei $l = 1, \ldots, n$ und $[\;\ldots] =: g_{li}$.

Führen wir also eine Matrix $\underline{\underline{G}}_{nn} \equiv [g_{li}]$ mit den Elementen:

$$g_{li} := \left(\frac{\Delta \overset{o}{b}_{l1}}{\Delta r_i}\right)\overset{o}{\sigma}_x + \left(\frac{\Delta \overset{o}{b}_{l2}}{\Delta r_i}\right)\overset{o}{\sigma}_y + \left(\frac{\Delta \overset{o}{b}_{l3}}{\Delta r_i}\right)\overset{o}{\tau}_{xy} \tag{11.105}$$

ein, so können wir mit (11.102) schreiben:

$$\Delta \underline{\underline{\overset{o}{B}}}_{n3}\,\underline{\overset{o}{\sigma}}_3 = \underline{\underline{G}}_{nn}\,\Delta \underline{r}_n \tag{11.106}$$

Die Differentialquotienten $\partial \overset{o}{b}_{lm} / \partial r_i$ ($l = 1,\ldots, n$; $m = 1,2,3$; $i = 1,\ldots, n$) können nach (11.65) mit (11.63) und (11.32c) bis (11.32f) analytisch dargestellt werden, doch es dürfte ausreichen, approximativ und numerisch vorzugehen. Man kann nämlich für jeden vorgegebenen Knotenpunktsverschiebungsvektor $\underline{\underline{\overset{o}{B}}}_{n3}$ numerisch gewinnen. Tut man das z.B. an vier Punkten r_i, so kann man durch diese vier Punkte für jedes Element $\overset{o}{b}_{lm}$ eine kubische Näherungsparabel legen, die sich einfach differenzieren läßt. Auf diese Weise gewinnt man eine brauchbare Darstellung für die Elemente (11.105) von $\underline{\underline{G}}_{nn}$.

Um als nächstes $\Delta\underline{\sigma}_3$ in (11.103) berechnen zu können, müssen wir uns über die Form eines differentiellen Werkstoffgesetzes klar werden (vgl. [ZIE-84] S.423 Formel 18.41). Es existiert im nichtlinearen Werkstoffbereich keine umkehrbar eindeutige Beziehung zwischen Spannungen und Verzerrungen so wie im linearen Bereich gemäß (2.72) oder (2.74).

Wir bleiben auch hier dadurch bei kleinen Spannungszuwächsen und Verzerrungszunahmen, indem wir an jedem Gleichgewichtszustand bei P in BILD 11.6 eine von $\underline{r}(\mu)$ abhängige immer wieder neue Werkstoffmatrix $\underline{\underline{\hat{W}}}(\underline{x},\underline{r})$ geeignet definieren. Diese Matrix benutzen wir für den nächsten Lastzuwachs $\Delta\mu$ als konstant und errechnen so einen kleinen Zuwachs $\Delta\varepsilon$ und $\Delta\sigma$ in einem sehr kleinen, nahezu linearen Bereich, wie in BILD 11.6 dargestellt ist.

Im Spannungs-Dehnungs-Diagramm, aus dem die werkstoffspezifischen Werte für die Werkstoffmatrix $\underline{\underline{\hat{W}}}$ ermittelt werden, sind sowohl die auf

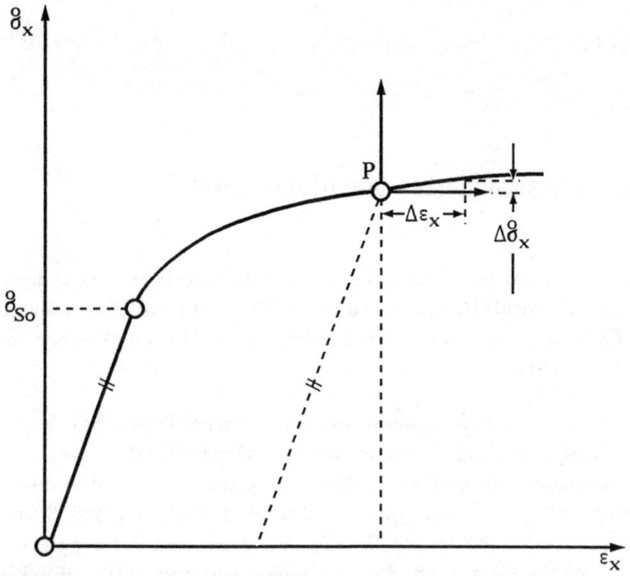

BILD 11.6: Spannungs-Dehnungs-Diagramm.

den unverformten Körper bezogenen Verzerrungen als auch die auf den unverformten Körper bezogenen Spannungen (Technische Spannungen = Pseudospannungen) aufgetragen.

Darum ist es richtig, über das Werkstoffgesetz $\hat{\underline{\underline{W}}}$ die Spannungszuwächse $\Delta\underline{\overset{\circ}{\sigma}}$ im LAGRANGEschen Raum (Referenzraum) gemäß (11.61) mit den Verzerrungszunahmen $\Delta\underline{\varepsilon}$ nach (9.46) zu verkoppeln, weil sich $\Delta\underline{\varepsilon}$ gemäß (9.14a) immer auf die unverformte Konfiguration im Referenzraum bezieht. Im Maschinenbau spielt die Metallplastizität eine hervorragende Rolle. Für diesen wichtigen Fall wird in [ZIE-84] S.423 Formel 18.41 und 18.42 folgende Matrix abgeleitet, (vgl. auch hier Abschnitt 11.6 und 11.7):

$$\hat{\underline{\underline{W}}} \; := \; \underline{\underline{W}} - h(\mu,t)\, \underline{\underline{W}}\, \mathrm{grad}F\, \mathrm{grad}F^T\, \underline{\underline{W}} \qquad (11.107a)$$

Die skalare Größe $h(\mu)$ enthält Werkstoffkennwerte für die Verfestigung sowie den Gradienten grad F der PRANDTL-REUSS Fließfläche F für die assoziierte Metallplastizität. $\underline{\underline{W}}$ ist in (11.107a) die Werkstoffmatrix im HOOKEschen Fall gemäß (2.70) oder (2.61).

So können wir zweidimensional gemäß (2.72) mit (11.61) und der *nichtkonstanten Werkstoffmatrix* $\hat{\underline{\underline{W}}}$ schreiben:

$$\Delta \overset{\circ}{\underline{\sigma}}_3 = \hat{\underline{\underline{W}}}_{33}(\underline{x},\underline{r})\Delta\underline{\varepsilon}_3 - \Delta t \alpha_\vartheta \vartheta \hat{\underline{q}}_3(\underline{x},\underline{r})\, \dot{i}_3 \tag{11.107}$$

11.6 Die Phänomenologie der assoziierten Metallplastizität

Die Berechnung von nichtlinearen Elementsteifigkeitsmatrizen erfordert die Kenntnis einer vom Verschiebungszustand abhängigen nichtlinearen Werkstoffmatrix $\hat{\underline{\underline{W}}}$. Ebenso muß der nichtlineare thermische Vektor $\hat{\underline{q}}$ aus (11.107) noch ermittelt werden.

Im folgenden behandeln wir vorerst einmal die Phänomenologie bei bleibenden Verformungen im Spezialfall assoziierter Metallplastizität, der für den Hochleistungs-Maschinenbau von zentraler Bedeutung ist. Wir verweisen dazu auf das Kapitel 18.4 Seite 420 in [ZIE-84] und auf §16 Seite 319 in [SZA-56] sowie auf Seite 183 in [ODE-72]. Es gibt nun eine grundsätzliche Schwierigkeit, wenn man sich der Aufgabe widmen will, Werkstoffverhalten in allgemeinster Form analytisch darzustellen. Der feste Körper als Untersuchungsobjekt der Kontinuumsmechanik muß als *eindeutig* abbildbar auf den EUKLIDischen Raum vorausgesetzt werden. Diese Voraussetzung hat Mängel, weil der feste Körper eben im Grunde kein Teil des EUKLIDischen Raumes ist, sondern als Wirklichkeit etwas anderes manifestiert. Zum Beispiel nach den Vorstellungen der Kleinstteilphysiker einen Haufen wirbelnder kleinster Teilchen innerhalb einer makroskopischen Form. Wegen solcher Mängel sind auch die meisten analytischen Beschreibungen von Körpern unter Last und Temperatur, falls diese über den linearen oder einfach plastischen Fall hinausgehen, mathematisch nicht einfach oder sehr ungenau.

In der Plastizität ist es nun nicht mehr möglich, mit zwei Werkstoffparametern, wie im linearen HOOKEschen Fall, alle Verformungs- und Spannungszustände zu beschreiben. Die Phänomenologie dieses Problems ist naturgemäß etwas umfangreicher als im linearen bekannten HOOKEschen Fall.

Zur versuchstechnischen Erzeugung der ZSDK gemäß BILD 11.7 vgl. [WER-77] Seite 197. An dieser Stelle soll im Hinblick auf die grundsätzliche Schwierigkeit, einen festen Körper der physikalischen Wirklichkeit auf einen Teil des EUKLIDischen Raumes abzubilden und umgekehrt, bemerkt werden: oft ist es wesentlich einfacher für den Ingenieur, anstelle einer mathematischen Beschreibung des Körperverhaltens mit einfachen, gemessenen Parametern den Spezialfall zu beschreiben. So, wie man im *eindimensionalen Fall* (vgl. BILD 11.6 und BILD 11.7) mißt, daß nämlich elasti-

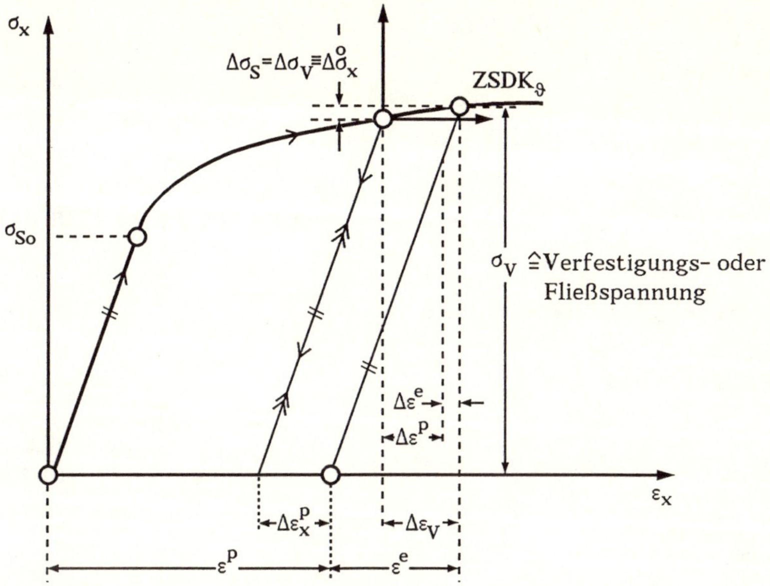

BILD 11.7: Zyklische Spannungs-Dehnungskurve bei Temperatur ϑ.

sches Verhalten vorliegt, solange $\mathring{\sigma}_x \leq \mathring{\sigma}_{So}$ ist, so wird nun im *mehrdimensionalen Fall* in Übereinstimmung mit Experimenten allgemein postuliert, es existiere eine *Fließfläche* $F(\underline{\mathring{\sigma}}, K)$ - anstelle einer Fließspannung - die im Falle elastischer Zustände kleiner als Null ist, und beim Durchschreiten von Null zu Werten größer als Null beginnen plastische bleibende Verformungen (vgl. auch BILD 11.7). Wenn wir den Begriff der HUBERT- und v. MISESschen *Vergleichsspannung* einführen

$$\sigma_V := \left[1/2(\mathring{\sigma}_x - \mathring{\sigma}_y)^2 + 1/2(\mathring{\sigma}_y - \mathring{\sigma}_z)^2 + 1/2(\mathring{\sigma}_z - \mathring{\sigma}_x)^2 + 3\,\mathring{\tau}_{xy}^2 + 3\,\mathring{\tau}_{yz}^2 + 3\,\mathring{\tau}_{zx}^2\right]^{1/2} \tag{11.108}$$

dann können wir eine spezielle Fließfläche nach PRANDTL-REUSS für den Fall der assoziierten Metallplastizität definieren, nämlich:

$$F\left(\underline{\mathring{\sigma}}, \sigma_S\right) := \sigma_V - \sigma_S = 0, \qquad \text{(bei Fließbeginn)} \tag{11.109}$$

(vgl. [ZIE-84] Seiten 422 und 424 sowie [SZA-56] Seite 328 Formel 16.22).

(11.108) bedeutet die Projektion eines Punktes aus dem Spannungsraum auf eine skalare Größe, nämlich die Vergleichsspannung σ_V.

Wenn wir den Vektor

$$\text{grad } F^T := \left[\partial F/\partial \overset{\circ}{\sigma}_x , \partial F/\partial \overset{\circ}{\sigma}_y , \partial F/\partial \overset{\circ}{\sigma}_z , \partial F/\partial \overset{\circ}{\tau}_{xy} , \partial F/\partial \overset{\circ}{\tau}_{yz} , \partial F/\partial \overset{\circ}{\tau}_{zx} \right] \tag{11.110}$$

einführen, wird mit (11.61) (dreidimensional) aus (11.109) (siehe [ZIE-84] Formel 18.47)

$$dF = \text{grad } F^T d\underline{\overset{\circ}{\sigma}} - d\sigma_S = 0 \tag{11.111}$$

oder mit BILD 11.7 und

$$f := \frac{\Delta\sigma_S}{\Delta\varepsilon_x^P} = \frac{\Delta\overset{\circ}{\sigma}_x}{\Delta\varepsilon_x^P} \tag{11.112a}$$

gilt:

$$\text{grad } F^T \Delta\underline{\overset{\circ}{\sigma}} - f\, \Delta\varepsilon_x^P = 0 \tag{11.112}$$

Bei den angegebenen Ansätzen wird versucht, die am eindimensionalen Probestab experimentell vorgefundenen Gegebenheiten in mehrere Dimensionen zu übertragen. So wird für den Fall der assoziierten Metallplastizität, das ist für die Praxis der wichtigste Fall, weiterhin behauptet:

$$\Delta\underline{\varepsilon}^P \overset{!}{=} \Delta\varepsilon_x^P \text{ grad } F \tag{11.113}$$

Dieser Ansatz bedeutet, daß der plastische Zuwachs des Verzerrungsvektors (2.29) parallel zum Gradienten der Fließfläche liegt.

Aus folgenden Betrachtungen können wir erkennen, daß (11.113) mathematisch und physikalisch sinnvoll ist. Mit (11.108) und (11.109) gilt nämlich:

$$\left[\partial F/\partial \overset{\circ}{\sigma}_x \right] \equiv 1$$

(wenn $\overset{\circ}{\sigma}_y = \overset{\circ}{\sigma}_z = 0$ und alle Schubspannungen Null sind), so daß für den eindimensionalen Probestab nach BILD 2.6 aus (11.113) die Identität kommt

$$\Delta\underline{\varepsilon}^P = \Delta\varepsilon_x^P$$

so wie es richtig ist.

Mit (11.111) und (11.112) gilt nun für den plastischen Beitrag der Verzerrungsarbeit

$$\Delta\underline{\varepsilon}^{PT}\Delta\underline{\overset{o}{\sigma}} = \Delta\varepsilon_x^P \text{ grad } F^T \Delta\underline{\overset{o}{\sigma}} = \Delta\varepsilon_x^P \, \Delta\sigma_S \gg 0$$

d.h., die plastische Verzerrungsarbeit pro Volumen ist bei Belastungen $\Delta\sigma_S \gg 0$ stets größer als Null. Dadurch finden bei Wechsellasten die Zerstörungen des Werkstoffs statt, falls es plastische Bereiche gibt, denn bei der Entlastung $\Delta\sigma_S = 0$ (vgl. BILD 11.7) kommt diese Energiemenge nicht mehr zurück, was nur im elastischen Bereich der Fall ist.

11.7 Die Werkstoffmatrix

Wir beginnen, indem wir für den inkrementellen Zuwachs $\Delta\underline{\varepsilon}$ aus (9.46) für den physikalischen Verzerrungsvektor (vgl. BILD 11.7) schreiben (dreidimensional):

$$\Delta\underline{\varepsilon}_6 = \Delta\underline{\varepsilon}_6^e + \Delta\underline{\varepsilon}_6^P \tag{11.114}$$

(Für die folgende Rechnung lassen wir die Dimensionsindizes weg.)

Jetzt setzen wir in (11.114), (2.71) und (11.113) ein und erhalten als Spannungs - Dehungs - Beziehung

$$\Delta\underline{\varepsilon} = \underline{\underline{W}}^{-1} \Delta\underline{\overset{o}{\sigma}} + \Delta\mu \, \dot{l}_3(t) \, \alpha_\vartheta \vartheta \begin{pmatrix} 1 \\ 1 \\ 0 \end{pmatrix} + \Delta\varepsilon_x^P \text{ grad F.} \tag{11.115}$$

Dabei haben wir als Skalierungsfunktion für die "thermischen Lasten" $l_3(\mu)$ eingeführt. $\Delta l_3 = \Delta\mu \dot{l}_3$ bedeutet dann die inkrementelle Zu- oder Abnahme von $l_3(\mu)$ gemäß (11.14). Dementsprechend sind $\Delta\underline{\overset{o}{\sigma}}$ und $\Delta\underline{\varepsilon}$ die aufgrund von Laststeigerungen eingetretenen Veränderungen des technischen (oder pseudo-) Spannungs- und des Verzerrungsvektors, denn auf der Ordinate der ZSDK (vgl. BILD 11.7) sind die auf den unverformten Probestab bezogenen Spannungen aufgetragen.

Unser Rechenziel ist es nun, (11.115) mit Hilfe von (11.112) so umzuformen, daß die Form (11.107) entsteht, damit wir die Matrix $\underline{\underline{\hat{W}}}(\underline{x},\underline{r})$ sowie den Vektor $\underline{\hat{q}}(\underline{x},\underline{r})$ erhalten. Dazu werden wir zuerst $\Delta\varepsilon_x^P$ aus (11.115) berechnen unter Beachtung von (11.112). Anschließend können wir dann aus (11.115) $\Delta\underline{\overset{o}{\sigma}}$ berechnen, um die Gleichung (11.107) mit $\underline{\underline{\hat{W}}}$ und $\underline{\hat{q}}$ zu erhalten.

Jetzt multiplizieren wir (11.115) mit grad $F^T\underline{\underline{W}}$, um $\Delta\varepsilon_x^P$ darzustellen, durch Elimination von $\Delta\overset{o}{\underline{\sigma}}$.

So kommt (zweidimensional)

$$\text{grad } F^T \Delta\overset{o}{\underline{\sigma}} = \text{grad } F^T \underline{\underline{W}} \; \Delta\underline{\varepsilon} - \text{grad } F^T \underline{\underline{W}} \; \text{grad } F \; \Delta\varepsilon_x^P - \text{grad } F^T \underline{\underline{W}} \; \alpha_\vartheta \vartheta \begin{pmatrix} 1 \\ 1 \\ 0 \end{pmatrix} \Delta\mu \; \dot{i}_3 \tag{11.116}$$

Beachtet man jetzt (11.112), so erhält man für $\Delta\varepsilon_x^P$

$$\Delta\varepsilon_x^P \; \text{grad } F^T \underline{\underline{W}} \; \text{grad } F + f \; \Delta\varepsilon_x^P = \text{grad } F^T \underline{\underline{W}} \; \Delta\underline{\varepsilon} - \text{grad } F^T \underline{\underline{W}} \; \alpha_\vartheta \vartheta \begin{pmatrix} 1 \\ 1 \\ 0 \end{pmatrix} \Delta\mu \, \dot{i}_3 \tag{11.117}$$

Hiermit kommt nun:

$$\Delta\varepsilon_x^P = h \; \text{grad } F^T \underline{\underline{W}} \left[\Delta\underline{\varepsilon} - \Delta\mu \; \dot{i}_3 \; \alpha_\vartheta \vartheta \begin{pmatrix} 1 \\ 1 \\ 0 \end{pmatrix} \right] \tag{11.118}$$

wobei

$$h(\mu) := \left(\text{grad } F^T \underline{\underline{W}} \; \text{grad } F + f \right)^{-1} \tag{11.119}$$

gilt.

Multiplizieren wir jetzt (11.115) ein anderesmal mit $\underline{\underline{W}}$, so kommt, wenn wir $\Delta\varepsilon_x^P$ nach (11.118) ersetzen:

$$\Delta\overset{o}{\underline{\sigma}} = \left[\underline{\underline{W}} - \underline{\underline{W}} \; \text{grad } F \; \text{grad } F^T \; \underline{\underline{W}} \; h \right] \Delta\underline{\varepsilon} - \Delta\mu \; \alpha_\vartheta \vartheta \left[\underline{\underline{W}} \begin{pmatrix} 1 \\ 1 \\ 0 \end{pmatrix} - h \; \text{grad } F^T \underline{\underline{W}} \begin{pmatrix} 1 \\ 1 \\ 0 \end{pmatrix} \underline{\underline{W}} \; \text{grad } F \right] \dot{i}_3(\mu) \tag{11.120}$$

Unter Beachtung von (11.107)) und (2.73) gilt also:

$$\hat{\underline{\underline{W}}} := \underline{\underline{W}} - h(\mu) \; \underline{\underline{W}} \; \text{grad } F \; \text{grad } F^T \underline{\underline{W}} \tag{11.121}$$

(vgl. dazu [ZIE-84] Seite 423 Formel (18.42)) und

$$\hat{\underline{q}} = q - h \; \text{grad } F^T \; \underline{\underline{W}} \begin{pmatrix} 1 \\ 1 \\ 0 \end{pmatrix} \underline{\underline{W}} \; \text{grad } F \tag{11.122}$$

Um den Grenzübergang $\Delta\varepsilon^P \rightarrow 0$ vollziehen zu können betrachten wir h - eine Grenzwertfunktion - aus (11.119). $\Delta\varepsilon^P \rightarrow 0$ bedeutet physikalisch den Entlastungsfall (vgl. BILD 11.7) ohne Rückplastifizierung oder den linearen HOOKEschen Werkstoff.

Wir setzen f aus (11.112a) in (11.119) ein und multiplizieren Zähler und Nenner mit $\Delta\varepsilon_x^P$. So kommt

$$h = \frac{\Delta\varepsilon_x^P}{\Delta\overset{o}{\sigma}_x + \Delta\varepsilon_x^P \, \mathrm{grad}\, F^T \underline{\underline{W}} \, \mathrm{grad}\, F} \qquad (11.123)$$

Für $\Delta\overset{o}{\sigma}_x \neq 0$ und $\Delta\varepsilon_x^P = 0$, also bei Entlastung, wird hieraus

$$h := 0 \qquad (11.123a)$$

Setzen wir diesen Wert in (11.121) und (11.122) ein, so erhalten wir die bekannten HOOKEschen Größen:

$$\hat{\underline{\underline{W}}} = \underline{\underline{W}} \; ; \qquad \hat{\underline{q}} = q \qquad (11.124)$$

Mit der Meßgröße f aus der Spannungs-Dehnungs-Kennlinie des Probestabversuches gemäß BILD 11.7 und Formel (11.112), der HOOKEschen Matrix $\underline{\underline{W}}$ und dem Spannungszustand der Struktur gemäß (11.110) (vgl. dazu die praktische Formel (18.47) Seite 424 in [ZIE-84]), kann man nun mit (11.121) die nichtlineare Werkstoffmatrix $\hat{\underline{\underline{W}}}$ und den nichtlinearen Wärmevektor $\hat{\underline{q}}$ aus (11.122) im Grenzwert abschätzen und in (11.107) einsetzen.

Mit den Beziehungen (11.121) und (11.122) ist nun (11.107) als bekannt anzusehen. Also ist es im nächsten Abschnitt möglich, die Steifigkeitsmatrix eines Elementes explizit zu berechnen.

11.8 Die Gesamtstrukturgleichung

Mit (9.49) folgt nun aus (11.107) (zweidimensional)

$$\Delta\overset{o}{\underline{\sigma}}_3 = \hat{\underline{\underline{W}}}_{33} \, \underline{\underline{\Sigma}}_{3n} \, \Delta\underline{r}_n - \Delta t \, \alpha_{\vartheta\vartheta} \, \hat{\underline{q}}_3 \, \dot{\mathrm{i}}_3 \qquad (11.125)$$

Geht man jetzt mit (11.106) und (11.125) in (11.103) ein, so kommt schließlich:

$$\underline{\underline{M}}_{nn}\ddot{\underline{r}}_n + \hat{\underline{\underline{K}}}_{nn}\dot{\underline{r}}_n = \dot{l}_2\underline{P}_n + l_2\dot{\underline{P}}_n + \dot{l}_1\underline{Z}_n + l_1\dot{\underline{Z}}_n + \dot{l}_3\hat{\underline{\Gamma}}_n \tag{11.126}$$

wobei

$$\hat{\underline{\underline{K}}}_{nn}(\underline{r}) := \int\limits_{\substack{\text{(Element}\\\text{unverformt)}}} dV_x \left[\underline{\underline{G}}_{nn} + \overset{o}{\underline{\underline{B}}}_{n3}\,\hat{\underline{\underline{W}}}_{33}\,\underline{\underline{\Sigma}}_{3n}\right] \tag{11.127}$$

die doppelt nichtlineare Elementsteifigkeitsmatrix bedeutet und:

$$\hat{\underline{\Gamma}}_n := \int\limits_{\substack{\text{(Element}\\\text{unverformt)}}} dV_x\ \overset{o}{\underline{\underline{B}}}_{n3}\,\hat{\underline{q}}_3\,\alpha_\vartheta\,\vartheta \tag{11.128}$$

die thermischen Elementknotenpunktslasten im nichtlinearen Fall.

Das System gewöhnlicher Differentialgleichungen mit nichtkonstanten Koeffizienten gemäß (11.126) stellt eine große Vereinfachung gegenüber den Systemen partieller Differentialgleichungen mit nichtkonstanten Koeffizienten dar, wie sie sich im nichtlinearen Fall aus der Kontinuumstheorie ergeben. Auch die Befriedigung der Anfangs- und Randbedingungen ist in (11.126) respektive (11.131) wesentlich leichter zu erreichen als für analytische Funktionen, die von Ort und Zeit abhängen, im Sinne der Kontinuumstheorie. Die einfache Darstellung gemäß (11.126) hat ihre Ursachen darin, daß wir Ansätze für die Verschiebungsfelder in finiten Elementen gemacht haben!

Die geometrisch und vom Werkstoff her nichtlineare (doppelt-nichtlinear) Elementgleichung (11.126) stellt ein simultanes Differentialgleichungssystem 3. Ordnung für die gesuchten Knotenpunktsverschiebungen r_i des Elementes mit nichtkonstanten Koeffizienten dar: die doppelt-nichtlineare Elementsteifigkeitsmatrix $\hat{\underline{\underline{K}}}_{nn}$ hängt eindeutig von den Elementknotenpunktsverschiebungen r_i und von Werkstoffkenngrößen ab (vgl. dazu (11.105), (11.65), (11.63), (11.32c), (11.23), (9.50), (9.47), (9.30), (9.40), (9.27) und (11.127)).

Mit der Elementgrundgleichung (11.126) wird nun völlig analog wie mit (3.43) verfahren, wenn wir die Elemente zu einer Gesamtstruktur zusammensetzen, indem wir wieder die *Kompatibilität und das Gleichgewicht* an den Knotenpunkten beachten. Die weitere Behandlung der Gleichung (11.126) erfolgt nun wie im Kapitel 4 schon einmal geschehen. Mit Hilfe der BOOLEschen Matrix werden die Kompatibilität zwischen Elementknotenpunkten und Strukturknotenpunkten zu jeder Belastungsstufe und Zeit erfüllt und ebenso das Gleichgewicht (beachte dazu (4.2) und (4.5)). So entsteht auch im nichtlinearen Fall für die Gesamtstruktur die Endgleichung analog zu (4.16):

$$\underline{\underline{MS}}_{mm}\dddot{\underline{d}}_m + \hat{\underline{\underline{S}}}_{mm}(\dot{\underline{d}}_m)\,\underline{d}_m = \dot{l}_2\,\underline{\pi}_m + l_2\,\dot{\underline{\pi}}_m - \dot{l}_1\,\underline{\pi}^*_m(\underline{d}_m) - l_1\,\dot{\underline{\pi}}^*_m(\underline{d}_m) - \dot{l}_3\,\hat{\underline{\pi}}^{**}_m(\underline{d}_m) \tag{11.129}$$

In (11.129) ist die vom Knotenpunktsverschiebungsfeld (4.1) mit (4.2), wobei $\underline{r}_n \equiv \underline{\varrho}_n$ zu nehmen ist, abhängige Gesamtsystemsteifigkeitsmatrix $\hat{\underline{\underline{S}}}$ gegeben durch (4.14), wenn man $\widehat{\underline{\underline{KH}}}(\underline{r})$ mittels (3.55) durch die Elementsteifigkeitsmatrizen $\hat{\underline{\underline{K}}}(\underline{r})$ gemäß (11.127) definiert hat.

Die Strukturknotenpunktsbelastungen auf der rechten Seite von (11.129) sind gegeben nach (4.5) mit (4.12), wenn man die Definitionen (3.30), (3.31) und (3.32) beachtet und aus der für jedes Element aufgeschriebenen Gleichung (11.126) durch Multiplikation von links mit der BOOLEschen Matrix gemäß (4.13) die Systemgleichung (11.129) gefunden hat.

Hierin sind dann wieder, wie in (4.17), die Auflagerbedingungen gemäß z.B. BILD 11.1 zu berücksichtigen, damit mit der reduzierten Systemsteifigkeitsmatrix $\hat{\underline{\underline{S}}}_{11}(d_m)$ die Integration von $\underline{d}_m(\mu)$ durchgeführt werden kann. Es handelt sich hierbei um ein großes System simultaner Differentialgleichungen 3. Ordnung für den gesuchten Strukturknotenpunktsverschiebungsvektor $\underline{d}_m$ an der Stelle $\mu = \mu^* \equiv t_{ENDE}$. Das ist eine klassische Aufgabe der Mathematik.

Integrationen über $\underline{x}$ in (11.127) finden im LAGRANGEschen Referenz-Raum statt. Nach jedem Integrationsschritt über t in (11.129) (vgl. hierzu das Integrationsverfahren von NEWTON-RAPHSON oder RUNGE-KUTTA gemäß [ZIE-84] S. 413 und [STI-61] S. 145) ist $\hat{\underline{\underline{K}}}_{nn}(\underline{r})$ gemäß (11.127) für jedes Element neu zu berechnen.

Solche Rechnungen sind deshalb numerisch sehr aufwendig und man wird sie in der Praxis auf ein Minimum beschränken. Da die Abhängigkeit $\underline{d}_m(t)$ nach der Integration keineswegs linear ausfallen muß, gilt hier das aus der linearen Mechanik bekannte Superpositionsgesetz der Lasten nicht, d.h., bei Verdopplung der Lasten muß $\underline{d}_m$ nicht auch doppelt so groß werden.

Die Gleichung (11.129) stellt ein Anfangs-Randwertproblem dar. Deshalb wollen wir uns anschließend noch mit der Berechnung von Anfangswerten zur Zeit t = 0 befassen.

Dazu substituieren wir wie folgt:

$$\dot{\underline{d}}_m =: \underline{d}^*_m \quad \text{und} \quad \ddot{\underline{d}}_m = \dot{\underline{d}}^*_m =: \underline{d}^{**}_m \tag{11.130}$$

Hiermit kann man anstelle von (11.129) ein System von erster Ordnung aufschreiben, nämlich:

$$\begin{aligned}
\dot{\underline{d}}^{**}_m &= \underline{\underline{\underline{MS}}}^{-1}_{mm}\left\{\dot{l}_2\,\underline{\pi}_m + l_2\,\dot{\underline{\pi}}_m - \underline{\underline{\hat{S}}}_{mm}\underline{d}^*_m - \dot{l}_1\,\underline{\pi}^*_m - l_1\,\dot{\underline{\pi}}^*_m - \dot{l}_3\,\hat{\underline{\pi}}^{**}_m\right\} \\
\dot{\underline{d}}^*_m &= \underline{d}^{**}_m \\
\dot{\underline{d}}_m &= \underline{d}^*_m
\end{aligned} \qquad (11.131)$$

Der Anfangsvektor für dieses Differentialgleichungssystem 1. Ordnung ist

$$\underline{d}^T_{3m}(t=0) := \left[\,\underline{d}^{**T}_m(0),\ \underline{d}^{*T}_m(0)\,,\ \underline{d}^T_m(0)\right] \qquad (11.132)$$

Hierin ist, wie bei jedem Schwingungssystem, $\underline{d}_m(t=0)$ resp. $\dot{\underline{d}}_m \equiv \underline{d}^*_m(t=0)$ vorzugeben und $\ddot{\underline{d}}_m(t=0) \equiv \underline{d}^{**}_m\,(t=0)$ läßt sich leicht aus (11.32a) elementweise berechnen. Besonders wenn man bedenkt, daß $\underline{\sigma}_3(t=0) = 0$ angenommen werden darf.

Zur Berücksichtigung von Auflagerbedingungen wird mit (11.131) wieder analog wie in (4.17) verfahren, so daß dann in (11.131) nur Teile von $\underline{\underline{\underline{MS}}}_{mm}$ und $\underline{\underline{\hat{S}}}_{mm}$ erscheinen, nämlich: $\underline{\underline{\underline{MS}}}_{11}$ und $\underline{\underline{\hat{S}}}_{11}$, nachdem man die unbekannten Auflagerkräfte gemäß (4.17) ausgesondert hat.

12 STATISCHE STABILITÄT

Statische Stabilität ist eine Erscheinung, bei der zu einer gewissen äußeren Last mindestens zwei voneinander verschiedene Verformungsfiguren möglich sind. Man spricht darum von einem indifferenten Gleichgewicht (vgl. [BIE-53], dort Seiten 562ff) und die dazugehörigen äußeren Lasten werden als die "kritischen Lasten" bezeichnet. Solche klassischen Stabilitätsprobleme (Knicken, Beulen) sind dadurch gekennzeichnet, daß wir annehmen dürfen, die Ableitungen des Verschiebungsfeldes sind sehr klein gegen eins, aber die Verschiebungen selbst sind endlich. Das heißt, mit (11.54) bis (11.57)

$$u_x \, , \, u_y \, , \, v_x \, , \, v_y \quad \ll \quad 1 \, ; \, 1 \, ; \, 1 \, ; \, 1 \tag{12.1}$$

(vgl. dazu auch [ZIE-84] Seiten 456ff und [SZA-56] Seite 29). Hieraus folgt wegen (9.25) und (9.26) $\lambda_{ik} \ll 1$ und dazu wegen (9.18), (9.19) mit (9.24) auch

$$\varepsilon_{ik} \text{ und } \lambda_{ik} \quad \ll \quad 1 \, , \, 1 \tag{12.2}$$

Hiermit gilt näherungsweise (11.123a) und wir dürfen so (11.124) anwenden, d.h. das HOOKEsche Werkstoffgesetz (vgl. dazu auch [ZIE-84] Seite 457 Formel 19.4) gemäß (2.71) mit (2.70) und (2.73)).

Aus (12.1) folgt weiter wegen (11.9)

$$D \approx 1 + \left(u_x + v_y\right) \tag{12.3}$$

so daß gilt:

$$\frac{\partial D}{\partial r_i} = \frac{\partial u_x}{\partial r_i} + \frac{\partial v_y}{\partial r_i} \tag{12.4}$$

Mit (11.65), (11.32c) und (11.23) kann man schreiben:

$$\overset{\circ}{\underline{\underline{B}}}_{n3} = D \left(\underline{\underline{\Phi}}^T_{2n} \, \underline{\underline{\overset{z}{\nabla}}}_{23} \right) \underline{\underline{X}}_{33} \tag{12.5}$$

Wegen (vgl. (11.63a)).

$$\underline{\underline{\nabla}}^{z}_{23} = \underline{\underline{Q}}_{22}\,\underline{\underline{\nabla}}^{x}_{33}\,\underline{\underline{X}}^{-1}_{33} \tag{12.5a}$$

kommt aus (12.5)

$$\overset{\circ}{\underline{\underline{B}}}_{n3} = D\,\underline{\underline{\Phi}}^{T}_{2n}\,\underline{\underline{Q}}_{22}\,\underline{\underline{\nabla}}^{x}_{23} \tag{12.6}$$

und gemäß (11.36) läßt sich $\underline{\underline{Q}}_{22}$ schreiben (zweidimensional):

$$\underline{\underline{Q}}_{22} = \underline{\underline{E}}_{22} + \hat{\underline{\underline{Q}}}_{22}(r_i) \tag{12.7}$$

wobei

$$\hat{\underline{\underline{Q}}}_{22}(r_i) := \begin{bmatrix} u_x & u_y \\ v_x & v_y \end{bmatrix} \tag{12.8}$$

gilt.

Zur Ermittlung von $\Delta\overset{\circ}{\underline{\underline{B}}}_{n3}\,\overset{\circ}{\underline{\sigma}}_3$ aus (11.103) bzw. (11.106) bilden wir die Ableitungen von $\overset{\circ}{\underline{\underline{B}}}_{n3}$ nach den Knotenpunktsverschiebungen. So kommt unter Beachtung von (12.1), (12.7) und (3.41) aus (12.6):

$$\frac{\partial \overset{\circ}{\underline{\underline{B}}}_{n3}}{\partial r_i}\,\overset{\circ}{\underline{\sigma}}_3 = \left(\frac{\partial u_x}{\partial r_i} + \frac{\partial v_y}{\partial r_i}\right)\underline{\underline{B}}^{T}_{3n}\,\overset{\circ}{\underline{\sigma}}_3 + \underline{\underline{\Phi}}^{T}_{2n}\,\frac{\partial \hat{\underline{\underline{Q}}}_{22}}{\partial r_i}\,\underline{\underline{\nabla}}^{x}_{23}\,\overset{\circ}{\underline{\sigma}}_3 \tag{12.9}$$

Dann gilt also mit (11.102) und (11.106)

$$\sum_{i=1}^{n} \frac{\partial \overset{\circ}{\underline{\underline{B}}}_{n3}}{\partial r_i}\,\overset{\circ}{\underline{\sigma}}_3\,dr_i \equiv \partial \overset{\circ}{\underline{\underline{B}}}_{n3}\,\overset{\circ}{\underline{\sigma}}_3 = \underline{\underline{G}}_{nn}\,d\underline{r}_n \tag{12.10}$$

Wenn wir nun in (11.103) die Lasten "unendlich langsam" verändern, so ist $\dddot{\underline{r}}_n \approx \underline{0}$ zu nehmen und $\dot{l}_i \equiv l_i \approx 0$. Auf diese Weise kommt aus (11.103)

$$\underset{\substack{\text{(Element}\\ \text{unverformt)}}}{\int} dV_x\,\Delta\overset{\circ}{\underline{\underline{B}}}_{n3}\,\overset{\circ}{\underline{\sigma}}_3 + \underset{\substack{\text{(Element}\\ \text{unverformt)}}}{\int} dV_x\,\overset{\circ}{\underline{\underline{B}}}_{n3}\,\Delta\overset{\circ}{\underline{\sigma}}_3 = 0 \tag{12.11}$$

Zur Darstellung von $\underline{\underline{G}}_{nn}$ für den Fall endlicher Verschiebungen und sehr kleiner Verzerrungen gemäß (12.10) definieren wir einen Vektor

$$\underline{l}_n^T := \left[l_1, l_2, \ldots . l_n \right] \tag{12.12}$$

wobei

$$l_i := \frac{\partial u_x}{\partial r_i} + \frac{\partial v_y}{\partial r_i} \quad (i = 1,2, \ldots, n) \tag{12.12a}$$

Weiterhin definieren wir eine Matrix

$$\underline{\underline{N}}_{2n}\left(\underline{\overset{\circ}{\sigma}}_3\right) := \begin{bmatrix} a_1 & a_2 & \ldots & a_{n/2} & 0 & 0 & \ldots & 0 \\ 0 & 0 & \ldots & 0 & a_1 & a_2 & \ldots & a_{n/2} \end{bmatrix} \tag{12.13}$$

wobei

$$a_i := \Phi_{ix}\left(\overset{\circ}{\sigma}_x \frac{\partial}{\partial x} + \overset{\circ}{\tau}_{xy} \frac{\partial}{\partial y}\right) + \Phi_{iy}\left(\overset{\circ}{\sigma}_y \frac{\partial}{\partial y} + \overset{\circ}{\tau}_{xy} \frac{\partial}{\partial x}\right)$$

$$i = 1,2,3, \ldots, n/2 \tag{12.13a}$$

gilt, wenn

$$\Phi_{ix} = \frac{\partial \Phi_i}{\partial x} \tag{12.13b}$$

und

$$\Phi_{iy} = \frac{\partial \Phi_i}{\partial y} \tag{12.13c}$$

bedeutet. So kann man dann (12.10) schreiben; wenn man (12.9) beachtet:

$$\underline{\underline{G}}_{nn} d\underline{r}_n = \left[\underline{\underline{B}}_{3n}^T \, \underline{\overset{\circ}{\sigma}}_3 \, \underline{l}_n^T + \underline{\underline{\Phi}}_{2n}^T \, \underline{\underline{N}}_{2n} \right] d\underline{r}_n \tag{12.14}$$

denn es gilt mit (12.13), (12.13a) und (12.12):

$$\sum_{i=1}^{n} \left(\frac{\partial u_x}{\partial r_i} + \frac{\partial v_y}{\partial r_i} \right) dr_i \equiv \underline{l}_n^T \, d\underline{r}_n \tag{12.15}$$

und

$$\sum_{i=1} \frac{\partial \hat{\underline{\underline{Q}}}_{22}}{\partial r_i} \underline{\underline{\mathbb{V}}}_{23} \overset{o}{\underline{\sigma}}_3 \, dr_i \equiv \underline{\underline{N}}_{2n} \, d\underline{r}_n \tag{12.16}$$

Mit (12.13), (12.13a) und (12.14) erkennt man nun, daß die quadratische Matrix (im Spezialfall kleiner Verzerrungen)

$$\overset{*}{\underline{\underline{K}}}_{nn}\left(\overset{o}{\underline{\sigma}}_3\right) := \int\limits_{\substack{\text{(Element}\\ \text{unverformt)}}} dV \underline{\underline{G}}_{nn} \tag{12.17}$$

linear vom Spannungszustand abhängt (vgl. [ZIE-84] Seite 459 Formel (19.8)).

Mit (12.7), (12.7a) und (12.3) ergibt sich, wenn man (3.13a) berücksichtigt, aus (12.6) für kleine Verzerrungen gemäß (12.1)

$$\overset{o}{\underline{\underline{B}}}_{n3} \approx \underline{\underline{B}}^T_{n3} \tag{12.18}$$

also $\overset{o}{\underline{\underline{B}}}_{n3}$ strebt zur transponierten Kompatibilitätsmatrix. Bei dieser Näherung brauchen die Glieder von nächst kleinerer Größenordnung sowie in (12.7) oder (12.3) nicht berücksichtigt zu werden, weil keine Differentiation mehr folgt.

Jetzt befassen wir uns also mit dem 2. Term auf der linken Seite von (12.11). Dazu müssen wir $\underline{\underline{\Sigma}}_{3n}$ aus (9.49) betrachten. Mit (12.2) erkennt man, daß wegen (9.47) gilt:

$$\underline{\underline{U}}_{33} \approx \underline{\underline{E}}_{33} \tag{12.19}$$

Weiter sieht man, daß mit (12.1) und (12.2) der zweite Term in (9.42) gegenüber dem ersten vernachlässigt werden kann, so daß mit (3.13a) näherungsweise gilt:

$$d\underline{\lambda}_3 \approx \underline{\underline{B}}_{3n} d\underline{r}_n \tag{12.20}$$

also folgt aus (9.49)

$$\underline{\underline{\Sigma}}_{3n} \approx \underline{\underline{B}}_{3n} \tag{12.21}$$

So kommt schließlich für den Spezialfall kleiner Verzerrungen aus (11.103) mit (12.11), (11.107), (12.18), (12.21) unter Beachtung von (3.41)

$$\left(\underline{\underline{K}}_{nn} + \overset{*}{\underline{\underline{K}}}_{nn} \right) \Delta \underline{r}_n = 0 \tag{12.22}$$

Setzen wir jetzt in $\overset{*}{\underline{\underline{K}}}_{nn}(\overset{o}{\underline{\sigma}}_3)$ für $\overset{o}{\underline{\sigma}}_3$ den Wert $\lambda \overset{o}{\underline{\sigma}}_3$, wobei λ ein skalarer Faktor größer als Null sein soll, so erhalten wir aus (12.22) eine Eigenwertgleichung, nämlich

$$\left(\underline{\underline{K}}_{nn} + \lambda \overset{*}{\underline{\underline{K}}}_{nn} \right) \Delta \underline{r}_n = 0 \tag{12.23}$$

(vgl. dazu [ZIE-84] Seite 460 Formel (19.10)). Existiert ein λ, so ist $\lambda \overset{o}{\underline{\sigma}}_3$ die Spannung eines indifferenten Gleichgewichtes, d.h. es liegt ein Verzweigungspunkt vor (vgl. [BIE-53] dort die Seiten 562ff). Die dazugehörigen äußeren Lasten werden als die "kritischen Lasten" bezeichnet. Solche klassischen Stabilitätsprobleme (Knicken, Beulen) sind durch (12.1) und (12.2) gekennzeichnet. Mit (12.23) ist das statische Stabilitätsproblem elementweise formuliert. Durch kompatibles und gleichgewichtiges Zusammensetzen analog zu (4.13) erhält man das Eigenwertproblem für die Gesamtstruktur. Im Falle BILD 12.1 z.B. bringt man die Randlasten p_O auf und

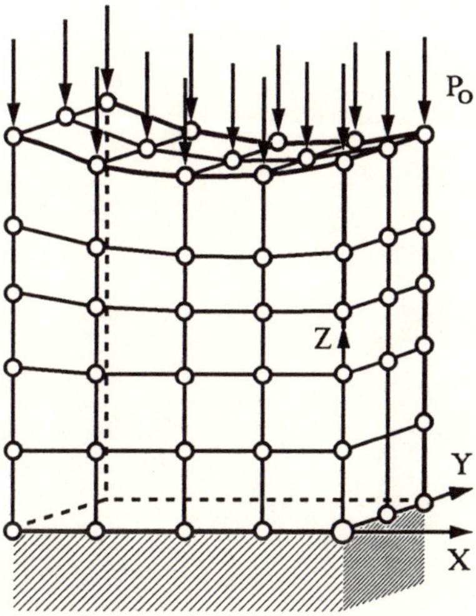

BILD 12.1: Ein Fall statischer Stabilität.

rechnet mit Hilfe von $\underline{\underline{K}}_{nn}$ aufgrund der linearen Theorie das Spannungs- und Verschiebungsfeld aus. Dieses Spannungsfeld $\overset{\circ}{\underline{\sigma}}_3$ benutzt man nun, um mit (12.17) $\overset{*}{\underline{\underline{K}}}_{nn}(\overset{\circ}{\underline{\sigma}}_3)$ aus (12.14) zu ermitteln. So erhält man die Matrix $\underline{\underline{K}}_{nn}$ und $\overset{*}{\underline{\underline{K}}}_{nn}$ in (12.23) und kommt zu den Elementsteifigkeitsmatrizen für die Eigenwertdeterminante.

Dann kann man das Eigenwertproblem für die Gesamtstruktur aufstellen und durch Nullsetzen der Determinante in gewohnter Weise $\lambda = \frac{p}{p_o}$ ermitteln.

Bei der Generierung der Elemente (siehe BILD 12.1) muß beachtet werden, daß die Spannungsverteilung in y-Richtung hinreichend variabel ist, damit sich Beulformen ausbilden können. Gegebenenfalls kann man die Struktur auch als dünne Schale auffassen und dann $\underline{\underline{\Phi S}}_{3n}$ oder $\underline{\underline{BS}}_{3n}$ der Schalentheorie in (12.13) und (3.41) zur Berechnung von $\overset{*}{\underline{\underline{K}}}_{nn}$ und $\underline{\underline{K}}_{nn}$ benutzen.

13 DIE BENUTZUNG VON SPANNUNGSANSÄTZEN

Der Fall kleiner Verformungen und Nicht-HOOKEschen Werkstoffverhaltens ist in der Praxis von besonderem Interesse. In solchen geometrisch linearen Strukturen ist es oft besser, nicht die Spannungen zu benutzen, die sich gemäß (11.125) aus dem Verschiebungsfeld ergeben, sondern auch für das gesuchte Spannungsfeld Formfunktionsansätze zu machen. So setzen wir also analog zu (3.3), (3.4) und (3.7) an (zweidimensional) mit Stützstellenspannungen $\Delta\overset{\circ}{\sigma}_i$.

$$\begin{bmatrix} \Delta\overset{\circ}{\sigma}_x \\ \Delta\overset{\circ}{\sigma}_y \\ \Delta\overset{\circ}{\tau}_{xy} \end{bmatrix} := \Delta\underline{\overset{\circ}{\sigma}}_3 = \underline{\underline{\Phi}}_{3l}\, \Delta\underline{\bar{\sigma}}_l \tag{13.1}$$

Hierbei ist $\underline{\underline{\Phi}}_{3l}$ die Formfunktionsmatrix der drei Spannungszuwächse in der Ebene.

$$\begin{aligned}
\Delta\overset{\circ}{\sigma}_x &:= \sum_{i=1}^{\frac{l}{3}} \Phi_i(\underline{x})\, \Delta\overset{\circ}{\sigma}_i \\
\Delta\overset{\circ}{\sigma}_y &:= \sum_{i=\frac{l}{3}+1}^{\frac{2}{3}l} \Phi_i(\underline{x})\, \Delta\overset{\circ}{\sigma}_i \\
\Delta\overset{\circ}{\tau}_{xy} &:= \sum_{i=\frac{2}{3}l+1}^{i} \Phi_i(\underline{x})\, \Delta\overset{\circ}{\sigma}_i
\end{aligned} \tag{13.2}$$

und

$$\Delta\underline{\bar{\sigma}}_l^T := \left[\Delta\overset{\circ}{\sigma}_1, \Delta\overset{\circ}{\sigma}_2, \ldots, \Delta\overset{\circ}{\sigma}_{\frac{l}{3}}, \ldots, \Delta\overset{\circ}{\sigma}_{\frac{2}{3}l}, \ldots, \Delta\overset{\circ}{\sigma}_l\right] \tag{13.3}$$

Gemäß Seite 187 geht bei linearer Geometrie $\overset{\circ}{\underline{\underline{B}}}_{n3} \rightarrow \underline{\underline{B}}^T_{3n}$, also in die Kompatibilitätsmatrix aus (3.13a) über. Dadurch ergibt sich die Matrix $\underline{\underline{G}}_{nn}$ aus (11.105) zu Null, weil sie nicht mehr von den Knotenpunktsverschiebungen r_i abhängt. Damit wird das zweite Glied in (11.103) auch zu Null und es gilt deshalb hier mit (11.103) und (13.1):

$$\underline{\underline{M}}_{nn} \dddot{\underline{r}}_n \Delta t + \int\limits_{\substack{(\text{Element} \\ \text{unverformt})}} dV_x \, \underline{\underline{B}}^T_{3n} \, \underline{\underline{\Phi}}_{31} \Delta \bar{\underline{\sigma}}_l = \Delta t \Big(\dot{l}_2 \, \underline{P}_n + \underbrace{l_2 \dot{\underline{P}}_n}_{Null} + \dot{l}_1 \, \underline{Z}_n + \underbrace{l_1 \dot{\underline{Z}}_n}_{Null} \Big) \tag{13.4}$$

Nun definieren wir die Matrix

$$\underline{\underline{III}}_{nl} := \int\limits_{\substack{(\text{Element} \\ \text{unverformt})}} dV_x \left(\underline{\underline{\Phi}}^T_{2n} \underline{\underline{\overset{\circ}{\nabla}}}_{23} \right) \underline{\underline{\Phi}}_{31} \tag{13.5}$$

Hiermit können wir (13.4) schreiben, nachdem wir durch Δt dividiert haben und (13.3) sowie (3.41a) respektive (3.13a) beachten:

$$\underline{\underline{M}}_{nn} \dddot{\underline{r}}_n + \underline{\underline{III}}_{nl} \, \dot{\bar{\underline{\sigma}}}_l = \dot{l}_2 \, \underline{P}_n + \underbrace{l_2 \dot{\underline{P}}_n}_{Null} + \dot{l}_1 \, \underline{Z}_n + \underbrace{l_1 \dot{\underline{Z}}_n}_{Null} \tag{13.6}$$

Hierdurch ist das mittlere Gleichgewicht im finiten Element formuliert. Dabei ist die Formfunktionsmatrix $\underline{\underline{\Phi}}_{31}$ der Spannungen aus (13.2) wegen (13.1) und (13.2) gegeben durch:

$$\underline{\underline{\Phi}}_{31} := \begin{bmatrix} \Phi_1 \; \Phi_2 \ldots\ldots \Phi_{\frac{1}{3}} & 0 \ldots\ldots\ldots 0 & 0 \ldots\ldots\ldots\ldots\ldots 0 \\ 0 \;\; 0 \ldots\ldots 0 & \Phi_{\frac{1}{3}+1} \ldots\ldots \Phi_{\frac{2}{3}\,1} & 0 \ldots\ldots\ldots\ldots\ldots 0 \\ 0 \;\; 0 \ldots\ldots 0 & 0 \ldots\ldots\ldots 0 & \Phi_{\frac{2}{3}1+1} \ldots\ldots\ldots \Phi_1 \end{bmatrix} \tag{13.7}$$

Die Stützstellen für die Spannungszuwächse $\Delta\overset{\circ}{\sigma}_i$ (i=1,2,...l) in (13.2) müssen mit den Knotenpunkten des Elementes nicht zusammenfallen (vgl. dazu Fig. 12.5 in [ZIE-89] Seite 331).

Nachdem wir bis jetzt das Gleichgewicht im Falle von Spannungsansätzen formuliert haben, befassen wir uns anschließend mit dem Residuum der Beziehung (11.125). Wenn wir nämlich für die Spannungsinkremente in

(11.125) Näherungen gemäß (13.1) einsetzen, wird sich ein Residuum verschieden von Null bilden. Dieses Residuum werden wir in der Norm des HILBERT - Raumes so klein wie möglich machen, wozu wir die Größe der Spannungszuwächse an den Stützstellen $\Delta\overset{o}{\sigma}_i$ (i= 1,2, ...l) entsprechend wählen (vgl. dazu [ZIE-89] die Methode von HELLINGER - REISSNER Formel (12.28) Seite 328, die mit Gewichtsfunktionen arbeitet).

Nun beachten wir, daß die Rechteckmatrix $\underline{\underline{\Sigma}}$ aus (9.50) bei linearer Geometrie in die Kompatibilitätsmatrix $\underline{\underline{B}}$ aus (3.13a) übergeht. Dann kommt aus (11.125) mit (13.1) für das Residuum:

$$\underline{\underline{\hat{W}}}_{33}^{-1}\,\underline{\underline{\Phi}}_{31}\Delta\underline{\bar{\sigma}}_l - \underline{\underline{\nabla}}_{23}^{T}\,\underline{\underline{\Phi}}_{2n}\,\Delta\underline{r}_n + \Delta t\;\dot{\underline{l}}_3\alpha_\vartheta\vartheta\,\underline{\underline{\hat{W}}}_{33}^{-1}\,\underline{\hat{q}}_3 \;=:\; \underline{RS}_3 \tag{13.8}$$

Jetzt fordern wir für dieses Residuum $\underline{RS}_3$

$$\int\limits_{\substack{\text{(Element}\\\text{unverformt)}}} dV_x\,\underline{RS}_3^T\,\underline{RS}_3 \overset{!}{=} \text{Minimum über } \Delta\overset{o}{\sigma}_i \;(i=1,2,\ldots l). \tag{13.9}$$

Es folgt durch Differentiation nach $\Delta\overset{o}{\sigma}_i$ aus (13.9) mit (13.8)

$$2\int dV_x\left[\underline{\underline{\hat{W}}}_{33}^{-1}\,\underline{\underline{\Phi}}_{31}\frac{\partial\Delta\underline{\bar{\sigma}}_l}{\partial\Delta\overset{o}{\sigma}_i}\right]^T\cdot\left\{\underline{\underline{\hat{W}}}_{33}^{-1}\,\underline{\underline{\Phi}}_{31}\Delta\underline{\bar{\sigma}}_l - \underline{\underline{\nabla}}_{23}^{T}\,\underline{\underline{\Phi}}_{2n}\Delta\underline{r}_n + \Delta t\;\dot{\underline{l}}_3\alpha_\vartheta\vartheta\,\underline{\underline{\hat{W}}}_{33}^{-1}\underline{\hat{q}}_3\right\} = 0 \tag{13.10}$$

(i=1,2,....l)

So kommt aus (13.10) nach Division mit Δt:

$$\dot{\underline{\bar{\sigma}}}_l\int dV_x\,\frac{\partial\Delta\underline{\bar{\sigma}}_l^T}{\partial\Delta\overset{o}{\sigma}_i}\,\underline{\underline{\Phi}}_{31}^T\,\underline{\underline{\hat{W}}}_{33}^{-1}\,\underline{\underline{\hat{W}}}_{33}^{-1}\underline{\underline{\Phi}}_{31} - \dot{\underline{r}}_n\int dV_x\,\frac{\partial\Delta\underline{\bar{\sigma}}_l^T}{\partial\Delta\overset{o}{\sigma}_i}\,\underline{\underline{\Phi}}_{31}^T\,\underline{\underline{\hat{W}}}_{33}^{-1}\underline{\underline{\nabla}}_{23}^{T}\,\underline{\underline{\Phi}}_{2n} =$$

$$= -\alpha_\vartheta\,\dot{\underline{l}}_3\int dV_x\,\vartheta\,\frac{\partial\Delta\underline{\bar{\sigma}}_l^T}{\partial\Delta\overset{o}{\sigma}_i}\,\underline{\underline{\Phi}}_{31}^T\underline{\underline{\hat{W}}}_{33}^{-1}\,\underline{\underline{\hat{W}}}_{33}^{-1}\,\underline{\hat{q}}_3 \qquad (i=1,2,....l) \tag{13.11}$$

Mit (13.3) erkennt man leicht, daß für $0 < i \le l$ gilt:

$$\frac{\partial\Delta\underline{\bar{\sigma}}_l^T}{\partial\Delta\overset{o}{\sigma}_i} = \left[0,\ldots,0,1,0,\ldots,0\right] \tag{13.12}$$

wobei die 1 an der i-ten Stelle steht. Aus dieser Tatsache folgt, daß

$$\underline{\underline{I}}_{11}\,\dot{\underline{\sigma}}_1 - \underline{\underline{II}}_{1n}\,\dot{\underline{r}}_n = -\,\alpha_\vartheta\,\dot{i}_3\,\underline{f}_1 \tag{13.13}$$

richtig sein muß, wobei

$$\underline{\underline{I}}_{11} := \int\limits_{\substack{\text{(Element}\\ \text{unverformt)}}} dV_x\,\underline{\underline{\Phi}}_{31}^T\,\hat{\underline{\underline{W}}}_{33}^{-1}\,\hat{\underline{\underline{W}}}_{33}^{-1}\,\underline{\underline{\Phi}}_{31} \tag{13.14}$$

$$\underline{\underline{II}}_{1n} := \int\limits_{\substack{\text{(Element}\\ \text{unverformt)}}} dV_x\,\underline{\underline{\Phi}}_{31}^T\,\hat{\underline{\underline{W}}}_{33}^{-1}\,\underline{\underline{\nabla}}_{23}^T\,\underline{\underline{\Phi}}_{2n} \tag{13.15}$$

und

$$\underline{f}_1 := \int\limits_{\substack{\text{(Element}\\ \text{unverformt)}}} dV_x\,\vartheta\,\underline{\underline{\Phi}}_{31}^T\,\hat{\underline{\underline{W}}}_{33}^{-1}\,\hat{\underline{\underline{W}}}_{33}^{-1}\,\hat{\underline{q}}_3 \tag{13.16}$$

gilt.

Jetzt lassen sich die beiden Gleichungen (13.6) und (13.13) wie folgt behandeln. Aus (13.13) kommt:

$$\dot{\underline{\sigma}}_1 = \underline{\underline{I}}_{11}^{-1}\,\underline{\underline{II}}_{1n}\,\dot{\underline{r}}_n - \alpha_\vartheta\,\dot{i}_3\,\underline{\underline{I}}_{11}^{-1}\,\underline{f}_1 \tag{13.17}$$

Geht man hiermit in (13.6) ein, so entsteht:

$$\underline{\underline{M}}_{nn}\,\dddot{\underline{r}}_n + \underline{\underline{III}}_{n1}\,\underline{\underline{I}}_{11}^{-1}\,\underline{\underline{II}}_{1n}\,\dot{\underline{r}}_n = \dot{i}_1\,\underline{Z}_n + \dot{i}_2\,\underline{P}_n + \alpha_\vartheta\,\dot{i}_3\,\underline{\underline{III}}_{n1}^{-1}\,\underline{\underline{I}}_{11}\,\underline{f}_1 \tag{13.18}$$

Bezeichnen wir hierin mit

$$\hat{\hat{\underline{\underline{K}}}}_{nn} := \underline{\underline{III}}_{n1}\,\underline{\underline{I}}_{11}^{-1}\,\underline{\underline{II}}_{1n} \tag{13.19}$$

$$\hat{\hat{\underline{\Gamma}}}_n := \alpha_\vartheta\,\underline{\underline{III}}_{n1}\,\underline{\underline{I}}_{11}^{-1}\,\underline{f}_1 \tag{13.20}$$

so kommt analog zu (11.126)

$$\underline{\underline{M}}_{nn}\,\dddot{\underline{r}}_n + \hat{\hat{\underline{\underline{K}}}}_{nn}\,\dot{\underline{r}}_n = \dot{l}_2\,\underline{P}_n + \dot{l}_3\,\hat{\hat{\underline{\Gamma}}}_n + \dot{l}_1\,\underline{Z}_n \tag{13.21}$$

Damit ist eine neue "Hybride Elementgleichung" entstanden, die ebenso wie (11.126) weiterzubehandeln ist. Nur die Spannungszuwächse berechnet man nun nicht mehr aus (11.125), sondern aus (13.17). Die Steifigkeitsmatrix (13.19) ist nicht symmetrisch. Eine solche Tatsache bedeutet, daß die Eigenformen des Schwingungsproblems (13.21) respektive (11.126) nicht orthogonal sind. Physikalisch interpretiert heißt das, es ist keine Eigenform alleine anzuregen.

14 KRIECHEN VON METALLEN BEI KLEINEN VERFORMUNGEN

14.1 Grundbegriffe

Bei gewissen Metallen, insbesondere bei hohen Temperaturen, wie sie zum Beispiel im Triebwerksbau auftreten, entsteht "Kriechen". Das bedeutet gemäß BILD 14.1, daß bei gleichbleibender konstanter Last der Verzerrungsvektor $\underline{\varepsilon}_6(\underline{x},t)$ ständig wächst.

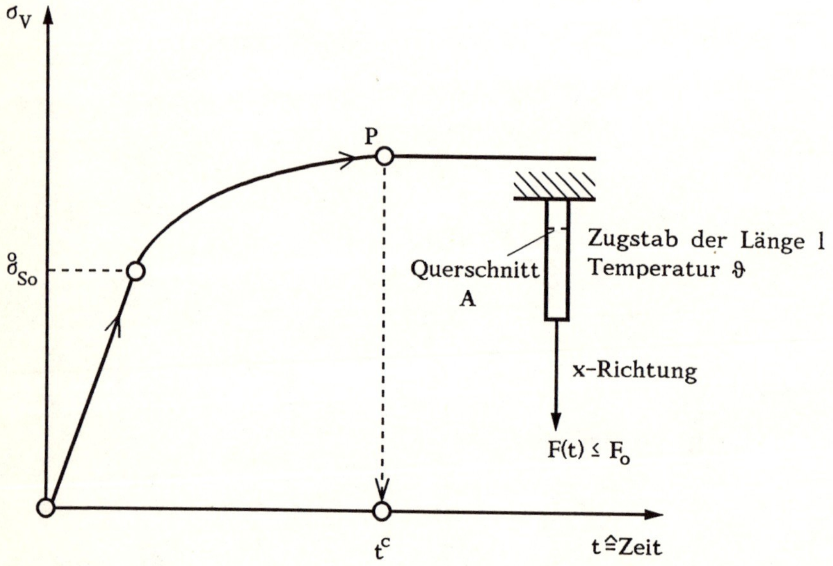

BILD 14.1: Ein schlanker Probestab unter der Last F(t) bei der Temperatur ϑ.

Nachdem die Kraft am Probestab gemäß BILD 14.1 ein Maximum F_o erreicht hat, bleibt die Kraft stehen und das viskoplastische Fließen oder Kriechen beginnt. Dabei kann man die Verzerrungsgeschwindigkeit während des Kriechvorganges gemäß NORTON-SODERBERG (vgl. [ZIE-84] Seite 441 Formel 18.86) wie folgt formulieren:

$$\dot{\underline{\varepsilon}}^c_6(\underline{x},t) \;:=\; \gamma_{w\vartheta}(t)\, \sigma_V^m\, \underline{\underline{M}}^1_{66}\, \overset{\circ}{\underline{\sigma}}_6 \qquad (14.1)$$

Hierbei bedeutet $\gamma_{W\vartheta}(t)$ eine Parameterfunktion und m eine Zahl, während σ_V die HUBERT und v. MISESsche Vergleichsspannung gemäß (11.108) ist. Die Matrix $\underline{\underline{M}}^1_{66}$ ist gegeben durch:

$$\underline{\underline{M}}^1_{66} := \begin{bmatrix} \frac{2}{3} & -\frac{1}{3} & -\frac{1}{3} & 0 & 0 & 0 \\ & \frac{2}{3} & \frac{1}{3} & 0 & 0 & 0 \\ & & \frac{2}{3} & 0 & 0 & 0 \\ & \text{symmetrisch} & & 2 & 0 & 0 \\ & & & & 2 & 0 \\ & & & & & 2 \end{bmatrix} \tag{14.2}$$

während $\underline{\overset{o}{\sigma}}_6$ die PIOLA-KIRCHHOFFsche Pseudospannung gemäß (11.61) bedeutet. Allerdings sind bei den vorausgesetzten kleinen Verformungen die realen mit den Pseudospannungen gleichzusetzen, weil wegen (11.63) $\underline{\underline{X}}_{66} \approx \underline{\underline{E}}_{66}$ gilt. Wir können deshalb künftig also $\underline{\sigma}_6 \sim \underline{\overset{o}{\sigma}}_6$ nehmen.

Zur Herkunft der Matrix $\underline{\underline{M}}^1_{66}$ vgl. [ZIE-84] Seite 426 Formel 18.58. Daraus erkennt man auch, daß aus (14.1) im eindimensionalen Falle, also beim Probestab gemäß BILD 14.1, wird:

$$\dot{\varepsilon}^c_x = \frac{\Delta \dot{l}}{l} = \gamma_{W\vartheta}(t)\, \frac{2}{3} \left(\frac{F}{A}^{m+1} \right) \tag{14.3}$$

Im Triebwerksbau wird darauf geachtet, daß die Kriechdehnung $\underline{\dot{\varepsilon}}^c_x$ während der garantierten Lebensdauer nicht über 1% anwächst.

Wenn wir (14.3) logarithmieren, entsteht:

$$\ln\left(\frac{\Delta \dot{l}}{l}\right) = (m+1)\ln\left(\frac{F}{A}\right) + \ln\left(\frac{2}{3}\gamma_{W\vartheta}(t)\right) \tag{14.4}$$

Jetzt können wir für verschiedene Lasten F die Kriechgeschwindigkeit $\Delta\dot{l}$ nach genau immer gleichen Zeiten messen (z.B. nach zwei Stunden). Wenn wir nun eine doppellogarithmische Auftragung gemäß BILD 14. 2 durchführen, dann müssen wegen (14.4) alle Meßpunkte auf einer Geraden von der Steigung $(m+1) = \tan\alpha$ liegen, weil $\gamma_{W\vartheta}(t)$ bei gleichem Werkstoff, gleicher Temperatur und nach gleichen Zeiten konstant ist. Auf diese Weise bestimmen wir m am Probestab.

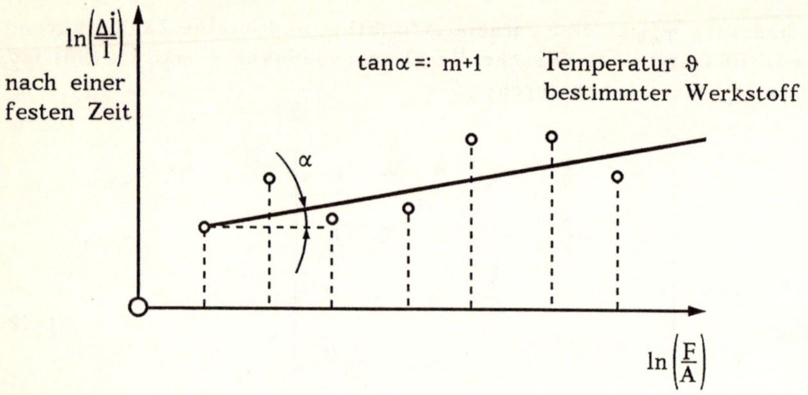

BILD 14.2: Regressionsgerade zur Bestimmung von m.

Als nächstes können wir gemäß BILD 14.3 die Funktion $\gamma_{w\vartheta}(t)$ für einen bestimmten Werkstoff und eine Temperatur messen.

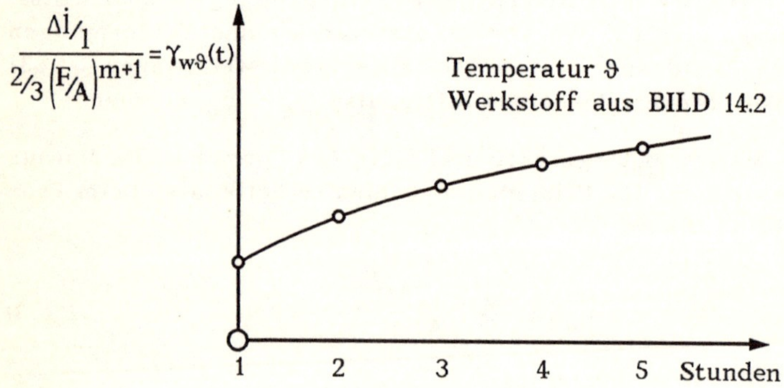

BILD 14.3: Ermittlung der Parameterfunktion $\gamma_{w\vartheta}(t)$ im Versuch.

Die Güte des Ansatzes von NORTON-SODERBERG erkennt man durch Veränderung der aufgebrachten Last F. Aus BILD 14.3 und Formel (14.3) folgt nämlich, daß der Quotient

$$\frac{\dot{\Delta i}/l}{2/3}\left[\left(\frac{F}{A}\right)^{m+1}\right]^{-1}$$

im wesentlichen unabhängig von der aufgebrachten Last sein soll. Nach den gemäß BILD 14.2 und BILD 14.3 durchgeführten Versuchen können die Parameter m und γ aus (14.1) als bekannt angesehen werden.

14.2 Ermittlung der Differentialgleichung

Bei einem Kriechvorgang mit kleinen Verformungen können wir für das Gleichgewicht im finiten Element wieder (13.4) benutzen. So kommt:

$$\underline{\underline{M}}_{nn}\dddot{\underline{r}}_n + \int\limits_{\substack{\text{(Element}\\ \text{unverformt)}}} dV_x\, \underline{\underline{B}}^T_{6n}\, \dot{\underline{\sigma}}_6 = \dot{l}_1 \underline{Z}_n + \dot{l}_2 \underline{P}_n \tag{14.5}$$

Im Falle nichtlinearer Geometrie müßte man (11.103) mit (11.106) heranziehen. Für die Verzerrungen gilt nun entsprechend (11.114):

$$\dot{\underline{\varepsilon}}_6 = \dot{\underline{\varepsilon}}^e_6 + \dot{\underline{\varepsilon}}^p_6 + \dot{\underline{\varepsilon}}^c_6 \tag{14.6}$$

Setzen wir hier (14.1), (2.31), (3.7) und (11.107) unter Beachtung von (11.114) ein, so kommt aus (14.6):

$$\underline{\underline{B}}_{6n}\dot{\underline{r}}_n = \hat{\underline{\underline{W}}}^{-1}_{66}\,\dot{\underline{\sigma}}_6 + \gamma_{w\vartheta}(t)\,\sigma^m_V\,\underline{\underline{M}}^1_{66}\,\underline{\sigma}_6 + \dot{l}_3\,\alpha_\vartheta\,\vartheta(t,\underline{x})\,\hat{\underline{\underline{W}}}_{66}\,\hat{\underline{q}}_6 \tag{14.7}$$

Wenn man diese Gleichung nach $\dot{\underline{\sigma}}_6$ auflöst, erhält man:

$$\dot{\underline{\sigma}}_6(\underline{x},t) = \hat{\underline{\underline{W}}}_{66}\,\underline{\underline{B}}_{6n}\,\dot{\underline{r}}_n - \gamma_{w\vartheta}\,\sigma^m_V\,\hat{\underline{\underline{W}}}_{66}\,\underline{\underline{M}}^1_{66}\,\underline{\sigma}_6 - \dot{l}_3\,\alpha_\vartheta\,\vartheta\,\hat{\underline{q}}_6 \tag{14.8}$$

Setzt man nun $\dot{\underline{\sigma}}_6$ in (14.5) ein, so ergibt sich:

$$\underline{\underline{M}}_{nn}\dddot{\underline{r}}_n + \left\{\int\limits_{\substack{\text{(Element}\\ \text{unverformt)}}} dV_x\,\underline{\underline{B}}^T_{6n}\,\hat{\underline{\underline{W}}}_{66}\,\underline{\underline{B}}_{6n}\right\}\dot{\underline{r}}_n - \gamma_{w\vartheta}\left\{\int\limits_{\substack{\text{(Element}\\ \text{unverformt)}}} dV_x\,\sigma^m_V\,\underline{\underline{B}}^T_{6n}\,\hat{\underline{\underline{W}}}_{66}\,\underline{\underline{M}}^1_{66}\,\underline{\sigma}_6\right\} =$$

$$= \dot{l}_1\,\underline{Z}_n + \dot{l}_2\,\underline{P}_n + \dot{l}_3\left\{\alpha_\vartheta\int\limits_{\substack{\text{(Element}\\ \text{unverformt)}}} dV_x\,\vartheta\,\underline{\underline{B}}^T_{6n}\,\hat{\underline{q}}_6\right\} \tag{14.9}$$

Der Ausdruck in der ersten Klammer von (14.9) ist uns bekannt als die Steifigkeitsmatrix $\underline{\underline{K}}^{pl}_{nn}$ bei reiner Plastizität.

$$\underline{\underline{K}}^{pl}_{nn} := \int\limits_{\substack{\text{(Element}\\ \text{unverformt)}}} dV_x\,\underline{\underline{B}}^T_{6n}\,\hat{\underline{\underline{W}}}_{66}\,\underline{\underline{B}}_{6n} \tag{14.10}$$

Machen wir in der Doppelklammer von (14.9) für den Spannungsverlauf $\underline{\sigma}_6$ einen Formfunktionenansatz analog (13.1), also

$$\underline{\sigma}_6 := \underline{\underline{\Phi}}_{61}(\underline{x})\, \underline{\bar{\sigma}}_1(t) \tag{14.11}$$

so können wir schreiben

$$\int\limits_{\substack{(\text{Element}\\ \text{unverformt})}} dV_x \sigma_V^m \underline{\underline{B}}_{6n}^T \underline{\underline{\hat{W}}}_{66}\, \underline{\underline{M}}_{66}^1 \underline{\sigma}_6 \;\equiv\; \underline{\underline{\nabla}}_{n1}^C\, \underline{\bar{\sigma}}_1(t) \tag{14.12}$$

wobei gilt:

$$\underline{\underline{\nabla}}_{n1}^C := \int\limits_{\substack{(\text{Element}\\ \text{unverformt})}} dV_x \sigma_V^m \underline{\underline{B}}_{6n}^T \underline{\underline{\hat{W}}}_{66}\, \underline{\underline{M}}_{66}^1\, \underline{\underline{\Phi}}_{61}(\underline{x}) \tag{14.13}$$

Der neu entstandene Kraftterm auf der rechten Seite von (14.9) ist die plastische generalisierte Wärmekraft.

$$\underline{\Gamma}_n^{pl} := \alpha_\vartheta \int\limits_{\substack{(\text{Element}\\ \text{unverformt})}} dV_x\, \vartheta(\underline{x})\, \underline{\underline{B}}_{6n}^T \underline{\hat{q}}_6 \tag{14.14}$$

Mit (14.10), (14.11), (14.12) und (14.13) kommt aus (14.9) schließlich:

$$\underline{\underline{M}}_{nn}\underline{\dddot{r}}_n + \underline{\underline{K}}_{nn}^{pl}\, \underline{\dot{r}}_n - \gamma_{W\vartheta}(t)\, \underline{\underline{\nabla}}_{n1}^C\, \underline{\bar{\sigma}}_1(t) = \dot{l}_1 \underline{Z}_n + \dot{l}_2 \underline{P}_n + \dot{l}_3 \underline{\Gamma}_n^{pl} \tag{14.15}$$

Hiermit liegt eine Gleichung für den Knotenpunktsverschiebungsvektor $\underline{r}_n$ wie auch für den Spannungsstützstellenvektor $\underline{\bar{\sigma}}_1(t)$ gemäß (14.11) vor. Wir benötigen also noch eine Gleichung für $\underline{\bar{\sigma}}_1(t)$.

Dazu betrachten wir die Werkstoffgleichung (14.8). Würden wir hier $\underline{\sigma}_6(x,t)$ aus (14.11) einsetzen, so würde sich ein Defekt bilden, denn (14.8) ist eigentlich eine Bestimmungsgleichung für $\underline{\sigma}_6$.

Setzen wir also in (14.8) den Ansatz (14.11) ein so entsteht

$$\underline{\underline{\Phi}}_{61}\underline{\dot{\bar{\sigma}}}_1 + \gamma_{W\vartheta}\, \sigma_V^m\, \underline{\underline{\hat{W}}}_{66}\, \underline{\underline{M}}_{66}^1 \underline{\underline{\Phi}}_{61}\underline{\bar{\sigma}}_1 + \dot{l}_3 \alpha_\vartheta\, \vartheta\, \underline{\hat{q}}_6 - \underline{\underline{\hat{W}}}_{66}\underline{\underline{B}}_{6n}\underline{\dot{r}}_n \equiv \underline{DF}_6 \neq 0 \tag{14.16}$$

Nun fordern wir analog zu (13.9), daß $\underline{DF}_6$ im Element im Sinne der Quadratnorm des HILBERT-Raumes minimal sei. Zur Minimierung benutzen wir die Stützstellenwerte $\dot{\sigma}_i$ der Spannungsgeschwindigkeiten im Element. So kommt entsprechend (14.10):

$$\frac{\partial}{\partial \dot{\sigma}_i} \int\limits_{\substack{\text{(Element}\\ \text{unverformt)}}} dV_x \, \underline{DF}_6^T \, \underline{DF}_6 \overset{!}{=} 0 \qquad (i = 1,2,.......l) \qquad (14.17)$$

Hieraus folgt:

$$\gamma_{W\vartheta}(t) \frac{\partial \dot{\underline{\bar{\sigma}}}_l^T}{\partial \dot{\sigma}_i} \int\limits_{\substack{\text{(Element}\\ \text{unverformt)}}} dV_x \, \sigma_V^m \underline{\underline{\Phi}}_{61}^T \, \underline{\underline{\hat{W}}}_{66} \, \underline{\underline{M}}_{66}^1 \, \underline{\underline{\Phi}}_{61} \underline{\bar{\sigma}}_l + \dot{l}_3 \alpha_\vartheta - \frac{\partial \dot{\underline{\bar{\sigma}}}_l^T}{\partial \dot{\sigma}_i} \int\limits_{\substack{\text{(Element}\\ \text{unverformt)}}} dV_x \, \underline{\underline{\Phi}}_{61}^T \underline{\hat{q}}_6 \vartheta +$$

$$+ \frac{\partial \dot{\underline{\bar{\sigma}}}_l^T}{\partial \dot{\sigma}_i} \int\limits_{\substack{\text{(Element}\\ \text{unverformt)}}} dV_x \, \underline{\underline{\Phi}}_{61}^T \, \underline{\underline{\Phi}}_{61} \dot{\underline{\bar{\sigma}}}_l = \frac{\partial \dot{\underline{\bar{\sigma}}}_l^T}{\partial \dot{\sigma}_i} \int\limits_{\substack{\text{(Element}\\ \text{unverformt)}}} dV_x \, \underline{\underline{\Phi}}_{61}^T \, \underline{\underline{\hat{W}}}_{66} \, \underline{\underline{B}}_{6n} \dot{\underline{r}}_n \qquad (14.18)$$

(i= 1,2,..........l).

Nun definieren wir folgende Matrizen:

$$\underline{\underline{\hat{K}}}_{ln}^{pl} := \int\limits_{\substack{\text{(Element}\\ \text{unverformt)}}} dV_x \, \underline{\underline{\Phi}}_{61}^T(\underline{x}) \, \underline{\underline{\hat{W}}}_{66} \, \underline{\underline{B}}_{6n}(\underline{x}) \qquad (14.19)$$

$$\underline{\underline{\hat{V}}}_{ll}^c := \int\limits_{\substack{\text{(Element}\\ \text{unverformt)}}} dV \, \sigma_V^m \, \underline{\underline{\Phi}}_{61}^T \, \underline{\underline{\hat{W}}}_{66} \, \underline{\underline{M}}_{66}^1 \, \underline{\underline{\Phi}}_{61} \qquad (14.20)$$

$$\underline{\underline{\hat{VI}}}_{ll}^c := \int\limits_{\substack{\text{(Element}\\ \text{unverformt)}}} dV_x \, \underline{\underline{\Phi}}_{61}^T \, \underline{\underline{\Phi}}_{61} \qquad (14.20a)$$

$$\underline{\hat{\Gamma}}_l^{pl} := \alpha_\vartheta \int\limits_{\substack{\text{(Element}\\ \text{unverformt)}}} dV_x \, \vartheta \, \underline{\underline{\Phi}}_{61}^T \, \underline{\hat{q}}_6 \qquad (14.21)$$

und beachten wegen (vgl. (13.3)) des Spannungsstützstellenvektors

$$\dot{\underline{\bar{\sigma}}}_l^T = \left[\dot{\sigma}_1, \, \dot{\sigma}_2, \, . \, . \, . \, . \, . \, , \, \dot{\sigma} \right] \qquad (14.22)$$

gilt analog zu (13.12):

$$\frac{\partial \dot{\underline{\sigma}}_l^T}{\partial \dot{\sigma}_i} = \left[0\,0 \ldots 0, \underset{\uparrow\ \text{i-te Stelle}}{1}, 0 \ldots 0 \ldots 0 \right] \tag{14.23}$$

Die Multiplikation von $\partial \dot{\underline{\sigma}}_l^T / \partial \dot{\sigma}_i$ (mit i= 1,2,.........l) filtert also aus den Matrizen (14.19) und (14.20), (14.20a) in (14.18) jeweils nur die i-te Zeile heraus und aus dem Vektor $\underline{\widehat{\Gamma}}_l^{pl}$ das (i)-te Element.

Deshalb können wir für (14.18) schreiben:

$$\underline{\underline{\widehat{\mathbf{V}}\mathbf{I}}}_{ll}^{C}\, \dot{\underline{\sigma}}_l + \gamma_{W\vartheta}(t)\, \underline{\underline{\widehat{\mathbf{V}}}}_{ll}^{C}\, \underline{\sigma}_l - \underline{\underline{\hat{K}}}_{ln}^{pl}\, \dot{\underline{r}}_n = -\, \dot{l}_3\, \underline{\widehat{\Gamma}}_l^{pl} \tag{14.24}$$

Aus (14.15) erhalten wir nun folgende Differentialgleichung 3. Ordnung:

$$\underline{\underline{M}}_{nn}\, \dddot{\underline{r}}_n = -\, \underline{\underline{K}}_{nn}^{pl}\, \dot{\underline{r}}_n + \gamma_{w\vartheta}(t)\, \underline{\underline{\widehat{\mathbf{V}}}}_{nl}^{C}\, \underline{\sigma}_l + \dot{l}_1\, \underline{Z}_n + \dot{l}_2\, \underline{P}_n + \dot{l}_3\, \underline{\Gamma}_n^{pl} \tag{14.25}$$

Diese Differentialgleichung 3. Ordnung können wir auf ein System 1. Ordnung durch folgende Substitutionen (vgl. (11.130)) zurückführen:

$$\dot{\underline{r}}_n = \underline{r}_n^* \; ; \qquad \ddot{\underline{r}}_n = \dot{\underline{r}}_n^* = \underline{r}_n^{**} \tag{14.26}$$

Nun ergibt (15.24) nach $\dot{\underline{\sigma}}_l$ aufgelöst noch:

$$\underline{\underline{\widehat{\mathbf{V}}\mathbf{I}}}_{ll}^{C}\, \dot{\underline{\sigma}}_l(t) = \underline{\underline{\hat{K}}}_{ln}^{pl}\, \dot{\underline{r}}_n - \gamma_{W\vartheta}(t)\, \underline{\underline{\widehat{\mathbf{V}}}}_{ll}^{C}\, \underline{\sigma}_l - \dot{l}_3\, \underline{\widehat{\Gamma}}_l^{pl} \tag{14.27}$$

Unter Beachtung von (14.26) lassen sich dann (14.25) und (14.27) simultan wie folgt schreiben:

$$\underbrace{\begin{bmatrix} \underline{\underline{M}}_{nn} & \underline{\underline{O}}_{nn} & \underline{\underline{O}}_{nn} & \underline{\underline{O}}_{nl} \\ \underline{\underline{O}}_{nn} & \underline{\underline{E}}_{nn} & \underline{\underline{O}}_{nn} & \underline{\underline{O}}_{nl} \\ \underline{\underline{O}}_{nn} & \underline{\underline{O}}_{nn} & \underline{\underline{E}}_{nn} & \underline{\underline{O}}_{nl} \\ \underline{\underline{O}}_{nl} & \underline{\underline{O}}_{ln} & \underline{\underline{O}}_{ln} & \underline{\underline{\widehat{\mathbf{V}}\mathbf{I}}}_{ll}^{C} \end{bmatrix}}_{\underline{\underline{\hat{M}}}_{3n+l;3n+l}} \underbrace{\begin{bmatrix} \dot{\underline{r}}_n^{**} \\ \dot{\underline{r}}_n^{*} \\ \dot{\underline{r}}_n \\ \dot{\underline{\sigma}}_l \end{bmatrix}}_{\dot{\underline{y}}_{3n+l}} = \underbrace{\begin{bmatrix} \underline{\underline{O}}_{nn} & -\underline{\underline{K}}_{nn}^{pl} & \underline{\underline{O}}_{nn} & \gamma_{W\vartheta}\underline{\underline{\widehat{\mathbf{V}}}}_{nl}^{C} \\ \underline{\underline{E}}_{nn} & \underline{\underline{O}}_{nn} & \underline{\underline{O}}_{nn} & \underline{\underline{O}}_{nl} \\ \underline{\underline{O}}_{nn} & \underline{\underline{E}}_{nn} & \underline{\underline{O}}_{nn} & \underline{\underline{O}}_{nl} \\ \underline{\underline{O}}_{ln} & \underline{\underline{\hat{K}}}_{ln}^{pl} & \underline{\underline{O}}_{ln} & -\gamma_{W\vartheta}\underline{\underline{\widehat{\mathbf{V}}}}_{ll}^{C} \end{bmatrix}}_{\underline{\underline{\hat{\hat{\hat{K}}}}}_{3n+l;\,n+l}} \underbrace{\begin{bmatrix} \underline{r}_n^{**} \\ \underline{r}_n^{*} \\ \underline{r}_n \\ \underline{\sigma}_l \end{bmatrix}}_{\underline{y}_{3n+l}}$$

$$
+ \underbrace{\begin{bmatrix} \dot{l}_1 \underline{Z}_n + \dot{l}_2 \underline{P}_n + \dot{l}_3 \underline{\Gamma}_n^{pl} \\ \underline{O}_n \\ \underline{O}_n \\ -\dot{l}_3 \, \underline{\widehat{\Gamma}}_1^{pl} \end{bmatrix}}_{\underline{R}_{3n+1}} \tag{14.28}
$$

Mit den Definitionen aus (14 .28) kann das Problem des Kriechens von Metallen nach NORTON-SODERBERG also folgendermaßen für ein finites Element notiert werden:

$$
\underline{\underline{\hat{M}}}_{3n+1;3n+1} \, \dot{\underline{y}}_{3n+1} = \underline{\underline{\hat{\hat{K}}}}_{3n+1;3n+1} \, \underline{y}_{3n+1} + \underline{R}_{3n+1} \tag{14.29}
$$

Diese Elementgleichung ist nun wiederum gemäß (11.126) oder (14.21) weiterzubehandeln und eine Hypergleichung für die Gesamtstruktur zusammenzustellen, wodurch das Rand-Anfangswertproblem gelöst wird. Dabei bedeuten gemäß (14.28):

$$
\underline{\underline{\hat{M}}}_{3n+1;3n+1} := \begin{bmatrix} \underline{\underline{M}}_{nn} & \underline{\underline{O}}_{nn} & \underline{\underline{O}}_{nn} & \underline{\underline{O}}_{nl} \\ \underline{\underline{O}}_{nn} & \underline{\underline{E}}_{nn} & \underline{\underline{O}}_{nn} & \underline{\underline{O}}_{nl} \\ \underline{\underline{O}}_{nn} & \underline{\underline{O}}_{nn} & \underline{\underline{E}}_{nn} & \underline{\underline{O}}_{nl} \\ \underline{\underline{O}}_{nl} & \underline{\underline{O}}_{ln} & \underline{\underline{O}}_{ln} & \underline{\underline{\widehat{\nabla}}}_{11}^{c} \end{bmatrix} \tag{14.30}
$$

Hierin ist $\underline{\underline{M}}_{nn}$ nach (11.24a) und $\underline{\underline{\widehat{\nabla}}}_{11}^{c}$ nach (14.20a) gegeben, während $\underline{\underline{E}}_{nn}$ die Einheitsmatrix bedeutet. Weiter gilt in (14.29)

$$
\underline{\underline{\hat{\hat{K}}}}_{3n+1;3n+1} := \begin{bmatrix} \underline{\underline{O}}_{nn} & -\underline{\underline{K}}_{nn}^{pl} & \underline{\underline{O}}_{nn} & \gamma_{w\vartheta} \underline{\underline{\nabla}}_{n1}^{c} \\ \underline{\underline{E}}_{nn} & \underline{\underline{O}}_{nn} & \underline{\underline{O}}_{nn} & \underline{\underline{O}}_{nl} \\ \underline{\underline{O}}_{nn} & \underline{\underline{E}}_{nn} & \underline{\underline{O}}_{nn} & \underline{\underline{O}}_{nl} \\ \underline{\underline{O}}_{ln} & \underline{\underline{\hat{K}}}_{1n}^{pl} & \underline{\underline{O}}_{ln} & -\gamma_{w\vartheta} \underline{\underline{\widehat{\nabla}}}_{11}^{c} \end{bmatrix} \tag{14.31}
$$

wobei $\underline{\underline{K}}^{pl}_{nn}$ nach (14.10), $\underline{\underline{V}}^{c}_{nl}$ mit (14.13), $\hat{\underline{\underline{K}}}^{pl}_{ln}$ gemäß (14.19) und $\hat{\underline{\underline{V}}}^{c}_{ll}$ durch (14.20) gegeben sind. Letztlich wird der Vektor $\underline{R}_{3n+1}$ dargestellt durch:

$$\underline{R}_{3n+1} := \begin{bmatrix} \dot{l}_1\,\underline{Z}_n + \dot{l}_2\,\underline{P}_n + \dot{l}_3\,\underline{\Gamma}^{pl}_n \\ \underline{O}_n \\ \underline{O}_n \\ -\dot{l}_3\,\hat{\underline{\Gamma}}^{pl}_l \end{bmatrix} \tag{14.32}$$

Hierbei sind $\underline{P}_n$ und $\underline{Z}_n$ durch (3.37) und (3.38) gegeben, während $\underline{\Gamma}^{pl}_n$ mit (14.14) und $\hat{\underline{\Gamma}}^{pl}_l$ durch (14.21) dargestellt sind. Der unbekannte Lösungsvektor $\underline{y}_{3n+1}$ aus (14.29) ist gemäß (14.28) und (14.26) gegeben

$$\underline{y}^{T}_{3n+1} := \left[\ \ddot{\underline{r}}^{T}_{n}\ ,\ \dot{\underline{r}}^{T}_{n}\ ,\ \underline{r}^{T}_{n}\ ,\ \bar{\underline{\sigma}}^{T}_{l}\ \right] \tag{14.33}$$

Die Anfangswerte können mit Hilfe von (11.66) ermittelt werden, wobei $\dot{\underline{r}}_n(0)$, $\underline{r}_n(0)$ und $\bar{\underline{\sigma}}_l(0)$ vorgegeben sein müssen (vgl. dazu (11.132)).

Die Integration der Differentialgleichung (14.29) ist nun wieder eine Standardaufgabe der numerischen Mathematik, für die, wie schon öfter erwähnt, das Differenzenverfahren oder jenes von NEWTON-RAPHSON oder RUNGE-KUTTA herangezogen werden kann. Allerdings muß vorher noch die Differentialgleichung für die Gesamtstruktur durch kompatibles und gleichgewichtiges Zusammensetzen der finiten Elemente aufgestellt werden.

15 BEHANDLUNG DER NAVIER-STOKEschen STRÖMUNGSGLEICHUNGEN UND DIE AXIOMATIK DER MECHANIK

15.1 Bemerkungen zu den Axiomen der Mechanik

Die Mechanik ist die Lehre von der Bewegung der Körper unter Lasten. Es gilt dabei feste Körper, flüssige und gasförmige Körper zu unterscheiden. Um die Bewegung der Körper studieren zu können, benötigt man Angaben über die stoffliche Beschaffenheit der Körper (Werkstoffgesetze und Zustandsgleichungen) sowie einen Satz von Postulaten über die Physik der Körper. Diese Postulate, die nur verifizierbar aber nicht beweisbar sind, bezeichnen wir als die Axiome. Die Mechanik wird durch 5 Axiome bestimmt. Im einzelnen sind diese:

α)

Der Satz von der Erhaltung der Masse oder Massenerhaltungssatz. Vergleiche hierzu (7.94) und die Kontinuitätsgleichung (7.95), durch die die Massenerhaltung analytisch formuliert wird. Auch in (11.24a) und (11.31) wurde die Massenerhaltung benutzt bei der Transformation von Integralen aus dem EULERschen in den LAGRANGEschen Parameterraum.

β)

Der Satz von der Änderung des Impulses oder der Satz vom Gleichgewicht. Diese Impulsaussagen sind besonders wichtig in der Punkt- und Starrkörpermechanik (HAMILTONsche Gleichungen).

γ)

Der Satz von der Existenz eines symmetrischen Spannungstensors (BOLTZMANN). Dieses Axiom liefert zusammen mit β) wertvolle Gleichgewichtsaussagen im Kontinuum, wie wir sie in (2.11) (CAUCHY-NEWTON), (7.77) (EULER) oder in (11.15) (D'ALEMBERT) formuliert haben.

δ)

Der Satz von der Erhaltung der Energie oder Energieerhaltungssatz (1. Hauptsatz der Thermodynamik).

Dieses Axiom war zur Determinierung fester Körper oder bei nicht reibungsbehafteten Strömungen zur Ermittlung der gesuchten Funktionen nicht erforderlich.

Man hat nämlich beim festen Körper mit den Werkstoffgleichungen, den geometrischen Beziehungen und den Gleichgewichtsaussagen (vgl. Abschnitt 2.5) fünfzehn Lösungsgleichungen für die fünfzehn Unbekannten $\underline{\sigma}_6$, $\underline{\varepsilon}_6$ *und* $\underline{s}_3$.

Im Falle der Potentialströmungen ohne Reibung reichen die Axiome von α) bis γ) ebenfalls aus, weil für die gesuchten fünf Funktionen $\underline{v}_3$, p *und* ρ *die fünf Gleichungen (7.95), (7.79) und (7.90) zur Verfügung stehen.*

Im Falle von rotationsfreien idealen und viskosen Strömungen, wie wir sie in diesem Kapitel behandeln werden, tritt noch die vom Ort und von der Zeit abhängige Temperaturverteilung zu den fünf Funktionen der reibungsfreien Strömung hinzu, so daß sechs gesuchte Funktionen vorliegen, nämlich $\underline{v}_3$, p, ρ *und* ϑ. *Deshalb muß in diesem Fall der Satz von der Erhaltung der Energie mit herangezogen werden, um alle sechs gesuchten Funktionen ermitteln zu können.*

ε)

Der Satz von der Verteilung der Energie oder Entropiesatz (2. Hauptsatz der Thermodynamik - vgl. dazu [SZA-56] Seite 441 Formel (23.2)).

Dieses Postulat wird dann erforderlich, wenn man die in idealen Fluiden möglichen Stoßflächen analytisch behandeln will. Dann entstehen beim Übergang von Elementen nach der Stoßfront Sprünge in den Zustandsgrößen. Für die Berechnung solcher Sprungstellen ermittelt man Grenzwertgleichungen aus der Kontinuitätsgleichung (siehe α), aus der Impulsgleichung (siehe β), aus dem Energieerhaltungssatz (siehe δ) und schließlich aus dem Entropiesatz gemäß ε. So enstehen die allgemeinen Gleichungen für die Flächen der Verdichtungsstöße (vgl. dazu [SZA-56] Seite 442 Gleichungen (23.8), (23.12), (23.16) und (23.19)).

Die von uns in den nächsten Abschnitten zu behandelnden Fluide sind kompressible, instationäre, reibungsbehaftete Strömungen, bei denen gelten soll

$$\underline{\nabla}_3 \times \underline{v}_3 \equiv 0 \tag{15.1}$$

(vgl. 7.78), also die Rotationsfreiheit. Da es sich um sogenannte ideale

Fluide handeln soll, gilt weiter für die innere Energie U idealer Flüssigkeiten und Gase

$$U(\vartheta) = \alpha_p \vartheta \tag{15.2}$$

(vgl. dazu [CHU-82] Seite 274 Formel (6.8) und Seite 276 Formel (6.13)). Die innere Energie hängt nur von der Temperatur ϑ ab. Außerdem soll für die von uns anschließend behandelten viskosen Fluide das NEWTONSCHE Zähigkeitsgesetz gelten, das man wie folgt schreiben kann

$$\underline{\sigma}_6 := \mu \, \hat{\underline{\underline{\nabla}}}_{63} \, \underline{v}_3 \tag{15.3}$$

wobei gilt

$$\hat{\underline{\underline{\nabla}}}_{63} := \begin{bmatrix} 2\frac{\partial}{\partial z_1} & 0 & 0 \\ 0 & 2\frac{\partial}{\partial z_2} & 0 \\ 0 & 0 & 2\frac{\partial}{\partial z_3} \\ \frac{\partial}{\partial z_2} & \frac{\partial}{\partial z_1} & 0 \\ 0 & \frac{\partial}{\partial z_3} & \frac{\partial}{\partial z_2} \\ \frac{\partial}{\partial z_3} & 0 & \frac{\partial}{\partial z_1} \end{bmatrix} + \frac{\mu^*}{\mu} \begin{bmatrix} 1 \\ 1 \\ 1 \\ 0 \\ 0 \\ 0 \end{bmatrix} \underline{\nabla}_3^T \tag{15.4}$$

(vgl. dazu [SZA-56] Seite 405 Formel (20.4) und (20.5)). In (15.4) muß man beachten, daß die Zähigkeiten lineare Funktionen der Temperatur sind, also gilt

$$\mu = a\,\vartheta(\underline{z}_3, t) \qquad \mu^* = b\,\vartheta(\underline{z}_3, t) \tag{15.5}$$

(vgl. [CHU-82], Seite 273), wobei a und b Zähigkeitskonstanten sind.

15.2 Das System der aerodynamischen Lösungsgleichungen

Im Falle viskoser Flüssigkeiten ist die EULERsche Gleichung (7.79) infolge der Reibung durch einen symmetrischen Zusatzspannungstensor zu ergänzen derart, daß anstelle der Druckfunktion p oder anstelle von $\underline{\sigma}_6$ in (11.15) zu setzen ist

$$\underline{\sigma}_6 \hat{=} +p \begin{bmatrix} 1 \\ 1 \\ 1 \\ 0 \\ 0 \\ 0 \end{bmatrix} - \mu \hat{\underline{\underline{\nabla}}}_{63} \underline{v}_3 \qquad (15.6)$$

(vgl. dazu [CHU-82] Seite 273 Formel 6.3a und [SZA-56] Seite 405 Formel (204) und (20.5)). Es handelt sich bei (15.6) nicht um ein neues Axiom, sondern um eine Aussage über das Stoffverhalten, was man daran erkennt, daß die Zähigkeitskonstanten a und b in (15.5) durch Versuche ermittelt werden müssen. Ersetzt man in der EULERschen Gleichung (7.79) den Druck p durch (15.6) und substituiert vorher im letzten Term von (7.79) den NABLA-Vektor analog zu (1.11) durch die NABLA-Matrix, so kommt aus (7.79)

$$\frac{\partial \underline{v}_3}{\partial t} + \underline{\nabla}_3 \frac{\underline{v}_3^T \underline{v}_3}{2} + \frac{1}{\rho} \underline{\underline{\nabla}}_{36}\, p \begin{bmatrix} 1 \\ 1 \\ 1 \\ 0 \\ 0 \\ 0 \end{bmatrix} - \frac{1}{\rho} \underline{\underline{\nabla}}_{36}\, \mu\, \hat{\underline{\underline{\nabla}}}_{63} \underline{v}_3 = 0 \qquad (15.7)$$

Die Stoffbeziehung aus (15.6) ist ähnlich dem HOOKEschen Gesetz aus (2.69) (vgl. dazu auch den Text in [SZA-56], Seite 405 oben).

Nun kommt mit (1.15) und (15.5) aus (15.7), wenn man in (1.15) x, y, z durch z_1, z_2, z_3 ersetzt:

$$\frac{\partial \underline{v}_3}{\partial t} = a \frac{\vartheta}{\rho} \underline{\underline{\nabla}}_{36} \hat{\underline{\underline{\nabla}}}_{63} \underline{v}_3 + \frac{a}{\rho} \overset{\curvearrowright}{\underline{\underline{\nabla}}_{36}\, \vartheta}\; \overset{\curvearrowright}{\hat{\underline{\underline{\nabla}}}_{63}\, \underline{v}_3} - \frac{1}{\rho} \begin{bmatrix} \frac{\partial p}{\partial z_1} \\ \frac{\partial p}{\partial z_2} \\ \frac{\partial p}{\partial z_3} \end{bmatrix} - \underline{\nabla}_3 \frac{\underline{v}_3^T \underline{v}_3}{2} \qquad (15.8)$$

Unter Beachtung von (7.75) kann man nun die Gleichgewichtsaussage (15.8) endgültig schreiben:

$$\rho \frac{\partial \underline{v}_3}{\partial t} = a\,\vartheta \,\underline{\underline{\overset{z}{\nabla}}}_{36}\, \underline{\underline{\hat{\overset{z}{\nabla}}}}_{63}\, \underline{v}_3 + a\, \underline{\underline{\overset{z}{\nabla}}}_{36}\, \vartheta\, \underline{\underline{\hat{\overset{z}{\nabla}}}}_{63}\, \underline{v}_3 - \underline{\overset{z}{\nabla}}_3\, p - \rho\, \underline{\overset{z}{\nabla}}_3 \frac{\underline{v}_3^T\, \underline{v}_3}{2} \tag{15.9}$$

Dieses sind drei skalare Gleichungen für die sechs Funktionen $\underline{v}_3(\underline{z}_3,t)$, $\rho(\underline{z}_3, t)$, $p(\underline{z}_3,t)$ und $\vartheta(\underline{z}_3,t)$.

Man nennt die Gleichungen (15.9) die NAVIER-STOKEschen Gleichungen der viskosen Fluide. Die Gleichgewichtsaussage (15.9) wurde ausgehend von dem CAUCHY-NEWTONschen Axiom (11.15) gewonnen. Nach Einführen einer Druckfunktion für die Fluide gelangt man dann zu den EULERschen Gleichungen gemäß (7.79), falls man rotations- und reibungsfreie Fluide behandeln will.

Durch die zusätzliche Berücksichtigung von Zähigkeiten mittels des NEWTONschen Zähigkeitsgesetzes gemäß (15.3) kommen wir schließlich zur NAVIER-STOKEschen Gleichung (15.9) (vgl. dazu [SZA-56] Seite 405 Formel (20.9) für den Fall, daß die Zähigkeiten μ und μ^* temperaturunabhängig sind). Aus dem Massenerhaltungssatz erhielten wir in (7.95) die Kontinuitätsgleichung für das Geschwindigkeitsfeld und die Dichte. Damit haben wir eine vierte Gleichung zur Lösung unserer Aufgabe vorliegen.

Eine fünfte Gleichung zur Ermittlung unserer sechs unbekannten Funktionen wird uns durch den Satz von der Erhaltung der Energie geliefert (1. Hauptsatz der Thermodynamik).

Bei Abwesenheit von Strahlungsintensität und Volumenskräften können wir die Energieerhaltung wie folgt notieren: Wir betrachten ein abgeschlossenes Volumen mit der Oberfläche O im EULERschen Parameterraum. In dem von der stetigen Oberfläche O eingeschlossenen Volumenteil V gibt es eine innere Energie U gemäß (15.2) und kinetische Energie, so daß wir schreiben können

$$\frac{dE}{dt} := \int_V dV \rho \frac{d}{dt}\left(U + \frac{\underline{v}_3^T \underline{v}_3}{2}\right) \tag{15.10}$$

Diese inneren Energieanteile stehen im Gleichgewicht mit der ein- oder ausströmenden Wärmemenge dQ/dt. Mit dem Wärmestromvektor $\underline{a}_3$ kommt dann unter Berücksichtigung des GAUßschen Integralsatzes gemäß (1.3) oder (1.18) ($\underline{n}_3$ = äußere Normale)

$$\frac{dQ}{dt} := -\int_O dF\, \underline{n}_3^T\, \underline{a}_3 = -\int_V dV\, \underline{\overset{z}{\nabla}}_3^T\, \underline{a}_3 \tag{15.11}$$

Außerdem liefert die äußere Arbeit A_A einen Beitrag zur Änderung der Energie in der Zeit (vgl. 2.81). Mit BOLTZMANN (2.19) und dem GAUßschen Integralsatz erhält man dann

$$\frac{dA_A}{dt} := \int_O dF\, \underline{k}_3^T\, \underline{v}_3 = \int_O dF\, \underline{\sigma}_6^T\, \underline{\underline{N}}_{36}^T\, \underline{v}_3 = \int_V dV \left(\underline{\sigma}_6^T\, \underline{\underline{\nabla}}_{36}^{z\,T}\, \underline{v}_3 \right)$$

$$= \int_V dV\, \underline{\sigma}_6^T\, \overleftarrow{\underline{\underline{\nabla}}}{}_{36}^{z\,T}\, \underline{v}_3 + \int_V dV\, \underline{\sigma}_6^T\, \overrightarrow{\underline{\underline{\nabla}}}{}_{36}^{z\,T}\, \underline{v}_3 \tag{15.12}$$

Beachtet man nun noch die Gleichgewichtsbedingung nach CAUCHY-NEWTON gemäß (2.11), so erhält man bei Abwesenheit von Volumenkräften aus (15.12)

$$\frac{dA_A}{dt} = \int_V dV\, \underline{\sigma}_6^T\, \overrightarrow{\underline{\underline{\nabla}}}{}_{36}^{z\,T}\, \underline{v}_3 + \int_V dV\, \rho \frac{d}{dt} \frac{\underline{v}_3^T\, \underline{v}_3}{2} \tag{15.13}$$

Abschließend berücksichtigen wir noch die Beziehung für den Wärmestromvektor $\underline{a}_3$ gemäß [CHU-82] Seite 274 Formel G.8

$$\underline{a}_3 := \varkappa\, \underline{\nabla}_3^z\, \vartheta \tag{15.14}$$

wobei $\varkappa$ gemäß (7.89) gegeben ist.

Nun liefert die Energiebilanz

$$\frac{dE}{dt} = \frac{dA_A}{dt} + \frac{dQ}{dt} \tag{15.15}$$

wobei keine Strahlungsenergie berücksichtigt wurde. Wenn man in (15.15) die Formeln (15.10), (15.2), (15.11), (15.14) und (15.13) einsetzt kommt

$$\rho\, \alpha_p \frac{d\vartheta}{dt} = \underline{\sigma}_6^T\, \overrightarrow{\underline{\underline{\nabla}}}{}_{36}^{z\,T}\, \underline{v}_3 - \varkappa\, \underline{\nabla}_3^{z\,T}\, \underline{\nabla}_3^z\, \vartheta \tag{15.16}$$

Hierbei wurde der sich ergebende Integrand Null gesetzt, weil V beliebig ist. Wir hatten gelernt, daß bei viskosen Fluiden der Spannungsvektor $\underline{\sigma}_6$ gemäß (15.6) zu ersetzen ist. Setzt man also nun (15.6) in (15.16) ein und führt die totale Differentiation $d\vartheta/dt$ im EULER-Raum entsprechend (7.76a) aus, so erhält man

$$\alpha_p \rho \frac{\partial \vartheta}{\partial t} = p \underline{\nabla}_3^T \underline{v}_3 - \left[\alpha_p \rho \underline{v}_3^T + \varkappa \underline{\nabla}_3^T \right] \underline{\nabla}_3 \vartheta - a\vartheta \underline{v}_3^T \hat{\underline{\underline{\nabla}}}_{63}^T \underline{\underline{\nabla}}_{36}^T \underline{v}_3 \tag{15.17}$$

Damit haben wir eine 5. Gleichung zur Bestimmung der gesuchten sechs Funktionen $\underline{v}_3(\underline{z}_3,t)$, $p(\underline{z}_3,t)$, $\rho(\underline{z}_3,t)$ und $\vartheta(\underline{z}_3,t)$ gefunden.

Die noch fehlende sechste Gleichung gewinnen wir durch eine Stoffgleichung, nämlich durch die Zustandsgleichung für kompressible, temperaturabhängige Fluide

$$p = R \rho \vartheta \tag{15.18}$$

(vgl. dazu [CHU-82] Seite 276 Formel (6.13) und [SZA-56] Seite 416 Formel (21.4) sowie [FÖR-74] Seite 155 Formel (3.10)). R in (15.18) nennt man die Gaskonstante und ϑ bedeutet in den Gleichungen (15.9), (15.3), (15.17) und (15.18) die absolute Temperatur.

Nun können wir gemäß (15.18) den Druck p in den Gleichungen (15.9) und (15.17), Gleichgewichts- und Energiegleichung, eliminieren. So entstehen zusammen mit der Kontinuitätsgleichung (7.94) fünf Lösungsgleichungen für $\underline{v}_3$, ρ und ϑ. Man kann schreiben

$$\rho \frac{\partial \underline{v}_3}{\partial t} + \underline{f}_3(\underline{v}_3, \rho, \vartheta) = 0 \qquad \textit{Gleichgewicht}$$

$$\frac{\partial \rho}{\partial t} + g(\underline{v}_3, \rho) = 0 \qquad \textit{Kontinuität}$$

$$\alpha_p \rho \frac{\partial \vartheta}{\partial t} + h(\underline{v}_3, \rho, \vartheta) = 0 \qquad \textit{Energie} \tag{15.19}$$

wobei sich wegen (15.9) und (7.95) ergibt

$$\underline{f}_3 := \rho \underline{\nabla}_3 \frac{\underline{v}_3^T \underline{v}_3}{2} - a\vartheta \underline{\underline{\nabla}}_{36} \hat{\underline{\underline{\nabla}}}_{63} \underline{v}_3 - a \underline{\underline{\nabla}}_{36} \vartheta \hat{\underline{\underline{\nabla}}}_{63} \underline{v}_3 + R \left(\underline{\nabla}_3 \rho \vartheta \right) \tag{15.20 a}$$

$$g := \underline{v}_3^T \underline{\nabla}_3 \rho + \rho \underline{\nabla}_3^T \underline{v}_3 \tag{15.20 b}$$

und gemäß (15.17) schreiben wir

$$h \;:=\; a\,\vartheta\, \underline{v}_3^T \;\underline{\underline{\overset{z}{\nabla}}}_{63}^T\, \underline{\underline{\overset{z}{\nabla}}}_{36}\, \underline{v}_3 \;-\; R\,\rho\,\vartheta\, \underline{\overset{z}{\nabla}}_3^T\, \underline{v}_3 \;+\; \left(\underline{\alpha}_p\, \rho\, \underline{v}_3^T \;+\; \varkappa\, \underline{\overset{z}{\nabla}}_3^T\right) \underline{\overset{z}{\nabla}}_3\, \vartheta \tag{15.20 c}$$

Mit Hilfe des Gleichungssystems (15.20) von a bis c, das 5 skalaren Gleichungen entspricht, können nun rotationsfreie, ideale Fluide, die instationär, kompressibel und viskos strömen, behandelt werden.

15.3 Die finiten Element Gleichungen des Problems (15.19)

Die finite Element Behandlung von Festkörperproblemen einerseits und die Behandlung von Fluiden andererseits unterscheiden sich grundlegend voneinander. Beim Festkörper nämlich spielt die unbelastete Ausgangskonfiguration (LAGRANGEsche Beschreibung) eine zentrale Rolle, weil Verzerrungsfelder per definitionem nur durch den Vergleich von momentaner Lage (EULERsche Beschreibung) und Ausgangskonfiguration ermittelt werden können und außerdem das Gleichgewicht am *verformten* finiten Element zu jeder Zeit bestehen muß (vgl. dazu BILD 11.3 und Gleichung (11.15)) .

Bei den Fluiden gilt es, in jeweils einem finiten Element, das Geschwindigkeitsfeld, das Druckfeld, die Dichten und ggf. das Temperaturfeld zu ermitteln (vgl. BILD 9.5 und Gleichung (15.19)). Zusammenfassend darf man feststellen: Das finite Element des festen Körpers wird durch eine bestimmte, feste Menge von Massenpunkten gebildet, während das finite Element im Fluid den Bezirk kennzeichnet, in dem wir die Geschwindigkeiten der durch diesen Bezirk strömenden Masseteilchen beobachten, die dort sich bildenden Dichteverteilungen, Drücke und Temperaturen! Für die Darstellung der Geschwindigkeiten innerhalb eines finiten Elementes wählen wir im Sinne der Methode der finiten Elemente wieder Formfunktionen und schreiben so für die Geschwindigkeitsvektoren gemäß (7.33) und (7.34)

$$\underline{v}_3 \;:=\; \underline{\underline{\psi}}_{31}(\underline{z}_3)\, \underline{\varrho}_1(t) \tag{15.21}$$

Hierin bedeutet $\underline{\underline{\psi}}_{31}(\underline{z}_3)$ die rechteckige Formfunktionsmatrix entsprechend (3.9) und $\underline{\varrho}_1(t)$ ist der Knotenpunktsgeschwindigkeitsvektor gemäß (3.10). Für die Dichteverteilung im Element setzen wir

$$\rho \;:=\; \underline{\Phi}_n^T(\underline{z}_3)\;\underline{r}_n(t) \tag{15.22}$$

Hierin bedeutet $\underline{\Phi}_n(\underline{z}_3)$ den Spaltenvektor der n Formfunktionen für die Dichte im finiten Element, also

$$\underline{\Phi}_n^T(\underline{z}_3) \;=\; \left[\,\underline{\Phi}_1(\underline{z}_3)\,,\;\underline{\Phi}_2(\underline{z}_3)\,,\;\cdot\cdot\cdot\cdot\cdot\,,\;\underline{\Phi}_n(\underline{z}_3)\,\right] \tag{15.22a}$$

und $\underline{r}_n(t)$ ist der Knotenpunktsvektor der Dichten in den Knotenpunkten. Letztlich definieren wir noch für die Temperaturverteilungen im Element

$$\vartheta \;:=\; \underline{X}_n^T(\underline{z}_3)\;\underline{\tau}_n(t) \tag{15.23}$$

wobei $\underline{X}_n(\underline{z}_3)$ der Vektor der Formfunktionen analog zu (15.22a) für die absoluten Temperaturen ist und $\underline{\tau}_n(t)$ der Knotenpunktsvektor der Temperaturen an den Knotenpunkten des Elementes. Mit den Ansätzen (15.21), (15.22) und (15.23) gehen wir nun in (15.19) ein und erhalten in jeder der drei Gleichungen ein von Null verschiedenes Residuum. Dann werden wir im Sinne von (7.16) jedes dieser Residuen minimieren. Als Entwicklungsfunktionen für die Residuen von (15.19) wählen wir (vgl. 7.12)

$$\overset{(i)}{\underline{\eta}}_3 \;:=\; \underline{\underline{\psi}}_{31}(\underline{z}_3)\;\delta\overset{(i)}{\underline{\rho}}_1 \qquad \text{in } \overset{(i)}{V}\,,\quad \text{sonst Null} \tag{15.24}$$

und

$$\overset{(i)}{\xi} \;:=\; \underline{\Phi}_n^T(\underline{z}_3)\;\delta\overset{(i)}{\underline{r}}_n \qquad \text{in } \overset{(i)}{V}\,,\quad \text{sonst Null} \tag{15.25}$$

sowie

$$\overset{(i)}{\zeta} \;:=\; \underline{X}_n^T(\underline{z}_3)\;\delta\overset{(i)}{\underline{\tau}}_n \qquad \text{in } \overset{(i)}{V}\,,\quad \text{sonst Null} \tag{15.26}$$

Das Residuum der ersten Gleichung von (15.19) entwickeln wir nach (15.24) und erhalten mit (7.18) ein kleinstmögliches Residuum, wenn

$$\int\limits_{(\overset{(k)}{V})} dV\,\rho\,\overset{(k)}{\underline{\eta}}_3^{\,T}\,\frac{\partial \underline{v}_3}{\partial t} \;+\; \int\limits_{(\overset{(k)}{V})} dV\,\overset{(k)}{\underline{\eta}}_3\,\underline{f}_3^T \;=\; 0 \tag{15.27}$$

gilt. Aus der zweiten Gleichung von (15.19) kommt mit (15.25)

$$\int\limits_{\left(\overset{(k)}{V}\right)} dV\, \overset{(k)}{\xi}\, \frac{\partial \rho}{\partial t} \;+\; \int\limits_{\left(\overset{(k)}{V}\right)} dV\, \overset{(k)}{\xi}\, g \;=\; 0 \qquad (15.28)$$

Schließlich wird durch die intervall-orthogonale Funktion (15.26) aus der 3. Gleichung von (15.19)

$$\alpha_p \int\limits_{\left(\overset{(k)}{V}\right)} dV\, \overset{(k)}{\zeta}\, \rho\, \frac{\partial \vartheta}{\partial t} \;+\; \int\limits_{\left(\overset{(k)}{V}\right)} dV\, \overset{(k)}{\zeta}\, h \;=\; 0 \qquad (15.29)$$

Die von uns eingeführten intervall-orthogonalen Funktionssysteme gemäß (15.24), (15.25), (16.26) oder (7.12) werden oft auch als "Gewichtsfunktionen" für ein gewichtetes Mittel ad hoc eingeführt (vgl. z.B. [CHU-82] Seite 272).

Nun kann man (15.27), wenn man (15.24) einsetzt, wie folgt notieren, falls man die Beliebigkeit von $\delta \overset{(i)}{\underline{\rho}}_1$ aus (15.24) beachtet und (15.21)

$$\underline{\underline{A}}_{11}(t)\, \dot{\underline{\rho}}_1 \;+\; \overset{(1)}{\underline{b}}_1(t) \;+\; R\, \overset{(2)}{\underline{b}}_1(t) \;-\; a\left(\overset{(3)}{\underline{b}}_1(t) \;+\; \overset{(4)}{\underline{b}}_1(t) \right) \;=\; 0 \qquad (15.30)$$

Hierin bedeutet, wenn man (15.20a) berücksichtigt

$$\underline{\underline{A}}_{11}(t) \;:=\; \int\limits_{\left(\overset{(k)}{V}\right)} dV\, \rho\, \underline{\underline{\Psi}}_{31}^{T}\, \underline{\underline{\Psi}}_{31} \qquad (15.30a)$$

$$\overset{(1)}{\underline{b}}_1(t) \;:=\; \frac{1}{2} \int\limits_{\left(\overset{(k)}{V}\right)} dV\, \rho\, \underline{\underline{\Psi}}_{31}^{T} \left(\underline{\overset{z}{\nabla}}_3\, \underline{v}_3^{T}\, \underline{v}_3 \right) \qquad (15.30b)$$

$$\overset{(2)}{\underline{b}}_1(t) \;:=\; \int\limits_{\left(\overset{(k)}{V}\right)} dV\, \underline{\underline{\Psi}}_{31}^{T} \left(\underline{\overset{z}{\nabla}}_3\, \rho\, \vartheta \right) \qquad (15.30c)$$

$$\overset{(3)}{\underline{b}}_1(t) \;:=\; \int\limits_{\left(\overset{(k)}{V}\right)} dV\, \vartheta\, \underline{\underline{\Psi}}_{31}^{T} \left(\underline{\underline{\overset{z}{\nabla}}}_{36}\, \underline{\underline{\widehat{\overset{z}{\nabla}}}}_{63}\, \underline{v}_3 \right) \qquad (15.30d)$$

$$\overset{(4)}{\underline{b}}_1(t) \;:=\; \int\limits_{\left(\overset{(k)}{V}\right)} dV\, \underline{\underline{\Psi}}_{31}^{T} \left(\underline{\underline{\overset{z}{\nabla}}}_{36}\, \vartheta \right) \left(\underline{\underline{\widehat{\overset{z}{\nabla}}}}_{63}\, \underline{v}_3 \right) \qquad (15.30e)$$

Um eine zweite finite Gleichung zu gewinnen, setzen wir in (15.28) $\overset{(k)}{\xi}$ nach (15.25), g aus (15.20b) und ρ aus (15.22) ein. So entsteht, wenn wir $\delta \overset{(k)T}{\underline{r}_n}$ gleich weglassen

$$\underline{\underline{B}}_{nn} \, \dot{\underline{r}}_n + \overset{(1)}{\underline{c}}_n(t) + \overset{(2)}{\underline{c}}_n(t) = 0 \tag{15.31}$$

Hierin bedeutet, wenn man (15.20b) berücksichtigt

$$\underline{\underline{B}}_{nn} := \int\limits_{\left(\overset{(k)}{V}\right)} dV \, \underline{\Phi}_n \, \underline{\Phi}_n^T \tag{15.32a}$$

$$\overset{(1)}{\underline{c}}_n(t) := \int\limits_{\left(\overset{(k)}{V}\right)} dV \, \underline{\Phi}_n \, \underline{v}_3^T \left(\underline{\overset{z}{\nabla}}_3 \, \rho \right) \tag{15.32b}$$

und

$$\overset{(2)}{\underline{c}}_n(t) := \int\limits_{\left(\overset{(k)}{V}\right)} dV \, \rho \, \underline{\Phi}_n \left(\underline{\overset{z}{\nabla}}_3^T \, \underline{v}_3 \right) \tag{15.32c}$$

Um nun die letzte Bestimmungsgleichung für die Unbekannten $\underline{v}_3$, ρ und ϑ zu gewinnen, setzen wir in (15.29) $\overset{(k)}{\zeta}$ aus (15.26) ein und beachten (15.20c) sowie (15.23). Dann kommt

$$\underline{\underline{C}}_{nn}(t) \, \dot{\underline{t}}_n + a \, \overset{(1)}{\underline{e}}_n(t) - R \, \overset{(2)}{\underline{e}}_n(t) + \overset{(3)}{\underline{e}}_n(t) = 0 \tag{15.33}$$

wobei gilt

$$\underline{\underline{C}}_{nn}(t) := \alpha_p \int\limits_{\left(\overset{(k)}{V}\right)} dV \rho \, \underline{X}_n \, \underline{X}_n^T \tag{15.33a}$$

$$\overset{(1)}{\underline{e}}_n(t) := \int\limits_{\left(\overset{(k)}{V}\right)} dV \, \vartheta \, \underline{X}_n \left(\underline{v}_3^T \, \underline{\underline{\widehat{\overset{z}{\nabla}}}}_{63}^T \right) \left(\underline{\underline{\overset{z}{\nabla}}}_{36}^T \, \underline{v}_3 \right) \tag{15.33b}$$

$$\overset{(2)}{\underline{e}}_n(t) := \int\limits_{\left(\overset{(k)}{V}\right)} dV \rho \, \vartheta \, \underline{X}_n \left(\underline{\overset{z}{\nabla}}_3^T \, \underline{v}_3 \right) \tag{15.33c}$$

und

$$\overset{(3)}{\underline{e}}_n(t) \;:=\; \int\limits_{(\overset{(k)}{V})} dV\, \underline{X}_n \left(\alpha_p\, \rho\, \underline{v}_3^T + \varkappa\, \underline{\nabla}_3^T \right) \underline{\nabla}_3\, \vartheta \tag{15.33d}$$

Die drei Gleichungen (15.30), (15.32) und (15.33) können wir in *einer* Matrizenhypergleichung zusammenfassen. So kommt

$$\underbrace{\begin{bmatrix} \underline{\underline{A}}_{11}(t) & \underline{\underline{O}}_{1n} & \underline{\underline{O}}_{1n} \\ \underline{\underline{O}}_{n1} & \underline{\underline{B}}_{nn} & \underline{\underline{O}}_{nn} \\ \underline{\underline{O}}_{n1} & \underline{\underline{O}}_{nn} & \underline{\underline{C}}_{nn}(t) \end{bmatrix}}_{\underline{\underline{SH}}(t)_{(1+2n),(1+2n)}} \underbrace{\begin{bmatrix} \dot{\underline{\rho}}_1 \\ \dot{\underline{r}}_n \\ \dot{\underline{\tau}}_n \end{bmatrix}}_{\dot{\underline{x}}_{1+2n}} = - \underbrace{\begin{bmatrix} \overset{(1)}{\underline{b}}_1(t) + R\,\overset{(2)}{\underline{b}}_1(t) - a\left(\overset{(3)}{\underline{b}}_1(t) + \overset{(4)}{\underline{b}}_1(t)\right) \\ \overset{(1)}{\underline{C}}_n(t) + \overset{(2)}{\underline{C}}_n(t) \\ a\,\overset{(1)}{\underline{e}}_n(t) - R\,\overset{(2)}{\underline{e}}_n(t) + \overset{(3)}{\underline{e}}_n(t) \end{bmatrix}}_{\underline{k}(t)_{1+2n}} \tag{15.34}$$

Die quadratische Systemmatrix in (15.34) hat (1+2n) Zeilen und (1+2n) Spalten. $\underline{\underline{A}}_{11}(t)$ ist gemäß (15.30a) $\underline{\underline{B}}_{nn}$ nach (15.32a) und $\underline{\underline{C}}_{nn}(t)$ durch (15.33a) gegeben .

Mit den Definitonen aus (15.34) können wir nun für jedes finite Element des Fluids k schreiben

$$\overset{(k)}{\underline{\underline{SH}}}_{mm}(t)\; \overset{(k)}{\dot{\underline{x}}}_m = \overset{(k)}{\underline{k}}_m(t) \qquad \text{wobei gilt } m=1+2n \tag{15.35}$$

Für j Elemente können wir also analog zu (3.28) als Hypergleichung notieren

$$\begin{bmatrix} \overset{(1)}{\underline{\underline{SH}}}_{mm}(t) & & \\ & \overset{(2)}{\underline{\underline{SH}}}_{mm}(t) & \underline{\underline{0}} \\ & \ddots & \\ \underline{\underline{0}} & & \overset{(j)}{\underline{\underline{SH}}}_{mm}(t) \end{bmatrix} \begin{bmatrix} \overset{(1)}{\dot{\underline{x}}}_m \\ \overset{(2)}{\dot{\underline{x}}}_m \\ \vdots \\ \overset{(j)}{\dot{\underline{x}}}_m \end{bmatrix} = \begin{bmatrix} \overset{(1)}{\underline{k}}_m(t) \\ \overset{(2)}{\underline{k}}_m(t) \\ \vdots \\ \overset{(j)}{\underline{k}}_m(t) \end{bmatrix} \tag{15.36}$$

So dürfen wir als Hypergleichung über alle j Elemente mit den Definitionen aus (15.36) schreiben

$$\underline{\underline{\mathfrak{T}}}_{jm,jm}(t) \cdot \dot{\underline{\mathfrak{v}}}_{jm} = \underline{\mathfrak{k}}_{jm}(t) \tag{15.37}$$

Dabei ist $\underline{\underline{\mathfrak{T}}}_{jm,jm}$ definiert als

$$\left[\begin{array}{cccc}
\begin{bmatrix} \overset{(1)}{\underline{\underline{A}}}_{11} & & \underline{\underline{0}} \\ & \overset{(1)}{\underline{\underline{B}}}_{nn} & \\ \underline{\underline{0}} & & \overset{(1)}{\underline{\underline{C}}}_{nn}(t) \end{bmatrix} & \underline{\underline{0}} & & \underline{\underline{0}} \\
\underline{\underline{0}} & \begin{bmatrix} \overset{(2)}{\underline{\underline{A}}}_{11} & & \underline{\underline{0}} \\ & \overset{(2)}{\underline{\underline{B}}}_{nn} & \\ \underline{\underline{0}} & & \overset{(2)}{\underline{\underline{C}}}_{nn}(t) \end{bmatrix} & & \underline{\underline{0}} \\
 & & \ddots & \vdots \\
\underline{\underline{0}} & \underline{\underline{0}} & \cdots & \begin{bmatrix} \overset{(j)}{\underline{\underline{A}}}_{11} & & \underline{\underline{0}} \\ & \overset{(j)}{\underline{\underline{B}}}_{nn} & \\ \underline{\underline{0}} & & \overset{(j)}{\underline{\underline{C}}}_{nn}(t) \end{bmatrix}
\end{array}\right] =: \underline{\underline{\mathfrak{T}}}_{jm,jm} \tag{15.37a}$$

mit $m = 1 + 2n$ und j = Anzahl der Elemente, sowie

$$\underline{\mathfrak{v}}^T_{jm}(t) := \left[\overset{(1)}{\underline{\rho}}{}^T_1 ; \overset{(1)}{\underline{r}}{}^T_n ; \overset{(1)}{\underline{\tau}}{}^T_n ; \overset{(2)}{\underline{\rho}}{}^T_1 ; \overset{(2)}{\underline{r}}{}^T_n ; \overset{(2)}{\underline{\tau}}{}^T_n ; \ldots\ldots \overset{(j)}{\underline{\rho}}{}^T_1 ; \overset{(j)}{\underline{r}}{}^T_n ; \overset{(j)}{\underline{\tau}}{}^T_n \right] \tag{15.37b}$$

und

$$\underline{\mathfrak{k}}^T_{jm}(t) := \left[\overset{(1)}{\underline{k}}{}^T_m(t) \;,\; \overset{(2)}{\underline{k}}{}^T_m(t), \ldots\ldots\ldots\ldots \overset{(j)}{\underline{k}}{}^T_m(t) \right] \tag{15.37c}$$

wobei

$$\overset{(i)}{\underline{k}}_m(t) := - \begin{bmatrix} \overset{(1)}{\underline{b}}_1(t) + R\,\overset{(2)}{\underline{b}}_1(t) - a\left(\overset{(3)}{\underline{b}}_1(t) + \overset{(4)}{\underline{b}}_1(t)\right) \\ \overset{(1)}{\underline{c}}_n(t) + \overset{(2)}{\underline{c}}_n(t) \quad \text{(für i-tes Element)} \\ a\,\overset{(1)}{\underline{e}}_n(t) - R\,\overset{(2)}{\underline{e}}_n(t) + \overset{(3)}{\underline{e}}_n(t) \end{bmatrix} \qquad (i=1,2,\ldots j) \tag{15.37d}$$

wo die Definitionen (15.30a), (15.30b), (15.30c), (15.30d), (15.30e), (15.32a), (15.32b), (15.32c) und (15.33a), (15.33b), (15.33c), (15.33d) zu beachten sind. Mit der Elementhypergleichung (15.37) können wir keine Stoßflächen berücksichtigen (vgl. [SZA-56] Seite 440), weil sich hinter Stoßflächen für gewöhnlich Wirbel ausbilden, was wir in BILD 15.1 dargestellt haben.

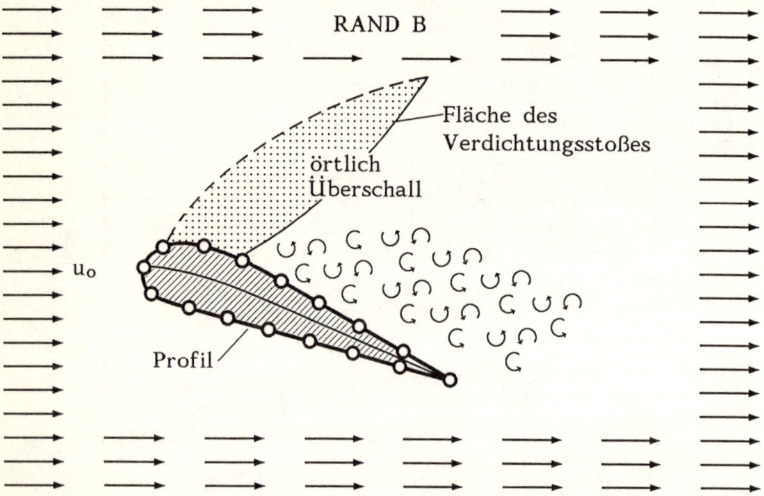

BILD 15.1: Profil in transsonischer Strömung mit subsonischer Anströmung.

Im Bereich der Wirbelschleppe gemäß BILD 15.1 ist die Bedingung der Rotationsfreiheit (15.1) nicht erfüllt. Deshalb kann (15.37) nicht benutzt werden. Außerdem lassen sich durch die Formfunktionsmatrix $\underline{\underline{\Psi}}_{31}$ aus (15.21) Rotationsfelder schlecht wiedergeben. Deshalb sollte die Elementhypergleichung (15.37) nicht auf Stömungen mit Verdichtungsstößen angewendet werden. Diese Gleichung ist in erster Linie bei reinen sub- oder supersonischen Strömungen anzuwenden und der gemischte Typ der transsonischen Strömungen sollte anders behandelt werden (siehe [CHU-82] Seite 295).

Die Stetigkeitsforderungen an den Knotenpunkten der Finiten Elemente für die Knotenpunktsgeschwindigkeiten $\underline{\rho}_l(t)$, für die Dichteverteilungen $\underline{r}_n(t)$ und für die Temperaturverteilungen $\underline{\tau}_n(t)$ zu allen Zeiten lassen sich gemäß (4.2) wieder mit BOOLEschen Matrizen formulieren. Definieren wir deshalb entsprechend (4.1) k Gesamtstrukturknotenpunktsgeschwindigkeiten v_i (i=1,2,3.....k), so daß gilt

$$\underline{v}_k^T(t) := \left[v_1(t),\ v_2(t),\ \ldots\ldots\ldots,\ v_k(t) \right] \qquad (15.38)$$

und $\bar{k}$ Gesamtstrukturknotenpunktsdichten (wobei im allgemeinen $k = 3\bar{k}$ ist) mit

$$\underline{\rho}_{\bar{k}}^{T}(t) := \left[\rho_1(t),\ \rho_2(t),\ \ldots\ldots\ldots\ \rho_{\bar{k}}(t) \right] \tag{15.39}$$

sowie $\bar{k}$ Gesamtstrukturknotenpunktstemperaturen

$$\underline{\vartheta}_{\bar{k}}^{T}(t) := \left[\vartheta_1(t),\ \vartheta_2(t),\ \ldots\ldots\ldots\ \vartheta_{\bar{k}}(t) \right] \tag{15.40}$$

dann läßt sich die Stetigkeit zu allen Zeiten wie folgt notieren:

$$\underline{\underline{\mathfrak{P}}}_{jm}^{(t)} := \begin{bmatrix} \overset{(1)}{\underline{x}}_m \\ \overset{(2)}{\underline{x}}_m \\ \cdot \\ \cdot \\ \overset{(j)}{\underline{x}}_m \end{bmatrix} = \underline{\underline{B}}_{jm;r} \begin{bmatrix} \underline{v}_k \\ \underline{\rho}_{\bar{k}} \\ \underline{\vartheta}_{\bar{k}} \end{bmatrix} \tag{15.41}$$

Hierbei gilt $m=l+2n$, $r=k+2\bar{k}$, j bedeutet die Anzahl der finiten Elemente, wobei

$$\overset{(i)T}{\underline{x}_m} := \left[\overset{(i)T}{\underline{\rho}_l},\ \overset{(i)T}{\underline{r}_n},\ \overset{(i)T}{\underline{\tau}_n} \right] \tag{15.42}$$

mit $i=1,2,\ldots..j$ ist gemäß (15.34). $\underline{\underline{B}}_{jm;r}$ ist analog (4.2) die Konstante, von der Zeit unabhängige BOOLEsche Matrix mit jm Zeilen und $r=k+2\bar{k}$ Spalten, wobei $jm \gg r$ gilt. Beachtet man (15.36), so folgt aus (15.41)

$$\dot{\underline{\underline{\mathfrak{P}}}}_{jm}^{(t)} = \underline{\underline{B}}_{jm;r} \begin{bmatrix} \dot{\underline{v}}_k \\ \dot{\underline{\rho}}_{\bar{k}} \\ \dot{\underline{\vartheta}}_{\bar{k}} \end{bmatrix} \tag{15.43}$$

und aus (15.37) kommt

$$\underline{\underline{\mathfrak{T}}}_{jm;jm}^{(t)}\ \underline{\underline{B}}_{jm;r} \begin{bmatrix} \dot{\underline{v}}_k \\ \dot{\underline{\rho}}_{\bar{k}} \\ \dot{\underline{\vartheta}}_{\bar{k}} \end{bmatrix} = \underline{\mathfrak{P}}_{jm}(t) \tag{15.44}$$

Multiplizieren wir nun noch von links (15.44) mit der transponierten BOOLEschen Matrix $\underline{\underline{B}}_{jm;r}^{T}$, so erhält man eine kondensierte Lösungsgleichung

$$\underline{\underline{B}}^{T}_{jm;r}\,\underline{\underline{\mathfrak{T}}}(t)_{jm;jm}\,\underline{\underline{B}}_{jm;r}\begin{bmatrix}\dot{\underline{v}}_{k}\\ \dot{\underline{\varrho}}_{\bar{k}}\\ \dot{\underline{\vartheta}}_{\bar{k}}\end{bmatrix} = \underline{\underline{B}}^{T}_{jm;r}\,\underline{\mathfrak{R}}_{jm}(t) \tag{15.45}$$

Hiermit ist die über die Zeit zu integrierende Gleichung

$$\begin{bmatrix}\dot{\underline{v}}_{k}\\ \dot{\underline{\varrho}}_{\bar{k}}\\ \dot{\underline{\vartheta}}_{\bar{k}}\end{bmatrix} = \left(\underline{\underline{B}}^{T}_{jm;r}\,\underline{\underline{\mathfrak{T}}}(t)_{jm;jm}\,\underline{\underline{B}}_{jm;r}\right)^{-1}\underline{\underline{B}}^{T}_{jm;r}\,\underline{\mathfrak{R}}(t)_{jm} \tag{15.46}$$

gegeben, wobei gilt $r=k+2\bar{k}$. Es kann jetzt nach dem einfachen Differenzenverfahren entsprechend (15.31) oder nach NEWTON-RAPHSON sowie auch nach RUNGE-KUTTA integriert werden, wobei Anfangs- und Randwerte zu beachten sind. Das Differentialgleichungssystem 1. Ordnung gemäß (15.46) ist von gleicher Art - mathematisch betrachtet - wie (11.131), das doppelt-nichtlineare Festkörperproblem. Die BOOLEsche Matrix $\underline{\underline{B}}_{jm;r}$ ergibt sich aus der Topologie der finiten Elemente. Die Matrix $\underline{\underline{\mathfrak{T}}}(t)_{jm;jm}$ ist gemäß (15.37a) unter Beachtung von (15.30a), (15.32a) und (15.33a) gegeben. Der Vektor $\underline{\mathfrak{R}}_{jm}(t)$ in (15.46) wird durch (15.37c) mit (15.37d) und (15.30b) bis (15.30e), (15.32b), (15.32c) und (15.33b) bis (15.33d) geliefert. Damit ist eine Strategie für die Lösung des Problems reibungsbehafteter Fluide vorgelegt worden.

16 SONDERPROBLEME

16.1 Blockschema

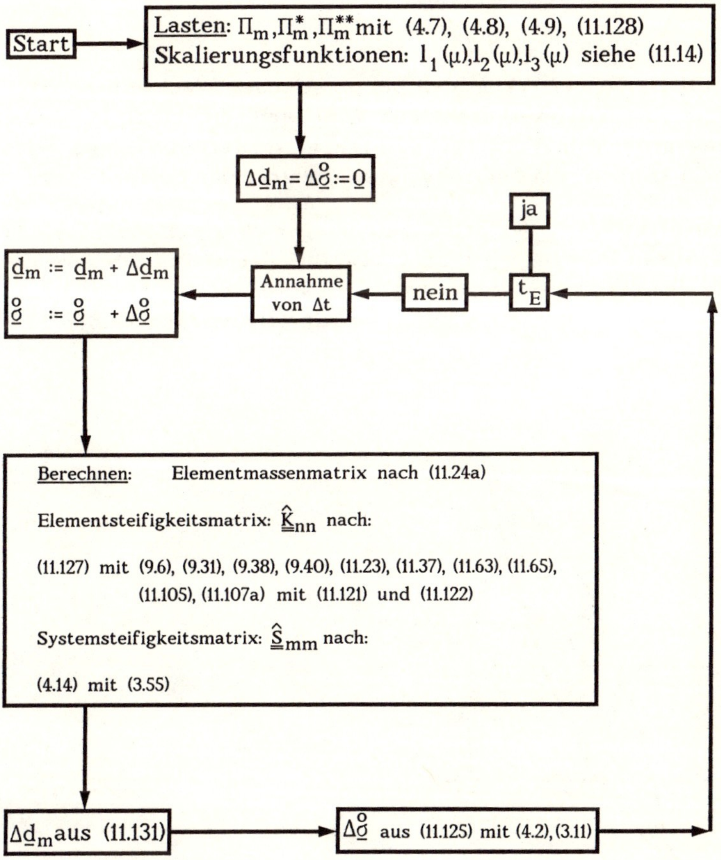

BILD 16.1: Ablaufdiagramm

BILD 16.1 stellt ein Ablaufdiagramm im groben Verlauf vor, wie die inkrementelle Berechnung von Verformungen und Spannungen mit Hilfe des abgeleiteten Algorithmus durchgeführt werden könnte. Start bedeutet hier den Start des nichtlinearen Teils der Rechnung. D.h., es werden zunächst $\underline{d}_m$ und $\overset{o}{\underline{\sigma}}$ durch lineare Rechnung bis zur Streckgrenze bestimmt und dann erfolgt obiger Start. Hierbei werden bei jedem Durchlauf ein $\Delta\underline{d}_m$ und $\Delta\overset{o}{\underline{\sigma}}$ aufaddiert bis $t{=}t_E$, also die Endlast, erreicht ist. Die so erhaltenen "Pseudo"-Spannungen $\overset{o}{\underline{\sigma}}$ können mit (11.62) in die am verzerrten Element angreifenden realen Spannungen $\underline{\sigma}$ übergeführt werden.

16.2 Bemerkungen zur Betriebsfestigkeit

Abschließend wollen wir bemerken, daß bei plastischen Wechselbeanspruchungen, wie z.B. bei Triebwerksscheiben von Turbinen, nicht mehr die Spitzenspannungsgrößen im Vordergrund stehen, sondern die Frage, wieviele Lastwechsel können vom Scheibenmaterial ertragen werden.

Lastwechsel mit plastischen Verformungen bringen *Dissipationsenergie* in den Werkstoff. Diese Energie wird dazu benützt, das Gefüge des Werkstoffs im Laufe der Zeit zu zerstören (vgl. [HAN-78], darin "Methodische Betrachtung zur Lebensdauerdimensionierung von Triebwerksscheiben").

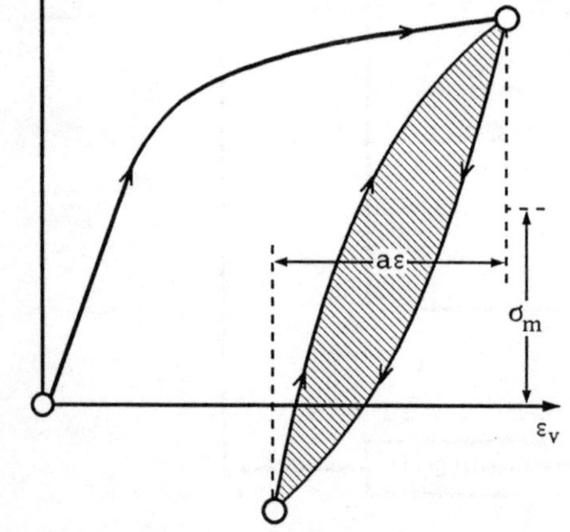

BILD 16.2: Spannungs-Dehnungs-Kurve bei zyklischer Elasto-Plastizität [ZSDK] mit plastischem Arbeitsbeitrag [schraffiert].

In BILD 16.2 ist ein Belastungs-Entlastungs-Zyklus eingezeichnet und es ergibt sich durch elasto-plastische Rechnungen sowohl eine maximale Verzerrungsamplitude $a\varepsilon$ gemäß (9.49) als auch mit (11.125) und (11.62) eine Mittelspannung σ_m des Zyklus im Kerbgrund. Zur Ermittlung der Kerbgrundspannungen kann man Membranspannungselemente verwenden, weil so per constructionem keine auf dem freien Rand der Kerbe senkrecht stehende Reststörspannungen auftreten können. Gelegentlich wird auch zur Bestimmung von σ_m und $a\varepsilon$ die BEM (Boundary Element Methode) angewendet. Diese beiden errechneten Größen $a\varepsilon$ und σ_m können dann einem analytischen Konzept von J.D. MORROW und R.W. LANDGRAF gemäß dazu verwendet werden, eine Anrißwechselzahl N_A abzuschätzen. Dazu kann man aus Versuchen mit glatten, ungekerbten Proben (vgl. [HAN-78]) die Werkstoffkennwerte α, β, b und c ermitteln und dann folgende Formel ansetzen:

$$\frac{a\varepsilon}{2} = \frac{\alpha - \sigma_m}{E} N_A^b + \beta N_A^c \qquad (16.1)$$

Durch eine anschließende Nullstellenermittlung gewinnt man hieraus die Anrißwechselzahl N_A. Auf diesen Wert kommt es in erster Linie bei der Dimensionierung von Bauteilen mit Löchern oder Kerben an, falls die Betriebslasten eine Plastifizierung in der Umgebung von Kerben oder Löchern erzeugen.

16.3 Hinweise für Kontaktprobleme

16.3.1 Betrachtungen zu analytischen und numerischen Lösungsmethoden

Viele Ingenieure, Mathematiker und Mechaniker bevorzugen die sogenannte analytische oder geschlossene Lösung gegenüber einer konvergenten, numerischen Strategie. Im Grunde ist aber der Unterschied zwischen beiden Methoden meistens nicht so groß, wie er auf den ersten Blick zu sein scheint. Welcher Methode der Anwender den Vorzug gibt, ist oft eher eine "Weltanschauung" als das Ergebnis einer sachlichen Betrachtung.

Sicherlich ist richtig zu bemerken, daß für die meisten Probleme des Maschinenbaus, bei denen es sich für gewöhnlich um Anfangs-Randwert-Aufgaben für vielfach zusammenhängende Bereiche handelt, keine geschlossenen Lösungen konstruiert werden können. Darüber hinaus sollte man sich vergegenwärtigen, daß es zur Dimensionierung einer dauerfesten oder zeitfesten Maschinenkomponente (vgl. dazu Abschnitt 16.2) normalerweise ausreicht, die Spitzenspannung und die maximalen Verzerrungsamplituden an *nur einer ganz bestimmten Stelle* (Kerbgrund, Übergangsradius, Lochrand, etc.) zu kennen.

Vor diesem Hintergrund scheint es unangemessen, Spannungsfelder aus einer Differentialgleichung ermitteln zu wollen, die mindestens *überall* einmal stetig differenzierbar sind, vgl. dazu (11.15). Ähnliches gilt für die Verzerrungsfelder. Abgesehen davon, daß eine solche Absicht weit über das Ziel hinaus schießt, *einen* oder höchstens zwei Spannungs- und Verzerrungswerte an singulären Punkten ermitteln zu müssen, ist die Forderung nach einer sogenannten geschlossenen Lösung in den meisten praktischen Fällen analytisch gar nicht realisierbar.

Aus dieser Sicht erscheinen auch mathematische Untersuchungen über BANACH- und HILBERT-Räumen am Lösungsvorrat der Axiome der Mechanik (vgl. dazu Abschnitt 15.1) nicht zu den dringensten Aufgaben. Im Abschnitt 11.6 wurde schon einmal dazu Stellung genommen, daß nämlich die örtliche Differentiation von Verschiebungen, Spannungen und Verzerrungen auf philosophische Schwierigkeiten stößt, weil sich in realitas infinitesimal benachbart zu einem Materiepunkt kein anderer Materiepunkt befindet, soweit unsere Kenntnis über die Struktur der Materie reicht.

So gesehen ist es für die Lösung der Aufgaben der Mechanik eher richtig, konvergente numerische Lösungsstrategien zu entwerfen als analytische Lösungen auf ihre Existenz zu untersuchen oder zu versuchen, differenzierbare Lösungsfelder zu konstruieren.

Außerdem entpuppen sich die analytischen Lösungen, falls diese auffindbar sind, letztlich meistens als konvergente unendliche Reihen, deren Glieder mit trigonometrischen oder logarithmischen Bestandteilen wiederum unendliche Reihen enthalten. Dann ist vom Berechner die Aufgabe zu lösen, wieviele Glieder man von den unendlichen Reihen benötigt, um zum Beispiel zwei Ziffern im Endergebnis fehlerfrei zu erhalten. Dieses Vorgehen ist nicht so sehr verschieden von dem, wenn man die Anzahl und Art von finiten Elementen ermitteln muß, um das numerische Endergebnis auf zwei Stellen genau bestimmen zu können.

Übrigens ist es vom Arbeitsstil der Mechanik her gleichgültig, ob wir die Differentialgleichung (11.15) oder (9.1) als Gleichgewichtsaxiom postulieren oder die Endgleichungen (11.126) resp. (11.129) beziehungsweise (3.25) resp. (4.16) an den Anfang unserer Betrachtungen stellen.

Man kann nämlich zeigen, daß aus (11.126) die Differentialgleichung von CAUCHY-NEWTON gemäß (11.15) folgt, wenn die vorliegenden Stetigkeiten die Gültigkeit des GAUßschen Integralsatzes nach (1.18) gewährleisten und man (9.49), (11.107), (11.66), (11.32c), (11.31), (11.23), (11.21), (2.18), (11.24), (11.24a), (1.18), (11.17) mit (9.38) beachtet.

Die Gleichung (11.15), nicht die Gleichung (11.126), als Gleichgewichtsaxiom an den Anfang der Betrachtungen zu stellen, entspricht eher einer liebgewordenen Konvention als wissenschaftlicher Notwendigkeit. Die Äquivalenz der Gleichungen (11.126) und (11.15) ist durch die Nebenbedingung (9.38), also die sogenannte "Geburtsgleichung der Finiten-Elemente", eingeschränkt. Anders gesagt bedeutet dies, daß in (11.15) nur die Lösungen der Form (9.38) mit den Lösungen aus (11.126) gleich sind. Wir wissen allerdings, daß die Lösungstypen (9.38) ein weites Feld der Praxis abdecken, weil es sich bei Verschiebungsfeldern um sehr stetige oder glatte Funktionen handelt. Während das Prinzip der virtuellen Arbeiten nach (2.38) völlig äquivalent der Differentialgleichung des Gleichgewichtes (2.11) ist, ist also die Äquivalenz zwischen (11.126) und (11.15) durch (9.38) eingeschränkt. Diese Einschränkung hat praktisch keine großen Auswirkungen. Die Klasse von orts- und zeitabhängigen Funktionen gemäß (9.38) reicht völlig aus, um befriedigende Ergebnisse in der Praxis zu erhalten.

Abschließend kann noch gesagt werden, daß die konvergente, numerische Strategie der Finiten-Elemente-Methode besonders geeignet dafür erscheint, gewisse spezielle Stellen innerhalb des gesamten Integrationsgebietes mit besonderer Genauigkeit zu berechnen und die anderen Gebiete weniger genau zu behandeln. Das erreicht man bekanntlich dadurch, indem das Netz der finiten Elemente entsprechend gestaltet wird, so daß an den Stellen großen Genauigkeitsbedürfnisses viele und kleine Elemente benutzt werden und gegebenenfalls gemäß Kapitel 13 Spannungsansätze zusätzlich eingeführt werden.

Im nächsten Abschnitt befassen wir uns mit der Strategie zur Behandlung eines Kontaktproblems ohne Reibung.

16.3.2 Das Tiefziehen von Blechen

BILD 16.3 stellt vereinfacht den Sachverhalt beim Tiefziehen von Blechen dar. Ausgehend von einer Diskretisierung mit Ringelementen (siehe BILD 6.2) sind zwei mögliche Kontaktzustände, wie sie sich aufgrund der Bewegung der Vorschubkugel ergeben könnten, dargestellt.

Der EULERsche Ortsvektor Z (vgl. BILD 16.3) in Zylinderkoordinaten ist mit (6.13), (6.1), (6.2) und (6.8) gegeben durch

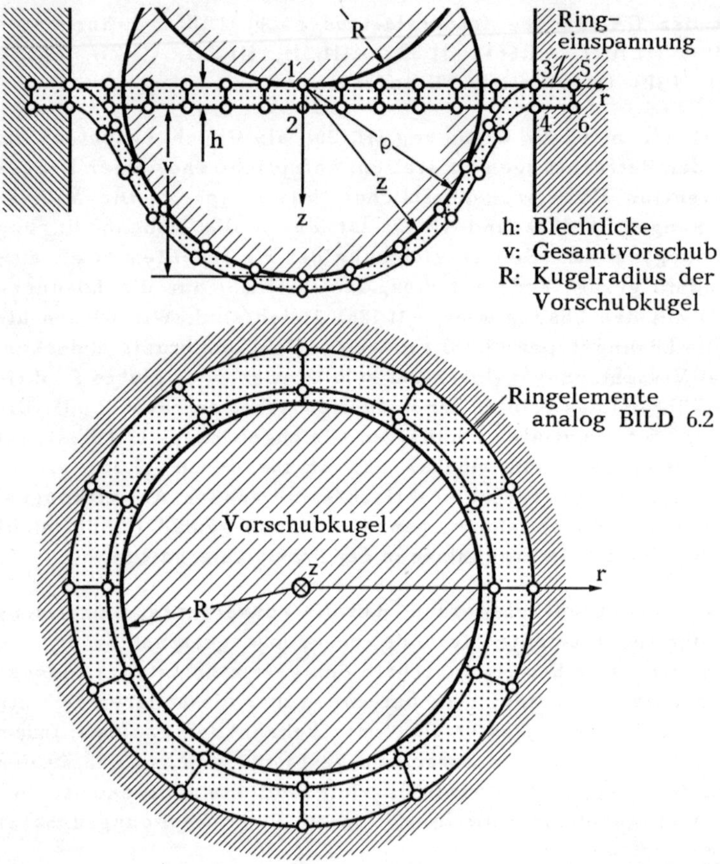

BILD 16.3: Blech beim Tiefziehen. Beispiel für ein Kontaktproblem. Symmetrie- und Randknotenpunkte 1, 2, 3, 4, 5, 6.

$$Z = (r+u)\,\overset{o}{a}_1 + (z+w)\,\overset{o}{a}_3 = X + s \tag{16.2}$$

Hieraus folgt für das Quadrat der Länge des Vektors Z:

$$Z \cdot Z = |Z|^2 = (r+u)^2 + (z+w)^2 \tag{16.3}$$

Die *Anzahl der Knotenpunkte* auf der Blechoberseite, die mit der Vorschubkugel von r = 0 beginnend Kontakt haben, bezeichnen wir mit l. Dann gilt für die Oberseite z = 0 des Bleches (siehe BILD 16.3) und die darauf befindlichen Knotenpunkte mit den Koordinaten r_i (i= l+1, l+2,.....,12):

$$|Z|^2 = \left(r_i + \overset{(i)}{d_r}\right)^2 + \overset{(i)}{d_z}{}^2 \tag{16.4}$$

wenn wir die Verschiebungen der Knotenpunkte der Blechoberseite in r-Richtung mit $\overset{(i)}{d}_r$ und diejenigen in z-Richtung mit $\overset{(i)}{d}_z$ (i= l+1, l+2,.....,12) bezeichnen. Die Strecke ρ in BILD 16.3 vom Ursprung (r=0,z=0) zur Peripherie des Vorschubkreises errechnet sich zu

$$\rho^2 = R^2 + (v-R)\left(v - R + 2\sqrt{R^2 - r_i^2}\right) \qquad (16.5)$$

wenn mit v der Gesamtvorschub gemäß BILD 16.3 bezeichnet wird.

Auf diese Weise erhält man als *Nichtdurchdringungsbedingung* die folgende Ungleichung, wenn man (16.4) und (16.5) beachtet:

$$\left(r_i + \overset{(i)}{d}_r\right)^2 + \overset{(i)}{d}{}_z^2 \geq R^2 + (v-R)\left(v - R + 2\sqrt{R^2 - r_i^2}\right) = \rho^2 \qquad (16.6)$$

wobei i= l+1, l+2,....., 12 zu nehmen ist. Wir bezeichnen mit n die Anzahl derjenigen Punkte, wo (16.6) verletzt wird.

Falls diese Bedingung für ein i=j verletzt wird, so muß der Oberflächenpunkt (z=0;r=r_j) des Bleches an der Kugel als anliegend gedacht und um Δv mit vorgeschoben werden (vgl. BILD 16.4).

Als nächstes definieren wir einen *Randknotenpunktsverschiebungsvektor*

$$\Delta\underline{k}^T := \left[0,0,0,0,0,0,\Delta v,0,0,0,0\right] \qquad (16.7)$$

Die ersten sechs Komponenten in (16.7) sind die Verschiebungen in r-Richtung der Knotenpunkte 1, 2, 3, 4, 5 und 6. Die siebente Komponente Δv ist die Verschiebung = Vorschub des Knotenpunktes 1 in z-Richtung, während die letzten vier Komponenten von (16.7) die z-Verschiebungen der Knotenpunkte 3, 4, 5 und 6 bedeuten (siehe BILD 16.3). Weiter definieren wir als Vorschubinkremente für die Vorschubkugel in BILD 16.3

$$\Delta v := 0{,}1\,h \qquad (16.8)$$

Für die linear-elastische Verformung des Bleches folgt nun aus (4.16) im statischen Fall mit $\underline{\ddot{d}}_m = \underline{\pi}^*_m = \underline{\pi}^{**}_m \equiv 0$

$$\underline{\underline{S}}_{mm}\,\underline{d}_m = \underline{\pi}_m \qquad (16.9)$$

Hieraus kommt mit dem Randknotenpunktsverschiebungsvektor gemäß (16.7) analog zu (4.17)

$$\begin{bmatrix} \underline{\underline{S}}_{11} & \underline{\underline{S}}_{12} \\ \underline{\underline{S}}_{21} & \underline{\underline{S}}_{22} \end{bmatrix} \begin{bmatrix} \underline{d} \\ \Delta \underline{k} \end{bmatrix} = \begin{bmatrix} \underline{0} \\ \underline{\pi} \end{bmatrix} \tag{16.10}$$

Aus (16.10) erhält man

$$\underline{d} = - \underline{\underline{S}}_{11}^{-1} \underline{\underline{S}}_{12} \Delta \underline{k}$$

und (16.11)

$$\underline{\pi} = \left[\underline{\underline{S}}_{22} - \underline{\underline{S}}_{21} \underline{\underline{S}}_{11}^{-1} \underline{\underline{S}}_{12} \right] \Delta \underline{k}$$

Mit (16.11) kann man unter Beachtung von (3.15) eine *maximale Vergleichsspannung* $\sigma_{vm}(\Delta \underline{k})$ unter Verwendung von (11.108) ausrechnen. So erhalten wir im Sinne von BILD 6.3 aus (16.11) einen Verschiebungsknotenpunktsvektor der Gesamtstruktur $\underline{d}_s$, bei dem mindestens an einer Stelle des Bleches das Fließen beginnt, wenn wir schreiben

$$\underline{d}_s = - \frac{\sigma_{so}}{\sigma_{vm}(\Delta \underline{k})} \underline{\underline{S}}_{11}^{-1} \underline{\underline{S}}_{12} \Delta \underline{k} \tag{16.12}$$

Hierin bedeutet $\sigma_{vm}(\Delta \underline{k})$ diejenige mit $\underline{d}$ aus (16.11) erstmalig ermittelte maximale Vergleichsspannung. Das eben besprochene Vorgehen entspricht der Superpositionsmethode in der linearen Mechanik. Allerdings müssen wir hier darauf achten, ob eventuell beim ersten Vorschub, der sich aus $\underline{d}_s$ am ersten Knotenpunkt (siehe BILD 16.3) ergibt, die Nichtdurchdringungsbedingung (16.6) für den Nachbarknotenpunkt noch erfüllt ist. Ist das nicht der Fall, dann müssen wir den Randknotenpunktverschiebungsvektor gemäß (16.7) um n Komponenten verlängern (vgl. BILD 16.4), so daß (1+n) Punkte mit der Vorschubkugel in Kontakt sind.

Nachdem wir wissen, daß beim Überschreiten von $\underline{d}_s$ mindestens an einer Stelle des Bleches bleibende Verformungen auftreten, müssen wir von jetzt ab die Inkremente der Knotenpunktsverschiebungen des Bleches aus (11.129) ermitteln. Für

$$\dddot{\underline{d}}_m = \underline{\pi}_m^* = \hat{\underline{\pi}}_m^{**} = \dot{\underline{\pi}}_m \equiv 0$$

kommt aus (11.129) mit

$$\dot{\underline{d}} = \frac{\Delta \underline{d}}{\Delta t} \quad \text{und} \quad \dot{l}_2 \underline{\pi}_m = \frac{\Delta l_2}{\Delta t} \underline{\pi}_m =: \frac{\Delta \underline{\pi}_m}{\Delta t}$$

$$\hat{\underline{\underline{S}}}_{mm}(\underline{d}_m)\,\Delta\underline{d}_m = \Delta\underline{\pi}_m \tag{16.13}$$

Durch Einführen der Randbedingungen (16.7) entsteht analog zu (16.10)

$$\begin{bmatrix} \hat{\underline{\underline{S}}}_{11}(\underline{d},\Delta\underline{k}) & \hat{\underline{\underline{S}}}_{12}(\underline{d},\Delta\underline{k}) \\ \hat{\underline{\underline{S}}}_{21}(\underline{d},\Delta\underline{k}) & \hat{\underline{\underline{S}}}_{22}(\underline{d},\Delta\underline{k}) \end{bmatrix} \begin{bmatrix} \Delta\underline{d} \\ \Delta\underline{k} \end{bmatrix} = \begin{bmatrix} \underline{0} \\ \Delta\underline{\pi} \end{bmatrix} \tag{16.14}$$

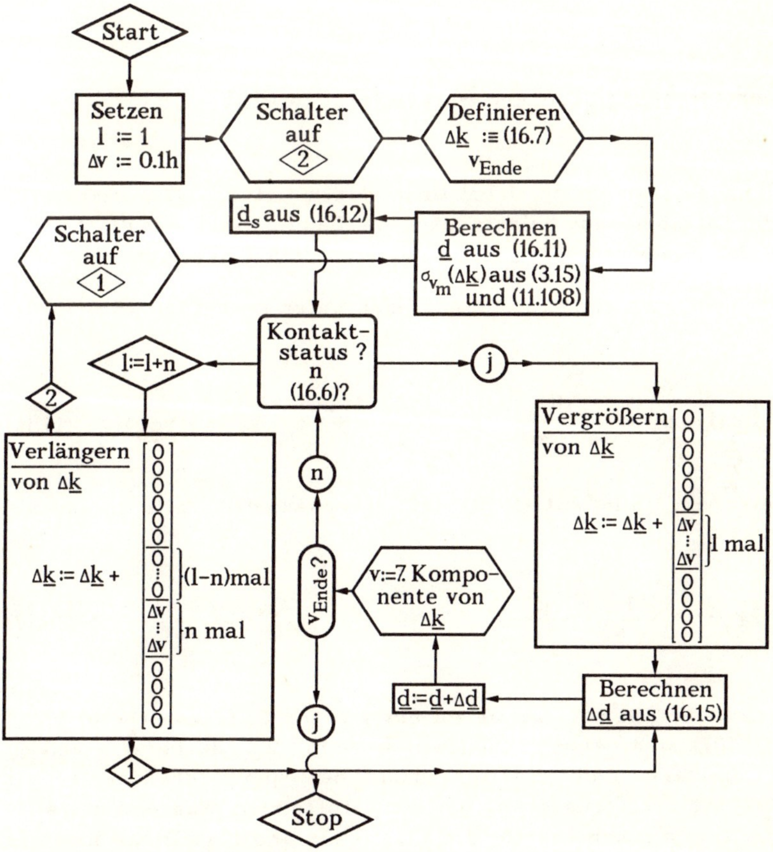

BILD 16.4: Ablaufdiagramm zum Kontaktproblem beim Tiefziehen (nach BILD 16.3).

Hieraus folgt

$$\Delta\underline{d} = -\hat{\underline{\underline{S}}}_{11}^{-1}(\underline{d},\Delta\underline{k})\ \hat{\underline{\underline{S}}}_{12}(\underline{d},\Delta\underline{k})\ \Delta\underline{k} \quad \text{und}$$

$$\left[\hat{\underline{\underline{S}}}_{22}(\underline{d},\Delta\underline{k}) - \hat{\underline{\underline{S}}}_{21}(\underline{d},\Delta\underline{k})\ \hat{\underline{\underline{S}}}_{11}^{-1}(\underline{d},\Delta\underline{k})\ \hat{\underline{\underline{S}}}_{12}(\underline{d},\Delta\underline{k})\right]\Delta\underline{k} = \Delta\underline{\pi} \qquad (16.15)$$

Mit den Definitionen (16.7) und (16.8) sowie den Gleichungen (16.11), (16.15) und der Ungleichung (16.6) kann man nun das gezeigte Blockschaltbild (vgl. BILD 16.4) für die Berechnungsstrategie entwerfen.

Damit ist die Lösung eines für die Praxis wichtigen Kontaktproblems beschrieben.

16.4 Temperaturabhängigkeit der Werkstoffkennwerte

Im Maschinenbau, zum Beispiel bei Gasturbinen, ist der Temperaturgradient oft die entscheidende Belastungsgröße. Dann müssen wir die Zeitabhängigkeit der Temperatur $\vartheta(t)$ beim Belasten berücksichtigen.

Durch Inkrementieren von (2.74) erhält man unter Beachtung von (11.107) dann

$$\Delta\overset{\circ}{\underline{\sigma}}_6 = \underline{\underline{W}}_{66}[\vartheta(t)]\Delta\underline{\varepsilon}_6 - \Delta t\,\frac{d(\alpha_\vartheta\vartheta)}{dt}\,\underline{q}_6 + \Delta\vartheta\,\frac{d\underline{\underline{W}}_{66}}{d\vartheta}\,\underline{\varepsilon}_6 - \Delta t\,\alpha_\vartheta\vartheta\dot{\underline{q}}_6 \qquad (16.16)$$

Der Vergleich von (16.16) mit (11.107) läßt erkennen, daß, falls die Definition

$$\dot{l}_3(t) := \frac{1}{\alpha_\vartheta\vartheta}\,\frac{d(\alpha_\vartheta\vartheta)}{dt} \qquad (16.17)$$

möglich ist, die ersten zwei Terme auf der rechten Seite von (16.16) identisch mit (11.107) sind. Also können wir in (16.16) $\underline{\underline{W}}_{66}$ durch $\hat{\underline{\underline{W}}}_{66}$ und $\underline{q}_6$ durch $\hat{\underline{q}}_6$ ersetzen und erhalten dann den plastischen Fall mit Berücksichtigung der Veränderung der Werkstoffmatrix während des Aufbringens der thermischen Lasten. Um Elastizität und Plastizität simultan in *einer* Formel zu berücksichtigen, schreiben wir für $\underline{\underline{W}}_{66}$ die noch undeterminierte Werkstoffmatrix $\underline{\underline{W}}_{66}^*$. Analoges gilt für q_6.

Im Falle reiner Elastizität ist $\underline{\underline{W}}^*_6 := \underline{\underline{W}}_{66}$ und im Falle assoziierter Plastizität ist $\underline{\underline{W}}^*_{66} := \hat{\underline{\underline{W}}}_{66}$. Entsprechend ist $\underline{q}^*_6 := \underline{q}_6$ oder $\underline{q}^*_6 := \hat{\underline{q}}_6$ zu setzen.

So können wir nach Division durch Δt unter Beachtung von (16.17) die Gleichgewichtsaussage (11.103) schreiben, falls lineare Geometrie, also $\overset{\circ}{\underline{\underline{B}}}_{n6} \equiv \underline{\underline{B}}^T_{6n}$ vorliegt:

$$\underline{\underline{M}}_{nn}\ddot{\underline{r}}_n \Delta t + \int\limits_{\substack{\text{(Element}\\ \text{unverformt)}}} dV_x\, \underline{\underline{B}}^T_{6n}\underline{\underline{W}}^*_{66}\,\dot{\underline{\varepsilon}}_6 \;+ \int\limits_{\substack{\text{(Element}\\ \text{unverformt)}}} dV_x\, \dot{\vartheta}\, \underline{\underline{B}}^T_{6n}\frac{d\underline{\underline{W}}^*_{66}}{d\vartheta}\,\underline{\varepsilon}_6 = \dot{l}_2\underline{P}_n + \dot{l}_1\underline{Z}_n$$

$$+\, \dot{l}_3 \int\limits_{\substack{\text{(Element}\\ \text{unverformt)}}} dV_x\, \underline{\underline{B}}^T_{6n}\underline{q}^*_6\,\alpha_\vartheta \vartheta \;+ \int\limits_{\substack{\text{(Element}\\ \text{unverformt)}}} dV_x\, \underline{\underline{B}}^T_{6n}\,\dot{\underline{q}}^*_6\,\alpha_\vartheta \vartheta \tag{16.18}$$

Setzt man jetzt (3.13) in (16.18) ein und beachtet folgende Definitionen

$$\overset{\circ}{\underline{\underline{K}}}_{nn} := \int\limits_{\substack{\text{(Element}\\ \text{unverformt)}}} dV_x\, \underline{\underline{B}}^T_{6n}\underline{\underline{W}}^*_{66}\,\underline{\underline{B}}_{6n} \tag{16.19}$$

$$\overset{\circ}{\underline{\underline{K}}}{}^*_{nn} := \int\limits_{\substack{\text{(Element}\\ \text{unverformt)}}} dV_x\, \underline{\underline{B}}^T_{6n}\,\frac{\underline{\underline{W}}^*_{66}}{d\vartheta}\,\underline{\underline{B}}_{6n}\,\dot{\vartheta} \tag{16.20}$$

$$\overset{\circ}{\underline{\Gamma}}_n := \int\limits_{\substack{\text{(Element}\\ \text{unverformt)}}} dV_x\, \underline{\underline{B}}^T_{6n}\,\dot{\underline{q}}^*_6\,\alpha_\vartheta\,\vartheta \tag{16.21}$$

und

$$\overset{\circ}{\underline{\Gamma}}{}^*_n := \int\limits_{\substack{\text{(Element}\\ \text{unverformt)}}} dV_x\, \underline{\underline{B}}^T_{6n}\,\dot{\underline{q}}^*_6\,\alpha_\vartheta\,\vartheta \tag{16.22}$$

so kann man (16.18) folgendermaßen notieren:

$$\underline{\underline{M}}_{nn}\ddot{\underline{r}}_n + \overset{\circ}{\underline{\underline{K}}}_{nn}\,\dot{\underline{r}}_n + \overset{\circ}{\underline{\underline{K}}}{}^*_{nn}\,\underline{r}_n = \dot{l}_2\underline{P}_n + \dot{l}_1\underline{Z}_n + \dot{l}_3\,\overset{\circ}{\underline{\Gamma}}_n + \overset{\circ}{\underline{\Gamma}}{}^*_n \tag{16.23}$$

Im rein elastischen Fall gilt in (16.23), also im linear elastischen,

$$\overset{\circ}{\underline{\underline{K}}}_{nn} \Rightarrow \underline{\underline{K}}_{nn} \quad \text{und} \quad \overset{\circ}{\underline{\Gamma}}_n \Rightarrow \underline{\Gamma}_n$$

gemäß (3.41) und (3.40). Bei assoziierter Metallplastizität kommt aus $\overset{\circ}{\underline{\underline{K}}}_{nn} \Rightarrow \underline{\underline{K}}^{pl}_{nn}$ nach (14.10) und aus $\overset{\circ}{\underline{\Gamma}}_n$ wird $\hat{\underline{\Gamma}}_n$ mit $\overset{\circ}{\underline{\underline{B}}}_{n6} \equiv \underline{\underline{B}}^T_{6n}$ gemäß (11.128).

Die Differentialgleichung 3. Ordnung (16.23) gilt für jedes finite Element analog wie (11.126). Jetzt werden wieder aus den Gleichungen (16.23) für jedes Finite Element analog wie bei (3.43) die Hypermatrizen (3.54) und (3.55) sowie die Hypervektoren (3.50), (3.51), (3.52) und (3.53) gebildet, so daß aus (16.23) eine Elementhypergleichung (3.49) entsteht. Daraus kommt dann durch kompatibles und gleichgewichtiges Zusammensetzen der finiten Elemente die Gesamtstrukturgleichung analog zu (11.129). Diese hat also die Struktur

$$\underline{\underline{MS}}_{mm} \dddot{\underline{d}}_m + \overset{\circ}{\underline{\underline{S}}}_{mm} \dot{\underline{d}}_m + \overset{\circ}{\underline{\underline{S}}}{}^*_{mm} \underline{d}_m = \dot{l}_2 \underline{\pi}_m - \dot{l}_1 \underline{\pi}^*_m - \dot{l}_3 \hat{\underline{\pi}}^{**}_m - \hat{\hat{\underline{\pi}}}{}^{**}_m \tag{16.24}$$

Dieses System kann man nun wieder durch die Substitutionen (11.130) zu einem Differentialgleichungssystem 1. Ordnung heruntertransformieren wie in (11.131).

Wir wollen abschließend in diesem Abschnitt noch angeben, wie man vorgehen muß, falls es notwendig wäre, große Verschiebungen und endliche Verzerrungen zu berücksichtigen.

In einem solchen Fall ist $\underline{\underline{B}}_{n6} \neq \underline{\underline{B}}^T_{6n}$ und wir können $\underline{\varepsilon}_6$ in (16.18) nicht mehr durch ein bestimmtes Knotenpunktsverschiebungsfeld $\underline{r}_n$ ersetzen, denn wegen (9.49) existiert nur eine differentielle Beziehung zwischen dem Verzerrungsfeld und den Knotenpunktsverschiebungen im finiten Element. Aus diesem Grund müssen wir jetzt eine Formfunktionsmatrix $\underline{\underline{\Psi}}_{6n*}(\underline{x})$ für das Verzerrungsfeld im Element, ähnlich wie in (13.1) für das Spannungsfeld, ansetzen. Den zur Formfunktionsmatrix $\underline{\underline{\Psi}}_{6n*}$ zugehörigen Verzerrungsknotenpunktsvektor des Elementes definieren wir durch $\underline{\tau}_{n*}$ und erhalten

$$\underline{\varepsilon}_6 := \underline{\underline{\Psi}}_{6n*}(\underline{x})\; \underline{\tau}_{n*}(t) \tag{16.25}$$

n^* ist im allgemeinen größer als n aus (16.23), weil in jedem Knotenpunkt eines finiten Elementes, z.B. im zweidimensionalen, zwei Verschiebungen, aber drei Verzerrungen existieren.

Wenn wir nun den Ansatz (16.25) in (9.49) einführen, so erhalten wir natürlich einen von Null verschiedenen Defekt $\underline{\delta}_6$, weil in $\underline{\underline{\Sigma}}_{6n}$ aus (9.50) die für das Verschiebungsfeld angesetzten Formfunktionen $\Phi_i(\underline{x})$ enthalten sind, die nicht genau das angesetzte Verzerrungsfeld (16.25) ergeben können. Mit (16.25) und (9.49) ergibt sich der Defekt $\underline{\delta}_6$ zu

$$\underline{\underline{\Psi}}_{6n^*}\dot{\underline{\tau}}_{n^*} - \underline{\underline{\Sigma}}_{6n}\dot{\underline{r}}_n =: \underline{\vartheta}_6 \qquad (16.26)$$

Nun fordern wir die $\dot{\underline{\tau}}_i$ ($i=1,2\cdots n^*$) so, daß der Defekt $\underline{\delta}_6$ im finiten Element minimal ausfällt analog zu (13.9) resp. (14.17). So kommt

$$\frac{\partial}{\partial\dot{\tau}_i}\int\limits_{\substack{\text{(Element}\\ \text{unverformt)}}} dV_x\,\underline{\vartheta}_6^T\,\underline{\vartheta}_6 \overset{!}{=} 0 \qquad (i = 1, 2 \ldots n^*) \qquad (16.27)$$

Beachtet man, daß entsprechend (14.23) gilt

$$\frac{\partial\underline{\delta}_6^T}{\partial\dot{\tau}_i} = \underset{\substack{\uparrow\\ \text{an der i-ten Stelle}}}{[0,\ldots,0,1,0,\ldots,0]}\,\underline{\underline{\Psi}}_{6n^*}^T \qquad (16.28)$$

so folgt aus der Minimalforderung (16.27)

$$[0,0,\ldots,1,0,\ldots,0]\left[\int\limits_{\substack{\text{(Element}\\ \text{unverformt)}}} dV_x\left(\underline{\underline{\Psi}}_{6n^*}^T\underline{\underline{\Psi}}_{6n^*}\dot{\underline{\tau}}_{n^*} - \underline{\underline{\Psi}}_{6n^*}^T\underline{\underline{\Sigma}}_{6n}\dot{\underline{r}}_n\right)\right] = 0 \qquad (16.29)$$

$$(i = 1, 2, \ldots n^*)$$

das heißt, jede Komponente des Vektors in der eckigen Klammer von (16.29) muß Null sein.

Dann ergibt sich aus (16.29) mit den Definitionen

$$\underline{\underline{X}}_{n^*n^*} := \int\limits_{\substack{\text{(Element}\\ \text{unverformt)}}} dV_x\,\underline{\underline{\Psi}}_{6n^*}^T\underline{\underline{\Psi}}_{6n^*} \qquad (16.30)$$

$$\underline{\underline{X}}_{n^*n}^* := \int\limits_{\substack{\text{(Element}\\ \text{unverformt)}}} dV_x\,\underline{\underline{\Psi}}_{6n^*}^T\underline{\underline{\Sigma}}_{6n} \qquad (16.31)$$

die nachfolgende Gleichung für den Knotenpunktsvektor der Verzerrungsgeschwindigkeiten:

$$\dot{\underline{\tau}}_{n^*} = \underline{\underline{X}}_{n^*n^*}^{-1}\,\underline{\underline{X}}_{n^*n}^*\,\dot{\underline{r}}_n \qquad (16.32)$$

Um zur Gleichgewichtsbedingung zu gelangen für *nichtlineare Geometrie* und plastischen Werkstoff, gehen wir von (11.103) aus und beachten, daß sich aus der zweiten Zeile in (16.16) die Zusatzglieder für die Temperaturabhängigkeit ergeben. So bekommen wir dann mit den Definitionen

$$\hat{\mathring{\underline{\underline{K}}}}^*_{nn^*} := \int\limits_{\substack{(\text{Element}\\ \text{unverformt})}} dV_x \, \dot{\vartheta} \, \mathring{\underline{\underline{B}}}_{n6} \frac{\dot{\hat{\underline{\underline{W}}}}_{66}}{d\vartheta} \underline{\underline{\Psi}}_{6n^*} \tag{16.33}$$

und

$$\hat{\mathring{\underline{\Gamma}}}^*_{n} := \int\limits_{\substack{(\text{Element}\\ \text{unverformt})}} dV_x \, \alpha_\vartheta \vartheta \, \mathring{\underline{\underline{B}}}_{n6} \, \dot{\hat{\underline{q}}}_6 \tag{16.34}$$

eine erweiterte Elementgleichung (11.126), wenn man (16.25) beachtet:

$$\underline{\underline{M}}_{nn} \ddot{\underline{r}}_n + \hat{\underline{\underline{K}}}_{nn} \dot{\underline{r}}_n + \hat{\mathring{\underline{\underline{K}}}}^*_{nn^*} \underline{\tau}_{n^*} = \dot{l}_2 \underline{P}_n + l_2 \dot{\underline{P}}_n + \dot{l}_1 \underline{Z}_n + l_1 \dot{\underline{Z}}_n + \dot{l}_3 \hat{\underline{\Gamma}}_n + \hat{\mathring{\underline{\Gamma}}}^*_n \tag{16.35}$$

Als nächstes müssen wir die Elementgleichungen (16.32) und (16.35) durch kompatibles und gleichgewichtiges Zusammenstellen der Finiten Elemente zu einer Gesamtstruktur die finiten Gleichungen für die Gesamtstrukturknotenpunkte finden. Das entspricht dem Übergang von der Elementgleichung (11.126) zur Gesamtstrukturgleichung (11.129). So kommt analog zu (4.13) mit den Gesamtstrukturknotenpunktsverschiebungen $\underline{d}_m$ und den Gesamtstrukturknotenpunktsverzerrungen $\underline{\tau g}_m$ aus (16.35):

$$\underline{\underline{MS}}_{mm} \ddot{\underline{d}}_m + \hat{\underline{\underline{S}}}_{mm} \dot{\underline{d}}_m + \hat{\mathring{\underline{\underline{S}}}}^*_{mm^*} \underline{\tau g}_{m^*} = \dot{l}_2 \underline{\pi}_m + l_2 \dot{\underline{\pi}}_m - \dot{l}_1 \underline{\pi}^*_m - l_1 \dot{\underline{\pi}}^*_m - \dot{l}_3 \hat{\underline{\pi}}^{**}_m - \hat{\mathring{\underline{\pi}}}^{**}_m \tag{16.36}$$

Hierin bedeutet die gegenüber (11.126) neue Matrix $\hat{\mathring{\underline{\underline{S}}}}^*_{mm^*}$ unter Beachtung von (3.55), (4.14) und (16.33)

$$\hat{\mathring{\underline{\underline{S}}}}^*_{mm} := \underline{\underline{B}}^T_{Nm} \begin{bmatrix} \left[\hat{\mathring{\underline{\underline{K}}}}^*_{nn^*}\right]_{\text{erstes Element}} & & & 0 \\ & \left[\hat{\mathring{\underline{\underline{K}}}}^*_{nn^*}\right]_{\text{zweites Element}} & & \\ & & \ddots & \\ 0 & & & \left[\hat{\mathring{\underline{\underline{K}}}}^*_{nn^*}\right]_{\text{letztes Element}} \end{bmatrix}_{NN^*} \underline{\underline{B}}_{N^*m^*} \tag{16.37}$$

und der neue Vektor $\underline{\pi}^{**}_m$ unter Beachtung von (3.53), (4.9) und (16.34)

$$\underline{\hat{\mathring{\pi}}}_m^{**} := \underline{\underline{B}}_{Nm}^T \begin{bmatrix} \left[\underline{\hat{\mathring{\Gamma}}}_n^* \right] \text{erstes Element} \\ \left[\underline{\hat{\mathring{\Gamma}}}_n^* \right] \text{zweites Element} \\ \vdots \\ \left[\underline{\hat{\mathring{\Gamma}}}_n^* \right] \text{letztes Element} \end{bmatrix}_N \tag{16.37a}$$

Anschließend ist (16.36) ebenso wieder wie (11.129) zu behandeln, indem man die Substitutionen (11.130) einführt, um auf ein Differentialgleichungssystem 1. Ordnung zu kommen. So wird mit

$$\dot{\underline{d}}_m =: \underline{d}_m^*; \quad \ddot{\underline{d}}_m =: \underline{d}_m^{**} \tag{16.38}$$

aus (16.36)

$$\begin{aligned} \dot{\underline{d}}_m^{**} &= \underline{\underline{MS}}_{mm}^{-1} \left\{ \dot{l}_2 \underline{\pi}_m + l_2 \dot{\underline{\pi}}_m - \hat{\underline{\underline{S}}}_{mm} \underline{d}_m^* - \hat{\mathring{\underline{\underline{S}}}}_{mm^*}^* \underline{\tau g}_{m^*} - \dot{l}_1 \underline{\pi}_m^* - l_1 \dot{\underline{\pi}}_m^* - \dot{l}_3 \hat{\underline{\pi}}_m^{**} - \hat{\mathring{\underline{\pi}}}_m^{**} \right\} \\ \dot{\underline{d}}_m^* &= \underline{d}_m^{**} \\ \dot{\underline{d}}_m &= \underline{d}_m^* \end{aligned} \tag{16.39}$$

Um nun das komplette System von Differentialgleichungen 1. Ordnung zu erhalten, müssen wir noch die Elementgleichung (16.32) in eine Gesamtstrukturgleichung umformen, wobei wir den Gesamtstrukturknotenpunktsvektor der Verzerrungen wie folgt definieren:

$$\underline{\tau g}_{m^*}^T := \left[\tau g_1, \ \tau g_2, \ \ldots\ldots \ \tau g_{m^*} \right] \tag{16.40}$$

Beachten wir jetzt die Kompatibilitätsbeziehung (4.2), so können wir die Stetigkeit an den Knotenpunkten, die einen Gesamtstrukturknotenpunkt bilden, mit BOOLEschen Matrizen wie folgt formulieren:

$$\begin{bmatrix} [\underline{r}_n] \text{ erstes Element} \\ [\underline{r}_n] \text{ zweites Element} \\ \vdots \\ [\underline{r}_n] \text{ letztes Element} \end{bmatrix}_N = \underline{\underline{B}}_{Nm} \, \underline{d}_m \tag{16.41}$$

und

$$\begin{bmatrix} [\underline{\tau}_{n^*}] \text{ erstes Element} \\ [\underline{\tau}_{n^*}] \text{ zweites Elemen} \\ \vdots \\ [\underline{\tau}_{n^*}] \text{ letztes Element} \end{bmatrix}_{N^*} = \underline{\underline{B}}_{N^*m^*} \, \underline{\tau g}_{m^*} \tag{16.42}$$

Nun schreiben wir (16.32) für jedes Element wie üblich untereinander und erhalten unter Berücksichtigung von (16.41) und (16.42) folgende Gesamtstrukturgleichung, wenn wir beachten, daß die BOOLEschen Matrizen $\underline{\underline{B}}_{Nm}$ und $\underline{\underline{B}}_{N^*m^*}$ in (16.41) und (16.42) nicht von der Zeit abhängen

$$\underline{\underline{B}}_{N^*m^*} \, \underline{\tau \dot{g}}_{m^*} = \underbrace{\begin{bmatrix} [\underline{\underline{X}}^{-1}_{n^*n^*} \underline{\underline{X}}^*_{n^*n}] \text{ erstes Element} & & & \underline{\underline{0}} \\ & [\underline{\underline{X}}^{-1}_{n^*n^*} \underline{\underline{X}}^*_{n^*n}] \text{ zweites Element} & & \\ & & \ddots & \\ \underline{\underline{0}} & & & [\underline{\underline{X}}^{-1}_{n^*n^*} \underline{\underline{X}}^*_{n^*n}] \text{ letztes Element} \end{bmatrix}}_{\underline{\underline{\varepsilon}}_{N^*N}} \underline{\underline{B}}_{Nm} \, \underline{\dot{d}}_m \tag{16.43}$$

Multiplizieren wir jetzt (16.43) mit $\underline{\underline{B}}^T_{N^*m^*}$ von links und beachten (16.39), so kommt

$$\underline{\dot{\tau g}}_{m^*} = \left[\underline{\underline{B}}^T_{N^*m^*}\,\underline{\underline{B}}_{N^*m^*}\right]^{-1}\underline{\underline{B}}^T_{N^*m^*}\,\underline{\underline{\varepsilon}}_{N^*N}\,\underline{\underline{B}}_{Nm}\,\underline{d}^*_m \tag{16.44}$$

Führen wir letztlich noch den Mischhypervektor

$$\underline{dh}^T_{(3m+m^*)} := \left[\underline{d}^{**T}_m,\ \underline{d}^{*T}_m,\ \underline{d}^T_m,\ \underline{\tau g}^T_{m^*}\right] \tag{16.45}$$

ein, so kann man die Gleichungen (16.39) und (16.44) simultan schreiben, wenn man folgende Hypermatrix definiert:

$$\overset{\circ}{\underline{\underline{SH}}}_{4m;3m+m^*} := \begin{bmatrix} \underline{\underline{0}}_{mm} & -\underline{\underline{MS}}^{-1}_{mm}\,\underline{\underline{\hat{S}}}_{mm} & \underline{\underline{0}}_{mm} & -\underline{\underline{MS}}^{-1}_{mm}\,\underline{\underline{\hat{\overset{\circ}{S}}}}{}^*_{mm^*} \\ \underline{\underline{E}}_{mm} & \underline{\underline{0}}_{mm} & \underline{\underline{0}}_{mm} & \underline{\underline{0}}_{mm^*} \\ \underline{\underline{0}}_{mm} & \underline{\underline{E}}_{mm} & \underline{\underline{0}}_{mm} & \underline{\underline{0}}_{mm^*} \\ \underline{\underline{0}}_{mm} & \left(\underline{\underline{B}}^T_{N^*m^*}\,\underline{\underline{B}}_{N^*m^*}\right)^{-1}\underline{\underline{B}}^T_{N^*m^*}\,\underline{\underline{\varepsilon}}_{N^*N}\,\underline{\underline{B}}_{Nm} & \underline{\underline{0}}_{mm} & \underline{\underline{0}}_{mm^*} \end{bmatrix} \tag{16.46}$$

und den Vektor

$$\underline{rh}^T_{3m+m^*} := \left[\left(\underline{\underline{MS}}^{-1}_{mm}\left\{\dot{l}_2\underline{\pi}_m + l_2\underline{\dot{\pi}}_m - \dot{l}_1\,\underline{\pi}^*_m - l_1\,\underline{\dot{\pi}}^*_m - \dot{l}_3\underline{\hat{\pi}}^{**}_m - \underline{\hat{\overset{\circ}{\pi}}}{}^{**}_m\right\}\right)^T, \underline{0}^T_{mm}, \underline{0}^T_{mm}, \underline{0}^T_{mm^*}\right] \tag{16.47}$$

Damit kommt

$$\underline{\dot{dh}}_{3m+m^*} = \overset{\circ}{\underline{\underline{SH}}}_{4m;3m+m^*}\,\underline{dh}_{3m+m^*} + \underline{rh}_{3m+m^*} \tag{16.48}$$

und wir haben eine Gleichung zur Ermittlung des Hypervektors (16.45) nach Vorgabe von Rand- und Anfangsbedingungen für die Verschiebungen und das Verzerrungsfeld gewonnen.

Die Hypermatrix $\overset{\circ}{\underline{\underline{SH}}}_{4m;3m+m^*}$ in (16.48) ist gemäß (16.46) definiert. Darin sind die Elementmatrizen (16.43) mit (16.30) und (16.31) gegeben sowie durch (16.37) mit (16.33), während man zur Ermittlung von $\underline{\underline{\hat{S}}}_{mm}$ BILD 16.1 beachten sollte. Der Hypervektor $\underline{\underline{rh}}_{3m+m^*}$ wird durch (16.47) gegeben, worin $\underline{\hat{\overset{\circ}{\pi}}}{}^{**}_m$ gemäß (16.37a) und (16.34) definiert ist.

Damit sind die Verschiebungen und Verzerrungen im Falle nichtlinearer Geometrie, plastischen Werkstoffverhaltens und Temperaturabhängigkeit der Werkstoffkennwerte ermittelt.

17 KONVERGENZÜBERLEGUNGEN ZUR LÖSUNGSSTRATEGIE

17.1 Eine neue Formulierung der Kontinuumstheorie

Gemäß (11.15) müssen die Spannungen der Kontinuumstheorie die Gleichgewichtsbedingungen am verformten Körper befriedigen. Es muß also gelten

$$\underline{\underline{\nabla}}^{(z)}_{36}\,\underline{\sigma}_6(\underline{z}_3,t) \;=\; -\,l_1(t)\,\underline{w}_3(\underline{z}_3,t) + \rho\,\underline{\ddot{s}}_3(\underline{x}_3,t) \tag{17.1}$$

Die Spannungsfunktionen in $\underline{\sigma}_6$ bezeichnen wir als *Gleichgewichtsspannungen,* weil sie die Gleichgewichtsbedingung (17.1) erfüllen. Diese Gleichgewichtsbedingung gilt in einem Gebiet, das durch den elastischen Körper, das Kontinuum, gegeben ist. Auf einem Teil O_1 der Oberfläche des Körpers können äußere Kräfte vorgegeben sein, so daß wir als Randbedingungen für die Gleichgewichtsspannungen gemäß (2.19) schreiben müssen (dynamische Randbedingungen):

$$\underline{k}_3 \;=\; \underline{\underline{N}}_{36}\,\underline{\sigma}_6\Big|_{\text{auf } O_1} \tag{17.2}$$

Andererseits kommen aus dem Verschiebungsfeld $\underline{s}_3$ wegen (11.107) unter Beachtung von (9.46), (9.42), (9.39) und (9.38) PIOLA-KIRCHHOFFsche Pseudospannungen ${}_{(s)}\overset{\circ}{\underline{\sigma}}_6$ zu:

$${}_{(s)}\dot{\overset{\circ}{\underline{\sigma}}}_6 \;=\; \underline{\underline{\hat{W}}}_{66}\,\underline{\underline{U}}_{66}\left\{\underline{\underline{\nabla}}^{(x)\,T}_{36}\,\underline{\dot{s}}_3 + 2\,\underline{\underline{A}}_{69}\begin{bmatrix}\dfrac{\partial\underline{\dot{s}}_3}{\partial x}\\[2mm] \dfrac{\partial\underline{\dot{s}}_3}{\partial y}\\[2mm] \dfrac{\partial\underline{\dot{s}}_3}{\partial z}\end{bmatrix}\right\} - \alpha_\vartheta\,\vartheta\,\underline{\hat{q}}\,\dot{\underline{i}}_3 \tag{17.3}$$

Wir bezeichnen die sich aus dem Verschiebungsfeld $\underline{s}_3$ ergebenden Spannungen gemäß (17.3) als *Verschiebungsspannungen*. Das Verschiebungsfeld selbst muß auf einem Teil O_2 der Oberfläche des Körpers V vorgegebene Werte $\underline{x}_3$ annehmen (Lagerungsbedingungen), so daß gilt:

$$\underline{x}_3 = \underline{s}_3 \Big|_{\text{auf } O_2} \tag{17.4}$$

Mittels der Transformation $\underline{\underline{X}}_{66}(\underline{s}_3)$ gemäß (11.98), (11.99) oder (11.62), (11.63) erhält man aus den PIOLA-KIRCHHOFFschen Pseudospannungen die realen Verschiebungsspannungen im EULERschen Raum zu

$$_{(s)}\underline{\sigma}_6 = \underline{\underline{X}}_{66}\, {}_{(s)}\overset{o}{\underline{\sigma}}_6 \tag{17.5}$$

Definieren wir nun noch die *Spannungsdifferenz von Gleichgewichts- und Verschiebungsspannungen*

$$\delta\underline{\sigma}_6 := \underline{\sigma}_6 - {}_{(s)}\underline{\sigma}_6 = \underline{\sigma}_6 - \underline{\underline{X}}_{66}\, {}_{(s)}\overset{o}{\underline{\sigma}}_6 \tag{17.6}$$

und fordern diese Spannungsdifferenz zu Null, also

$$\delta\underline{\sigma}_6 \equiv \underline{0}_6 \quad \text{in } V \tag{17.7}$$

so haben wir mit (17.1), (17.3) und (17.7) fünfzehn Gleichungen für die fünfzehn unbekannten Funktionen $\underline{\sigma}_6$, ${}_{(s)}\underline{\sigma}_6$, $\underline{s}_3$ gewonnen. Damit ist das Lösungssystem der nichtlinearen Festkörpermechanik - Kontinuumsmechanik - determiniert.

Im Folgenden wollen wir die Bedingung (17.7) umformulieren. Dazu benutzen wir die Rechteckmatrix $\underline{\underline{H}}_{n6}(\underline{x},t)$ aus (11.23), die in (11.32d), (11.32e) und (11.32f) für zwei Dimensionen explizit aufgeschrieben ist. Wir werden nachweisen, daß die Grenzwertaussage (Zusammenziehen eines Volumens auf einen Punkt)

$$\lim_{V \to P_O} \frac{1}{V} \int_V dV_z\, \underline{\underline{H}}_{n6}\, \delta\underline{\sigma}_6 \equiv \underline{0}_n \qquad (P_O \text{ aus } V \text{ beliebig}) \tag{17.8}$$

äquivalent der Gleichung (17.7) ist. Wir entwickeln dazu den Vektor $\underline{\underline{H}}_{n6}\,\delta\underline{\sigma}_6$ mit n Komponenten nach TAYLOR (vgl. (9.7)) um den Punkt P_O mit den Koordinaten $\underline{z} = \underline{z}_O$. So gilt:

$$(\underline{\underline{H}}_{n6}\, \delta\underline{\sigma}_6) = \underline{\underline{H}}_{n6}\, \delta\underline{\sigma}_6 \Big|_{\underline{z}_O} + \frac{\partial(\underline{\underline{H}}_{n6}\, \delta\underline{\sigma}_6)}{\partial z} \Big|_{\underline{z}_O} \Delta z_1 + \frac{\partial(\underline{\underline{H}}_{n6}\, \delta\underline{\sigma}_6)}{\partial z_2} \Big|_{\underline{z}_O} \Delta z_2 + \\ + \frac{\partial(\underline{\underline{H}}_{n6}\, \delta\underline{\sigma}_6)}{\partial z_3} \Big|_{\underline{z}_O} \Delta z_3 + \dots \tag{17.9}$$

Hierbei gilt:

$$\Delta z_1 = z_1 - z_{01}; \quad \Delta z_2 = z_2 - z_{02}; \quad \Delta z_3 = z_3 - z_{03} \tag{17.10}$$

Wenn wir (17.9) in (17.8) einsetzen, bilden sich nach dem konstanten Glied Integrale I_n der folgenden Form, wobei wir ohne Einschränkung der Allgemeinheit $\underline{z}_0^T = (0, 0, 0)$ und $V = \varepsilon_1 \varepsilon_2 \varepsilon_3$ nehmen

$$I_1 = \frac{1}{\varepsilon_1 \varepsilon_2 \varepsilon_3} \int_0^{\varepsilon_1} z_1 \, dz_1 \int_0^{\varepsilon_2} dz_2 \int_0^{\varepsilon_3} dz_3 = \frac{1}{2} \varepsilon_1 \tag{17.11}$$

Der Grenzübergang $V \to P_0$ bedeutet

$$\lim_{\varepsilon_1, \varepsilon_2, \varepsilon_3 \to 0} V \equiv \lim_{\varepsilon_1, \varepsilon_2, \varepsilon_3 \to 0} \varepsilon_1 \varepsilon_2 \varepsilon_3 \equiv 0,$$

also geht I_1, ebenso analog das nächste Glied, in der TAYLOR-Reihe und so weiter für $V_0 \to P$ nach Null. Es bleibt folglich nach dem Grenzübergang in (17.8) nur das erste Glied der Reihe aus (17.9) erhalten. Mit anderen Worten: setzt man (17.9) in (17.8) ein und führt den Grenzübergang durch, fallen alle TAYLOR-Glieder außer dem ersten weg und es kommt aus (17.8)

$$\underline{\underline{H}}_{n6} \, \delta\underline{\sigma}_6 \Big|_{\underline{z} = \underline{z}_0} \equiv \underline{0}_n \qquad \text{für alle } \underline{z}_0 \text{ in } V \tag{17.12}$$

Definieren wir im Zweidimensionalen zum Beispiel

$$\delta\underline{\sigma}_3^T := (\delta\sigma_x \, , \, \delta\sigma_y \, , \, \delta\sigma_{xy}) \tag{17.13}$$

so kommt mit (11.32d), (11.32e) und (11.32f) für

$$\underline{\underline{H}}_{n3} \, \delta\underline{\sigma}_3 = \underline{0}_n \; \hat{=}$$

$$\begin{aligned}
&\left[(1+v_y)\Phi_{1x} - v_x \Phi_{1y}\right] \delta\sigma_x + 0 + \left[(1+u_x)\Phi_{1y} - u_y \Phi_{1x}\right] \delta\sigma_{xy} = 0 \\
&\left[(1+v_y)\Phi_{2x} - v_x \Phi_{1y}\right] \delta\sigma_x + 0 + \left[(1+u_x)\Phi_{2y} - u_y \Phi_{2x}\right] \delta\sigma_{xy} = 0 \\
&\left[(1+v_y)\Phi_{3x} - v_x \Phi_{1y}\right] \delta\sigma_x + 0 + \left[(1+u_x)\Phi_{3y} - u_y \Phi_{3x}\right] \delta\sigma_{xy} = 0 \\
&0 + \left[(1+u_x)\Phi_{1y} - u_y \Phi_{1x}\right] \delta\sigma_y + \left[(1+v_y)\Phi_{1x} - v_x \Phi_{1y}\right] \delta\sigma_{xy} = 0
\end{aligned}$$

$$0 + \left[(1+u_x)\Phi_{2y} - u_y\Phi_{2x}\right]\delta\sigma_y + \left[(1+v_y)\Phi_{2x} - v_x\Phi_{2y}\right]\delta\sigma_{xy} = 0$$

$$0 + \left[(1+u_x)\Phi_{3y} - u_y\Phi_{3x}\right]\delta\sigma_y + \left[(1+v_y)\Phi_{3x} - v_x\Phi_{3y}\right]\delta\sigma_{xy} = 0 \tag{17.14}$$

Die sechs linearen homogenen Gleichungen (17.14) werden durch $\delta\sigma_x = \delta\sigma_y = \delta\sigma_{xy} = 0$ oder $\delta\underline{\sigma}_3=0$ gelöst. Da in (17.14) von den ersten drei Gleichungen zwei Gleichungen linear unabhängig sind und das gleiche für die zweiten drei Gleichungen gilt, ist *$\delta\underline{\sigma}_3=0$ sogar die einzige Lösung von (17.14) resp.(17.12)*, da sich aus dem Gleichungssystem (17.14) $\binom{4}{3} = 4$ Gleichungssysteme für die drei gesuchten Funktionen $\delta\sigma_x$, $\delta\sigma_y$ und $\delta\sigma_{xy}$ mit von Null verschiedener Determinante zusammenstellen lassen.

Aus

$$\sum_{i=1}^{n} \Phi_i \equiv 1 ; \qquad \sum_{i=1}^{n} \Phi_{ix} \equiv 0 ; \qquad \sum_{i=1}^{n} \Phi_{iy} \equiv 0 \tag{17.15}$$

ergibt sich zum Beispiel in (17.14), daß sich Φ_{3x} aus Φ_{1x} und Φ_{2x} ergibt durch Linearkombination gemäß (17.15). Die Gleichungen (17.15) kann man einfach nachweisen, indem man die Summenfunktion

$$F(\underline{x}) \equiv \sum_{i=1}^{n} \Phi_i(\underline{x}) \tag{17.16}$$

betrachtet.

Die definierte Funktion F ist wegen (3.5) an jedem Knotenpunkt gleich 1. Wegen der Höhe des Polynomgrades ergibt sich daraus sofort, daß $F(\underline{x})$ überall im Element konstant gleich 1 ist.

Nun haben wir also die allgemeine nichtlineare Kontinuumstheorie durch die Gleichungen (17.1), (17.3) und (17.8) formuliert. Es ist noch wichtig festzuhalten, daß die Aussage (17.8) derjenigen von (17.7) gleich ist, unabhängig davon, wie die $\Phi_i(\underline{x})$ in $\underline{\underline{H}}_{n6}$ gewählt werden. Allerdings ist insofern eine Einschränkung für die Wahl der Φ_i notwendig, als diese so gewählt werden müssen, daß die Elemente von $\underline{\underline{H}}_{n6}$ nicht identisch Null werden und damit die n Gleichungen (17.12) nicht trivial.

Wenn wir dafür sorgen, daß die Formfunktionen $\Phi_i(\underline{x})$ lineare Glieder in x, y und z enthalten, so erkennt man aus (17.14), (3.3), (3.4), (11.18) und (11.23), daß das erste Glied der TAYLOR-Reihe in (17.9) immer unabhängig vom Koordinatensystem verschieden von Null ausfällt und also (17.8) zur Gleichung (17.12) führt, die mit (17.7) äquivalent ist.

Wir dürfen also abschließend formulieren: *Wenn die Gleichungen (17.1),*

(17.2), (17.3), (17.4) und (17.8) befriedigt werden, wobei die Φ_l in $\underline{\underline{H}}_{n6}$ lineare Glieder enthalten müssen, dann ergeben sich als Lösungsfunktionen Spannungen und Verschiebungsfelder der Kontinuumstheorie.

17.2 Die Konvergenz zur Kontinuumstheorie

Wenn wir in (17.8) den Grenzübergang nicht ausführen und bei einem endlichen Volumen als Teil des Gesamtvolumens des Körpers (finites Element) bleiben, so erhalten wir im Sinne einer Schwerpunktsbildung eine Mittelaussage dafür, daß die *Gleichgewichtsspannungen* gleich den *Verschiebungsspannungen* sein sollen.

Mit der Definition (17.6) kommt dann aus (17.8) die *Ursprungsgleichung der finiten Elemente*, nämlich

$$\underbrace{\int_V dV_z\, \underline{\underline{H}}_{n6}\, \underline{\sigma}_6}_{\underline{LS}_n} = \underbrace{\int_V dV_z\, \underline{\underline{H}}_{n6}\, \underline{\underline{X}}_{66}\,(s)\mathring{\underline{\sigma}}_6}_{\underline{RS}_n} \qquad (17.17)$$

Setzen wir jetzt in $\underline{LS}_n$ auf der linken Seite von (17.17) die Matrix $\underline{\underline{H}}_{n6}$ gemäß (11.23) ein, so kommt nach den Regeln der Differentialrechnung

$$\underline{LS}_n = \int_V dV_z\, \underline{\underline{\Phi}}^T_{3n} \overleftarrow{\underline{\underline{\nabla}}}_{36}\, \underline{\sigma}_6 = \int_V dV_z\, \underline{\underline{\Phi}}^T_{3n} \underline{\underline{\nabla}}_{36}\, \underline{\sigma}_6 - \int_V dV_z\, \underline{\underline{\Phi}}^T_{3n} \overrightarrow{\underline{\underline{\nabla}}}_{36}\, \underline{\sigma}_6 \qquad (17.18)$$

Beachten wir nun (17.1) und den GAUßschen Integralsatz (1.18), so wird

$$\underline{LS}_n = \int_O dF_z\, \underline{\underline{\Phi}}^T_{3n}\, \underline{\underline{N}}_{36}\, \underline{\sigma}_6 + l_1(t) \int_V dV_z\, \underline{\underline{\Phi}}^T_{3n}\, \underline{w}_3 - \int_V dV_z\, \rho\, \underline{\underline{\Phi}}^T_{3n}\, \ddot{\underline{s}}_3 \qquad (17.19)$$

Mit der Randspannungsformel (2.19), der Geburtsgleichung der finiten Elemente (3.7), den generalisierten Knotenpunktskräften (3.38) und (3.39) sowie der Elementmassenmatrix (11.24a) erhalten wir

$$\underline{LS}_n = l_2(t)\, \underline{P}_n + l_1(t)\, \underline{Z}_n - \underline{\underline{M}}_{nn}\, \ddot{\underline{r}}_n \qquad (17.20)$$

In (17.19) wurden die Formfunktionen im Verschiebungsvektor $\underline{s}_3$ gemäß

(3.7) gleich denjenigen in $\underline{\underline{H}}_{n6}$ gemäß (11.23) gewählt, was an und für sich nicht notwendig ist, hier aber so eingeführt wurde, damit sich die bekannten Formeln wieder ergeben.

Für die rechte Seite von (17.17) beachten wir (11.31) und die Definitionen (11.32c) sowie (11.65). Dann kommt

$$\underline{RS}_n = \int_V dV_x \, \overset{o}{\underline{\underline{B}}}_{n6} \; {}_{(s)}\overset{o}{\underline{\sigma}}_6 \tag{17.21}$$

Mit (17.20) und (17.21) folgt nun aus (17.17)

$$\underline{\underline{M}}_{nn} \, \underline{\ddot{r}}_n + \int_{\substack{V \\ \text{(Element} \\ \text{unverformt)}}} dV_x \, \overset{o}{\underline{\underline{B}}}_{n6} \; {}_{(s)}\overset{o}{\underline{\sigma}}_6 = l_2 \, \underline{P}_n + l_1 \, \underline{Z}_n \tag{17.22}$$

Damit haben wir die Finite-Elemente-Gleichung (11.66) gewonnen. Diese Gleichung ist nun, wie im Abschnitt 11.5 durchgeführt wurde, zu inkrementieren, damit man ${}_{(s)}\overset{o}{\underline{\sigma}}_6$ aus (17.3) einführen kann. So ergibt sich dann wieder die Endgleichung (11.126).

Es ist nun trivial, daß, falls die finiten Elemente V jeweils auf einen Punkt schrumpfen, dann die Form (17.8) entsteht, also die Spannungen und Verformungen die Kontinuumstheorie befriedigen!

Bei dieser Konvergenz zur Kontinuumstheorie ist es wichtig zu bemerken, daß diese für beliebige Formfunktionen in $\underline{\underline{H}}_{n6}$ stattfindet, solange es sich eben um Formfunktionen per definitionem handelt und *diese Formfunktionen lineare Glieder enthalten.*

17.3 Abschließende Hinweise zur Konvergenz

Im vorigen Unterabschnitt haben wir gezeigt, daß die Methode der finiten Elemente grundsätzlich dem Prinzip nach konvergiert! Für den Anwender ist aber die Geschwindigkeit dieser Konvergenz oder die Güte der Konvergenz, von großer praktischer Bedeutung.

Diese Güte der Näherung hängt von drei Punkten ab:

1. Der Art der Formfunktionen
2. Der Größe der finiten Elemente
3. Der Anordnung der Elemente

Um, wie erwünscht, eine monotone Konvergenz zu erreichen, müssen die Elemente vollständig und kompatibel (vgl. Abschnitt 4.1) sein. Als vollständiges Element bezeichnen wir ein solches, durch dessen Verschiebungsfunktionen Starrkörperbewegungen dargestellt werden können (vgl. dazu [ZIE-84] Seite 50 u. 51; [BAT-86] Seite 185 u. 186 sowie [CHU-82] Seite 67, 68 u. 138).

Daß man für seine Rechnungen möglichst mit vollständigen Elementen arbeiten sollte, zeigt auch die numerische Erfahrung immer wieder.

Deshalb wollen wir uns im Folgenden noch klar machen, welche Bestandteile die Verschiebungen eines vollständigen Elementes enthalten müssen. Mit dem EULERschen Ortsvektor $\underline{z}_3$ (vgl. auch BILD 9.3) und dem LAGRANGEschen Ortsvektor $\underline{x}_3$ kann man unter Beachtung von (3.11) und (3.12) Starrkörperbewegungen wie folgt notieren

$$\underline{z}_3 = \underline{\tau}_3 + \underline{\underline{D}}_{33}\,\underline{x}_3 \equiv \underline{x}_3 + \underline{s}_3 \qquad (17.23)$$

Hierin bedeutet $\underline{\underline{D}}_{33}$ eine Drehmatrix und $\underline{\tau}_3$ ist die Translation mit

$$\underline{\tau}_3^T := (c_1, c_2, c_3) \qquad (17.24)$$

Aus (17.23) folgt für den Verschiebungsvektor $\underline{s}_3$ unter Beachtung von (3.6)

$$\begin{pmatrix} u \\ v \\ w \end{pmatrix} \equiv \underline{s}_3 = \underline{\tau}_3 + (\underline{\underline{D}}_{33} - \underline{\underline{E}}_{33})\underline{x}_3 \qquad (17.25)$$

oder in Komponenten, wenn $d_{ik}(t)$ die Elemente der orthogonalen Drehmatrix sind.

$$\begin{aligned} u(x,y,z,t) &= c_1 + (d_{11}-1)\,x + d_{12}y + d_{13}z \\ v(x,y,z,t) &= c_2 + d_{21}x + (d_{22}-1) + d_{23}z \\ w(x,y,z.t) &= c_3 + d_{31}x + d_{32}\,y + (d_{33}-1)\,z \end{aligned} \qquad (17.26)$$

Mit (17.26) haben wir die Verschiebungsfunktionen für die Starrkörperbewegungen aufgeschrieben und erkennen, daß in den Formfunktionen gemäß (3.3) und (3.4) *konstante und lineare Glieder erforderlich sind*, damit Starrkörperbewegungen durch die Verschiebungsfunktionen beschrieben werden können.

Als zweidimensionales Beispiel betrachten wir das Dreieckselement gemäß BILD 3.2 und die Verschiebungen nach (3.3) und (3.4). Wenn wir hierin den

Knotenpunkt (1) festhalten, wird $r_1 = r_4 = 0$. Mit $r_2 = \cos\alpha(t)$, $r_3 = \sin\alpha(t)$, $r_5 = \sin\alpha(t)$ und $r_6 = \cos\alpha(t)$ (vgl. (2.47)) findet eine Drehung des Dreieckelementes um den Winkel $\alpha(t)$ statt gemäß (3.3) und (3.4). Da wir aus (17.30) wissen, daß immer eine Konvergenz der finiten Elemente gegen die Kontinuumstheorie stattfindet durch Finitisierung der Grenzwertgleichung (17.8), falls die verwendeten Formfunktionen lineare Glieder enthalten, können wir wegen (17.26) auch wie folgt formulieren:

Bei Verwendung vollständiger und kompatibler Elemente konvergiert die Methode der finiten Elemente im linearen wie im nichtlinearen Bereich immer monoton gegen die Kontinuumstheorie.

Abschließend wollen wir noch eine für den praktischen Rechner brauchbare Formel ableiten zur Abschätzung der Kontinuumslösung durch zwei aufeinanderfolgende Finite-Elemente-Rechnungen.

Unter Beachtung von (17.11) erkennen wir aus (17.8), daß die Differenz zwischen Kontinuumsspannung $\underline{\sigma}_6$ und Näherungsspannung ${}_{(s)}\overset{(1)}{\underline{\sigma}}_6$ mit $\varepsilon_1\,\varepsilon_2\,\varepsilon_3$ nach Null geht. Deshalb schreiben wir

$$\underline{\sigma}_6 - {}_{(s)}\overset{(1)}{\underline{\sigma}}_6 = \underline{O}_6\,(\varepsilon_1\,\varepsilon_2\,\varepsilon_3) \tag{17.27}$$

Halbieren wir die Kantenlängen $\varepsilon_1, \varepsilon_2, \varepsilon_3$ des Quaders, so folgt aus (17.27)

$$\underline{\sigma}_6 - {}_{(s)}\overset{(2)}{\underline{\sigma}}_6 = \underline{O}_6\left(\frac{\varepsilon_1}{2}\;\frac{\varepsilon_2}{2}\;\frac{\varepsilon_3}{2}\right) = \frac{1}{8}\,\underline{O}_6(\varepsilon_1\,\varepsilon_2\,\varepsilon_3) \tag{17.28}$$

Nun folgt aus (17.27) und (17.28) für die Abschätzung der Kontinuumslösung $\underline{\sigma}_6$:

$$\underline{\sigma}_6 = \frac{8\,{}_{(s)}\overset{(2)}{\underline{\sigma}}_6 - {}_{(s)}\overset{(1)}{\underline{\sigma}}_6}{7} \tag{17.29}$$

Hierin bedeuten ${}_{(s)}\overset{(1)}{\underline{\sigma}}_6$ die Spannungswerte mit einfacher Maschenweite $\varepsilon_1, \varepsilon_2$ und ε_3 und ${}_{(s)}\overset{(2)}{\underline{\sigma}}_6$ die Spannungen einer Rechnung mit halber Maschenweite $\varepsilon_1/2$, $\varepsilon_2/2$ und $\varepsilon_3/2$.

Die Vorgehensweise gemäß (17.29) beruht auf einer Idee von RICHARDSON.

17.4 Die Konvergenz ausgehend von den Differentialgleichungen

Im Abschnitt 7 haben wir gezeigt, wie man von den linearen Differentialgleichungen einer physikalischen Problemgruppe ausgehend gemäß (7.21) zu finiten Elementgleichungen gelangen kann. Im Falle nichtlinearer Vorgänge haben wir im Abschnitt 15.3 dargestellt, wie man entsprechend (15.34) zu finiten Systemen kommt.

Wir wollen in diesem letzten Abschnitt darlegen, daß die gemäß (7.21) oder (15.34) gewonnene finite Elementgleichung für den Fall, daß wir die Elementgrößen auf Punkte schrumpfen lassen, so wie in (17.8), wieder die Differentialgleichung der entsprechenden Problemgruppe entsteht.

Dazu beachten wir, daß man (7.19) mit

$$\overset{(k)}{g}(\underline{x}) \;:=\; \overset{(k)}{\underline{\eta}}{}_3^{T}(\underline{x})\left(\underline{\underline{\nabla}}_{36}\underline{\Psi}_6 + f_3\right) \tag{17.30}$$

wie folgt schreiben kann:

$$\int_{\left(\overset{(k)}{V}\right)} dV \,\overset{(k)}{g}(\underline{x}) \;=\; 0 \tag{17.31}$$

Die Gleichungen (15.27), (15.28) und (15.29) lassen sich ebenfalls mit einer skalaren Funktion in der Form (17.31) notieren.

Betrachten wir nun analog zu (17.8) die Grenzwertgleichung

$$\lim_{\left(\overset{(k)}{V}\right)\to P_0} \frac{1}{\overset{(k)}{V}} \int_{\left(\overset{(k)}{V}\right)} dV \,\overset{(k)}{g}(\underline{x}) \;=\; 0 \tag{17.32}$$

und setzen voraus $g(\underline{x})$ sei eine stetige, eindeutige Funktion, so gilt der Mittelwertsatz der Integralrechnung (vgl. [HÜT-89] Seite A49) und es kommt aus (17.32):

$$\lim_{\left(\overset{(k)}{V}\right)\to P_0} \frac{1}{\overset{(k)}{V}} \,\overset{(k)}{g}(\underline{\xi}_n) \int_{\left(\overset{(k)}{V}\right)} dV \;=\; 0 \tag{17.33}$$

wobei $\underline{\xi}_n$ eine Stelle innerhalb von $\overset{(k)}{V}$ bedeutet. Führen wir jetzt den Grenzübergang in (17.33) aus, so entsteht nach Division durch das Volumen $\overset{(k)}{V}$

$$\overset{(k)}{g}(\underline{x}_0) = 0 \qquad \text{für jedes } \underline{x}_0 \text{ in } V \qquad (17.34)$$

Beachtet man nun (7.12), (15.24), (15.25) und (15.26), so kann man schließen, daß der Vektor in der eckigen Klammer von (17.30) Null sein muß, da man $\delta \underline{r}_n$, $\delta \underline{\rho}_i$, $\delta \underline{\tau}_n$ in (7.12), (15.24) und (15.26) beliebig wählen kann. Der Ausdruck in der eckigen Klammer von (17.30) ist aber gerade die Differentialgleichung des jeweiligen physikalischen Problems gemäß (7.1), (7.2), (7.3) oder (15.19).

Abschließend dürfen wir also wie folgt formulieren:

Die Knotenpunktsparameter eines finiten Elementes werden, wie schon im Abschnitt 7.1 erwähnt wurde, so ermittelt, daß die Differentialgleichung der Problemgruppe bestmöglich befriedigt, also der Defekt minimiert wird. Je mehr das finite Element auf einen Punkt in V geschrumpft wird, desto besser wird die Differentialgleichung erfüllt, bis schließlich nur noch die Differentialgleichung im Punkt gilt und die exakte Lösung des Problems gesucht werden muß.

Somit konnten wir in siebzehn Kapiteln vor dem Leser eine Methode ausbreiten, die bei *jedem* Problem der Physik eine *stabile, immer konvergente* numerische Strategie liefert. Darin ist der besondere Wert der Methode der finiten Elemente zu sehen. Mit dieser Methode sind heute Anfangs- und Randwertaufgaben einer Lösung zuzuführen, deren Bewältigung vor nicht all zu langer Zeit noch völlig außerhalb jeder Möglichkeit lag!

LITERATURVERZEICHNIS

[ARG-86]
ARGYRIS,J.; MLEJNEK,P.: Die Methode der Finiten Elemente, Band I; Verschiebungsmethode in der Statik; Friedr. Vieweg & Sohn, Braunschweig/Wiesbaden, 1986

[ARG-87]
ARGYRIS,J.; MLEJNEK,P.: Die Methode der Finiten Elemente, Band II; Kraft- und gemischte Methoden, Nichtlinearitäten; Friedr. Vieweg & Sohn, Braunschweig/Wiesbaden, 1987

[ARG-88]
ARGYRIS,J.; MLEJNEK,P.: Die Methode der Finiten Elemente, Band III; Einführung in die Dynamik; Friedr. Vieweg & Sohn, Braunschweig/Wiesbaden, 1988

[BAT-86]
BATHE,K.J.: Finite Element Methoden; deutsche Übersetzung von P. Zimmermann, Springer Verlag, 1986

[BIE-53]
BIEZENO,C.B.; GRAMMEL,R.: Technische Dynamik; Springer Verlag, 1953

[CAR-89]
CARLSSON,L.A.; PIPES,R.B.: Hochleistungsfaserverbundwerkstoffe; B.G.Teubner Stuttgart, 1989

[CHU-82]
CHUNG,T.J.: Finite Elemente in der Strömungsmechanik; Carl Hanser Verlag München Wien, 1982

[FÖR-74]
FÖRSCHING,H.W.: Grundlagen der Aeroelastik; Springer Verlag, 1974

[HAH-75]
HAHN,H.G.: Methode der finiten Elemente in der Festigkeitslehre; Akademische Verlagsanstalt Frankfurt/Main, 1975

[HÜT-89]
HÜTTE: Die Grundlagen der Ingenieurwissenschaften, (29. Auflage); Springer Verlag, 1989

[JOO-32]
JOOS,G.: Lehrbuch der theoretischen Physik; Akademische Verlagsanstalt Leipzig, 6. Auflage, 1932

[KAN-56]
KANTOROWITSCH,L.W.; KRYLOW,W.I.: Näherungsmethoden der höheren Analysis; Deutscher Verlag der Wissenschaften, Berlin, 1956

[KUH-87]
KUHN; BAUSINGER,R.: Die Boundary-Element-Methode; Theorie und industrielle Anwendung; Herausgeber: Wilfried T. Bartz, Expert-Verlag, Kontakt und Studium, Band 227, 1987

[MAL-69]
MALVERN,L.E.: Introduction of a continuous Medium, Prentice-Hall, Inc., New Jersey, 1969

[ODE-72]
ODEN,J.T.: Finite Elements of Nonlinear Continua, McGraw-Hill Book Company, 1972

[SCH-60]
SCHLICHTING; TRUCKENBRODT: Aerodynamik des Flugzeuges, Band 2, Springer Verlag, 1960

[SCHW-80]
SCHWARZ,H.R.: Methode der finiten Elemente; Teubner Studienbücher, 1980

[SZA-56]
SZABO,I.: Höhere Technische Mechanik; Springer Verlag Berlin-Göttingen-Heidelberg, 1956

[STI-61]
STIEFEL,E.: Einführung in die numerische Mathematik; B.G. Teubner Verlagsanstalt, Stuttgart, 1961

[WER-77]
Werkstofftechnische Probleme bei Gasturbinentriebwerken; Werkstofftechnische Verlagsgesellschaft mbH, Karlsruhe, 1977

[ZIE-84]
ZIENKIEWICZ,O.C.: Methode der finiten Elemente; Carl Hanser Verlag 1975, 3. Auflage, 1984

[ZIE-89]
ZIENKIEWICZ,O.C.; TAYLOR,R.L.: The Finite Element Method, Basic Formulation and Linear Problems, Fourth Edition, Volume 1, McGraw-Hill Book Company, 1989

SACHVERZEICHNIS

Springer-Verlag und Umwelt

Als internationaler wissenschaftlicher Verlag sind wir uns unserer besonderen Verpflichtung der Umwelt gegenüber bewußt und beziehen umweltorientierte Grundsätze in Unternehmensentscheidungen mit ein.

Von unseren Geschäftspartnern (Druckereien, Papierfabriken, Verpackungsherstellern usw.) verlangen wir, daß sie sowohl beim Herstellungsprozeß selbst als auch beim Einsatz der zur Verwendung kommenden Materialien ökologische Gesichtspunkte berücksichtigen.

Das für dieses Buch verwendete Papier ist aus chlorfrei bzw. chlorarm hergestelltem Zellstoff gefertigt und im ph-Wert neutral.